教育部人文社会科学研究2007年度青年基金项目最终成果（项目批准号：07JC720013）

湖北省教育厅人文社会科学研究项目最终成果
（编号：2007d253）

湖北工业大学博士启动基金项目最终成果

新实践美学丛书

张玉能 主编

A Study on the
Ecological Dimension of
Practical Aesthetics

季 芳 著

从生态实践到
生态审美

——实践美学的生态维度研究

人民出版社

责任编辑:洪 琼

图书在版编目(CIP)数据

从生态实践到生态审美——实践美学的生态维度研究/季芳 著.
 -北京:人民出版社,2011.2
(新实践美学丛书)
ISBN 978-7-01-009538-7

Ⅰ.①从… Ⅱ.①季… Ⅲ.①生态学:美学-研究 Ⅳ.①Q14-05

中国版本图书馆 CIP 数据核字(2010)第 246891 号

从生态实践到生态审美
CONG SHENGTAI SHIJIAN DAO SHENGTAI SHENMEI
——实践美学的生态维度研究

季 芳 著

人民出版社 出版发行
(100706 北京朝阳门内大街 166 号)

北京瑞古冠中印刷厂印刷 新华书店经销

2011 年 2 月第 1 版 2011 年 2 月北京第 1 次印刷
开本:710 毫米×1000 毫米 1/16 印张:15.25
字数:260 千字 印数:0,001-2,500 册

ISBN 978-7-01-009538-7 定价:38.00 元

邮购地址 100706 北京朝阳门内大街 166 号
人民东方图书销售中心 电话 (010)65250042 65289539

总　序

张玉能

　　"新实践美学丛书"在"实践美学终结论"的叫喊声和"实践美学终而未结"的叹息声之中推出了。这表明实践美学并没有"终了"和"结束",而是"终究""结出硕果"。这是实践美学走向"新"阶段的一个标志。

　　实践美学,作为中国特色的当代美学流派,生成于 20 世纪 50—60 年代的美学大讨论,并且在 20 世纪 80—90 年代成为中国当代美学的主潮。与此同时,后实践美学与实践美学的论争也拉开帷幕。正是在这场论争之中,实践美学发展到了新阶段。20 世纪 90 年代,著名美学家蒋孔阳的《美学新论》,既总结了实践美学的成果,也开启了新实践美学的发展新路。蒋孔阳是新实践美学的奠基人。我,作为蒋孔阳的学生,既爱真理,也爱吾师,因为吾师走在真理的路上。我和我的学生和朋友们,也将继续行进在真理的路上。这是一条马克思主义美学中国化的道路,也是坚持马克思主义实践观点发展实践美学的康庄大道,是新实践美学不断开拓前进的探索之路。前不久朱立元主编了一套"实践存在论美学丛书",已经展示了新实践美学的锦绣前程,现在我们又出版这一套"新实践美学丛书"。这一切都表明,我们是脚踏实地、认认真真、兢兢业业地在为建构中国特色当代美学而努力奋斗,这也是我们的新实践美学的实践。我们认为,只有潜下心来,认真研究,坚持真理,才是繁荣和发展中国当代美学的现实历程。

　　《新实践美学论》作为本丛书的第一本著作,第一次印刷不到三个月就重印了,这应该是一件非常令人鼓舞的事情。它不仅显示了实践美学的新的生命力,而且更昭示着新实践美学生生不息的力量。我们将在近年向学术界和读者朋友们推出新实践美学的研究系列新成果。它们都是年轻的教授、副教授、博士生们精心研究的结晶。

　　我们将不再与一些没有根底的人进行所谓"终结"或"终而未结"的无谓

争论,我们将不断地潜心研究实践美学的新发展,为建设中国特色的当代美学作出应有的贡献,为繁荣当前多元共存的美学和文艺学学术尽心尽力。希望那些没有根底的人也找到自己的根,拿出一点像样的自己的东西来,别老是鹦鹉学舌般地到处信口开河,宣布这个"终结",那个"终而未结",然而自己却没有立足之地,悬在西方人概念的半空之中。还是脚踏实地地建构一点事业为好。因此,我与我的学生和朋友们将义无反顾地为建构新实践美学而走自己的路。

本来学术上的争论和切磋是非常正常的事情,但是,对于那些只有哗众取宠之心却无实事求是之意的"无根者",我们将不再正视了,让这样一些人去鼓噪吧,我们还是明确方向,一步一个脚印地行进在我们自己的道路上。我们的成果将是我们努力的见证。我们也真诚地欢迎真正做学问的同行和朋友们批评指正,大家共同建设中国特色当代美学,在百家争鸣之中多元共存,携手前进。

是为序。

2009 年 7 月 6 日于武昌桂子山

生态美学是实践美学不可或缺的维度(代序)

张玉能

"新实践美学丛书"又添一本新著,这就是季芳博士的《从生态实践到生态审美》。这部著作既是季芳的博士学位论文的扩展和丰富,而且是教育部青年基金项目的最终成果,值得大力推荐。

众所周知,生态文明、生态文化、生态美学、生态文艺学现在正在成为热门话题,而且也是一个不能回避的时代话题。就是这样的重要话题一直是季芳关注的学术焦点。早在广西师范大学文学院攻读硕士学位的时候,她就在导师袁鼎生教授的指导下关注生态美学,并以生态美学作为自己的硕士学位论文的研究方向。到了华中师范大学文学院攻读博士学位的时候,季芳的兴趣仍然执著于生态美学。不过,其时实践美学与后实践美学的争论正在走向深入,作为一个具有学术敏感性的博士生,季芳很快就把自己的学术研究的重点由生态美学扩展到中国当代美学发展的大趋势,而把生态美学与实践美学的关系作为自己新的学术研究焦点。这样就有了她的博士学位论文《实践美学的生态维度研究》。这篇博士论文从实践美学的视野来看生态美学,发现了许多以前被人们忽视了的问题,比如,马克思主义实践观对生态美学的意义,"人的自然化",生态美学发展的"人本中心"与"生态中心"的关系,生态美学的哲学基础,等等,因此,这篇博士论文写出了一些关于生态美学的新意,受到了许多专家的好评。但是,季芳博士是一个不断进取的年轻人,所以就又有了这个教育部社科基金青年项目及其最终成果《从生态实践到生态审美》。这部著作实现了一个质的飞跃,可以说把生态美学的研究提升了一个新台阶。为什么?就是因为,它把生态美学的哲学基础放在了马克思主义实践唯物主义的坚实土壤之中,可以做到根深叶茂,果实硕大;它还辩证地处理了诸如"人本中心"与"自然中心"、"人化的自然"与"人的自然化"、实践美学与生态美学等关系;同时,它还关注中国当代美学发展的新维度、新方向、新思路,却避免了某些偏激的理论倾向,超越了某些时候倡导的"片面的真理"。这些方面应该说是该著作的优长之处、出新之处,值得充分肯定。

关于生态美学,我曾经发表了好几篇文章。我认为,作为人文科学的美学,必须从人的需要出发进行学科建构的分析。而现代心理学已经由美国心理学家马斯洛对于人的需要作了科学的分析,他把人的需要大致分为七个层次:生理需要,安全需要,相属或爱的需要,尊重需要,认知需要,审美需要,自我实现需要。正是由于人有这些需要,现实才在人的生活中与人发生种种关系:实用关系(由于生理需要、安全需要、相属需要、尊重需要),认知关系(由于认知需要),审美关系(由于审美需要),伦理关系(由于自我实现需要或伦理需要)。而这些关系就要有不同的学科来进行研究:自然科学中的医学和生理学以及社会科学中的经济学主要研究人对现实的实用关系,哲学认识论、心理学的认知科学研究人对现实的认知关系,社会科学中的伦理学、政治学则研究人对现实的伦理关系,而人文科学中的文学、文艺学、美学就研究人对现实的审美关系。在这样的基础上,我们以前对于美学主要从审美关系方面或维度来进行美学学科的建构,把美学的研究范围主要规定为三大方面或三大维度:审美主体研究,审美客体研究,审美创造研究;因而,美学就相应有:美感论、美论、艺术论、技术美学、审美教育论等学科建构,而相对忽视了人对现实的审美关系中的"现实"的构成这个方面或维度。如果我们从人对现实的审美关系的"现实"构成的维度来看,那么我们就可以看到,这个"现实"主要包括三个方面或三个维度:人对自然的审美关系,人对他人(社会)的审美关系,人对自身的审美关系。这样一来,美学学科的建构就可以派生出一些新的美学分支学科:人体美学、服饰美学等,研究人对自身的审美关系;交际美学、伦理美学等,研究人对社会(他人)的审美关系;生态美学,则专门研究人对自然的审美关系。由此我们就可以断言,以马克思主义实践唯物主义和实践观点作为基础和出发点的实践美学本来应该是理所当然包括生态美学等美学的分支学科的,但是,由于过去自然生态或自然环境问题没有引起我们的足够注意,所以诸如生态美学等一些美学分支学科就被遮蔽和忽视了。现在,随着全球化和现代化的历史进程,自然生态的问题日益凸显出来,成为直接影响到人类生存和发展的重大问题,因此,对自然生态问题的研究就自然而然成为许多人文科学和社会科学以及哲学的重要研究课题。正是在这种世界潮流的推动下,美学界和美学家们呼吁建构一门生态美学,当然就是非常及时的,也是对实践美学中不可或缺的一个潜隐的学科的解蔽和彰显。也就是在这个意义上，我们说：生态美学是实践美学的不可或缺的维度。

　　在我看来，在形而上的层面、最一般规律的层面、哲学层面进行研究的哲学美学就是，以艺术为中心研究人对现实的审美关系的人文科学，而生态美学只能是这种哲学美学的一个维度，或者一个分支学科。那么，生态美学的哲学基础就应该与它所隶属的哲学美学及其哲学相一致。而这种哲学美学及其哲学应该具有形而上的、最一般规律的、全面的性质，具体来说就是应该包含有它的本体论、认识论、方法论、价值论的全部，尤其是应该有其本体论的哲学基础，而不应该仅仅是某一个方面的，尤其是不应该缺失本体论的维度。从这样的基本观点出发，我们认为，"主体间性"或者"主体间性哲学"不应该也不可能是生态美学的哲学基础，因为"主体间性"仅仅是现代主义和后现代主义哲学消解和反对主客二分思维方式的一个策略性的范畴，仅仅具有方法论的意义，完全不具有本体论、认识论、价值论的意义，所以"主体间性哲学"也是一个十分可疑的概念。我们认为，美学是以艺术为中心研究人对现实（自然、社会、自我）的审美关系的人文科学，而生态美学则是以艺术为中心研究人对自然的审美关系的科学，生态美学应该是一般哲学美学的分支学科。所以，我们可以认同，美学和生态美学的研究的哲学基础应该是 20 世纪以来所发展的"关系性哲学"，或者叫"间性哲学"、"交互性哲学"，也就是反对传统的形而上学的追问世界根源的实体性，而着眼于世界根源的"关系性"、"间性"、"交互性"，但是不能简单地把美学和生态美学的哲学基础归结为"主体间性哲学"。因为实际上，世界上的存在之间不仅仅具有"主体间性"，还有"主客体间性"，也有"客体间性"，当我们研究人对自然的审美关系的时候，就不仅仅是人与自然的"主体间性"，还有人与自然的"主客体间性"，还有人与自然的"客体间性"，只有在这些"关系"之中，才可能探讨清楚生态美学的规律性。我们认为，实践唯物主义可以作为生态美学的哲学基础，建立起实践美学的生态美学，或者叫做实践论生态美学。不过，实践论生态美学也只是一种生态美学的形态，完全可以在与其他形态的生态美学的对话、交流之中，逐步建构起中国特色的生态美学。所以，我认为，季芳博士研究生态美学的执著精神和辩证方法是值得我们大力弘扬的。我祝愿她在学术道路上再接再厉，与时俱进，争取更大成绩。

2010 年 6 月 16 日虎年端午节于桂子山

目　　录

导论　实践本体与自然生态

　　人与自然关系的探讨是哲学和美学永恒的主题,尤其是在某种特定的历史关头,当人的生存世界和精神世界均面临重新塑造的境地,"人与自然"往往成为思想关注的焦点、哲学反思的重大课题。20世纪后半叶,人类主体力量超越生态平衡极限的发挥,在当代生态与环境危机中得到淋漓尽致的表现,由现代工业社会孤立的绝对的人类中心主义以及对经济利益的无限追逐(尤其是资本主义生产及其生产过剩,过量消费与科技的单向发展)在给人类带来进步的同时又埋下深重隐患,并逐步将人推向毁灭的边缘,大有被淘汰出生态整体的危险。这一生态危机产生的重要思想根据:人类中心主义——人类与自然对立二分,人类对自然的单向统治,成为全球思想界、文化界批判反思的对象。以马克思主义实践唯物主义为理论基础的中国实践美学内涵着解决这一主客矛盾的思想源泉、科学依据。生态美学维度成为实践美学有待发展的重要部分,成为当今生态环境危机的背景下实践美学研究所应面对和拓展的新内容。这一生态维度研究将集中于实践美学中人与自然审美关系的再发挥,探讨在生态平衡、物质极限之内人类生存与精神态度的共同审美化,即实践基础之上生态审美观念的当代建立。

第一节　生态问题的探讨是实践美学当今发展的必然

　　生态与环境危机的产生是人类实践历程(工业化)的负面产物,即人与自然关系的异化。它的起点是人类历史发展带来的新问题,即人类与自然于当今所面临的新的转折点:人类第一次十分现实地具有了破坏整个生态系统的能力,目前正呈现持续破坏并突破生态极限的趋势。而这一问题的产生与解决不仅与生产力和科技发展的水平根本相关,同时也十分紧密地关系到人类思想观念的重新调整,即生态自然观、生态伦理观、生态审美观的建立。生态研究也正是由此从自然科学领域进入人文科学领域。

对于实践美学,生态问题是其在中国诞生以来面临的又一新问题。实践美学是以马克思主义的实践唯物主义作为哲学基础,从马克思主义的实践观点出发来进行研究和探索的美学体系。当前生态危机的最根本点在于:人类对于自然的影响直接威胁到人类的生存;而实践美学的最根本点在于:人类为生存和发展(以及对肯定性自由理想的追求)而进行的以物质生产为中心的社会实践。生态问题始于这一过程,并将在这一过程中得到解决。人类实践是生态问题的起点与归宿,作为以实践为本体的美学,生态问题的探讨是实践美学题中应有之义。

一、实践美学与生态问题的范围界定

实践美学是一个源远流长、环环相扣、动态流衍的整体。追溯其历史源流,自19世纪中叶马克思的《1844年经济学哲学手稿》诞生到今天,实践美学大致经历了三个发展阶段,每一阶段的代表人物都以其重要的代表著作、思想创见为实践美学奠定了阶段性的理论基础。

第一阶段为实践美学的创建时期,即19世纪中期到末期马克思和恩格斯在《1844年经济学哲学手稿》、《关于费尔巴哈的提纲》、《德意志意识形态》、《资本论》、《自然辩证法》、《家庭、私有制和国家的起源》、《博士论文》、《神圣家族》、《共产党宣言》等著作中对于实践美学原理系统完整的奠定。马克思在《1844年经济学哲学手稿》中揭示的美学思想,如"人也按照美的规律来构造"、"本质力量"、"劳动的对象化"、"人的本质客观展开的丰富性",以及实践的本原性与普遍性等的论证,均与马克思主义整体思想体系息息相通,建立在对于人类经济、政治、社会、科技、文化、理想等各个相关领域科学求证的基础上。在《1844年经济学哲学手稿》中马克思通过对人类主体与物质对象、人类个体感性本质与类本质的共同性和矛盾性的探讨,深刻追溯异化劳动的根源,进而发现并确立了人类各类活动与关系之所以产生、形成的实践本原。马克思认为人的感性活动、主体能动性与客观现实的制约辩证统一,而以物质生产为基础的实践正是构成这一人与物,主体与客体辩证关系的根源。在实践唯物论基础之上,二位实践美学的奠基人辩证地扬弃了以往唯物主义与唯心主义的思想成就,将辩证唯物主义与历史唯物主义相融合,科学论证了人类个体性与社会性的统一、自然史与社会史的统一、自然主义与人道主义的统一,并在此基础上开辟出了自由与美的理想境界,为实践美学的进一步拓展奠定了坚实的基础。

第二阶段是实践美学的体系化时期,即在20世纪早期至50年代的苏俄和

50—80 年代的中国,实践美学学者以马克思主义实践唯物观作为哲学基础,从实践本体出发研究美、美感、艺术等问题。随着《1844 年经济学哲学手稿》、《关于费尔巴哈的提纲》、《德意志意识形态》等著作的陆续出版,马克思主义实践唯物主义和实践美学的基本原理被一些马克思主义的美学家系统化、体系化,在苏俄、东欧、中国威信日渐确立。马克思主义者普列汉诺夫在《艺术论》中从原始艺术材料出发,指出美感具有个人非功利性与社会功利性的双重特点,论证了美感、艺术与社会功利相关的真正本质和目的,得到鲁迅的肯定。① 中国实践美学也于这一时期开始创立,李泽厚、刘纲纪、蒋孔阳、周来祥等美学家,充分地运用马克思、恩格斯的这些第一次发表的著作,建构实践美学体系。在中国 50—60 年代的美学大讨论中,李泽厚在普列汉诺夫思想的启发下针对美在客观(蔡仪)、美在主观(高尔泰)、美在主客统一(朱光潜),以"实践"观统一了三派观点,作了最具开拓意义的建构工作,在《美学论集》、《美学四讲》、《美的历程》、《华夏美学》等著作中,确立了实践的本体意义,提出了著名的"积淀说",并着重从心理、情感本体出发,确立了美学的实践认识论基础。刘纲纪在李泽厚的基础上作出了重要的阐发性工作,成为实践美学完善过程中承前启后、不可缺失的重要环节,在《艺术哲学》、《传统文化哲学与美学》中,刘纲纪探讨实践与本体的关系,确立了实践本体的地位,以此为中心深刻探讨了实践与审美、实践与非理性、实践社会性与个体性等的辩证关系,并充分肯定了个体性、非理性、审美性作为独有质的超越性意义,以及作为人类所追求的自由完善理想的重大价值。蒋孔阳突破李泽厚所侧重的认识论框架,以实践为本体研究人与现实的审美关系,进一步发展了"人的本质力量对象化"这一命题的全面内涵,在《美学新论》中提出了"美在恒新恒异的创造"、"美在多层累的突创",阐明了实践美学关于美与美感发生、发展的立体、动态的特质,提出主体与客体的双向交流,为廓清对实践美学是"人类中心主义"的误读奠定了基础,强调美的生成性、创造性,为后来朱立元提出实践存在论美学观提供了理论前提。周来祥则着重阐释了实践美学实践辩证法的维度,在《论美是和谐》、《再论美是和谐》中从对中外理论家对于主体与客体关系的论证入手,阐释了马克思主义诞生之前各类主客关系学说的片面性,以此归纳总结出马克思主义实践辩证法的进步性和科学性,提出了"美是辩证发展的和谐"的美学结论,为后来山东学派成为全国生态美学研究(以曾繁

---

① 参见普列汉诺夫:《艺术论》,鲁迅转译自日本外村史郎的译本,上海:上海光华书局 1930 年版,第 29 页。

仁、袁鼎生为代表)的一个中心奠定了基础。

在20世纪80年代改革开放的大潮所涌起的"美学热"中,这四位对实践美学研究作出承前启后贡献的重要美学家,以实践本体为共同起点,从实践发生论、本体论、认识论、存在论、辩证法、价值观、发展观等不同的角度入手,作出了开创性的学理阐发,甚至形成了实践美学以及后来的新实践美学研究的北京学派、上海学派、武汉学派、山东学派四个原点同一、特色不同的方向,使得实践美学真正成为了中国当代美学的主潮,并为后来的新实践美学研究提供了理论基础和不言而喻的论证前提。

第三阶段是实践美学的分化与发展的时期。从20世纪90年代开始,兴起了实践美学与后实践美学的论争。在这场争论之中,在原有实践美学的基础之上产生了"新实践美学",其主要的代表人物为复旦大学的朱立元、华中师范大学的张玉能、武汉大学的邓晓芒、厦门大学的易中天等。他们与所有实践美学研究者一起继续在前人研究的基础上捍卫和发展马克思主义实践美学的事业,坚持实践唯物主义的基本原理,努力完善和发掘实践美学的内在蕴涵:一方面将前四家开辟的以实践为本体,实践发生论、本体论、认识论、存在论、方法论、辩证法、价值观、发展观的各类突出成就、思想构成相互关联、融合起来,开拓出一个逻辑起点与框架有机运行的生动体系;另一方面在此基础上积极借鉴西方现代理论作为工具开拓视阈,丰富发展原有内容,使得实践美学在新的历史时期继续显示着巨大的生命力。

朱立元在《实践美学的哲学基础新论》、《实践美学的历史地位与现实命运——与杨春时同志商榷》等文中、张玉能在《实践美学:超越传统美学的开放体系》与《实践的结构与美的特征》等文中、邓晓芒在《什么是新实践美学——兼与杨春时先生商讨》等文中进一步阐明了实践美学以实践唯物观为核心,融合辩证唯物主义与历史唯物主义的构成,整体明确了实践美学的基本框架,揭示了实践美学发展的空间。出于对李泽厚实践认识论倾向和本质主义特征的质疑,朱立元在《美学》一书以及相关文章中,以蒋孔阳实践审美关系说和创造论为基础,在"马克思主义高于和超越海德格尔的实践范畴"内,将实践论与海德格尔的存在论结合起来,扬弃了现代存在论在社会历史实践根源中的不足,从人与现实的审美关系创造与发展的视角提出建立实践存在论美学,充实了实践美学实践本体的内涵,为实践美学的研究提供了新的视阈。另一新实践美学研究代表,是承接刘纲纪实践本体与内在审美超越机制的研究而来的邓晓芒和易中天,在他们合著并最早发表于1989年的《黄与蓝的交响》(初版名为《走出美学的迷悯》)一书中将审美的超越性从人类生产劳动的一般超越性中逻辑地引申出来，澄清了实践审美超越的内在机制和原理，并从审美心理的角度区别了审美超越与宗教、哲学、道德超越的差别以及其特有的心理机制。以实践本体论为基点，邓晓芒借鉴了胡塞尔的现象学、海德格尔的存在论思想，在哲学研究方法上，开出了实践美学的现象学方法的一维，并以此阐释主体审美超越。

　　如果说以上几位学者侧重吸收西方思想，以应答指引现实，丰富实践美学内涵，那么张玉能的研究则侧重挖掘实践美学潜力，探索发展的契机。20世纪90年代后期，张玉能提出重建实践美学的话语威信，重新清理了实践美学的历史脉络、整体框架、内在机理。2007年出版的《新实践美学论》是张玉能美学思想阶段性的总结，重点探讨实践美学元问题，论证实践的结构与美的特征、实践的类型与审美活动、实践的过程与审美活动、实践的功能与审美、实践的双向对象化与审美、实践创造的自由与美，并以实践的自由为核心，探讨柔美、刚美、滑稽与幽默、喜剧性、悲剧性、丑几大范畴历史发展的源流以及它们在实践美学视阈中的特质。全篇厘定、廓清、规定了以"实践"范畴为根本的相关概念，对实践美学诸多命题作出了深入的探讨和辨明。在辩证地扬弃席勒的唯心自由观、继承刘纲纪的实践自由观和蒋孔阳实践创造论的基础上，张玉能以实践的创造性自由价值为中心，建立了一个完整的实践美学范畴体系，并在此基础上进一步探讨精神主体的超越性问题、审美个体性问题、审美心理，审美活动的主体间性问题，将实践美学研究继续引向深入。

　　实践美学与新实践美学通过对马克思主义实践唯物主义（辩证唯物主义和历史唯物主义）精髓的继承，与西方现代思想和中国传统文化融合，从实践唯物论出发研究美、美感和艺术等问题；通过实践由物质生产的根源向审美层面转化的各级关联、结构与层次的分析，澄清了由实践本体实现审美超越、过渡到美的内在机制和原理，为世界马克思主义美学的研究与发展作出了贡献。

　　由于新实践美学的探索尚有一个逐步深入的过程，尤其是与西方存在论、现象学的结合尚处在初步尝试阶段，其合理性、可行性还有待进一步论证，其中在新的基础上从实践到审美的各级复杂关系还有待分析、清理，故本文对于实践美学生态维度的探讨，主要在实践美学（包括新实践美学）已经奠定、基本成熟、获得公认的理论机制和原理框架的基础上展开。

　　生态问题的探讨是实践美学发展至当代合乎内在逻辑与历史规律的必然现象。在实践美学的研究范围之内，生态问题的探讨界定于人与自然关系的维度。蒋孔阳在《美学新论》中认为："人间之所以有美，以及人们之所以能够欣赏美，就因为人与现实之间存在着审美关系。正因为这样,我们认为人对现实的审美关系是美学研究的出发点。"①在这一"审美关系"中,蕴涵着"现实"的三个方面或维度,即人与自然、人与他人(社会)、人与自身。这三个方面或维度相对独立,同时又相互包含、影响渗透、共生共存。作为以实践为本体的延伸,立足于生态困境所引起的人类生存发展的新探索这一根本点,生态问题和人与自然这一维度根本相关。在这一范围的划定中,实践美学视阈中的生态现象将以当代人和自然关系的全面失衡为起点,以人和自然关系的全面均衡、审美和谐为终点,并以此沟通、调整、评估与其他维度的内外关联。实践美学的生态维度研究即为人与自然的审美关系当代论证的研究。

在当今生态人文研究中,有些学者认为生态这一概念应该涵盖人与社会、人与自然、人与自身三个方面。就生态问题所涉及广度与深度或将生态作为一种思维方式的更新而言,这一提法有其合理性与可行性,毕竟,生态问题的产生是三种关系共同作用的结果,与现代化市场经济、工业化固有的缺陷、人类相关价值标准等问题息息相关。然而,就生态危机威胁人类生存的实践根本点而言,生态问题阐发的重心与起点仍在人与自然这一相对集中的范围之内,人与自然关系的危机正是人类整体危机的集中体现。首先,生态维度的人与自然范围体现了作为人类生存前提的生态第一重要性,生态原则、人与自然的良好关系成为调整其他维度的目的与标准。生态问题的产生是当下社会物质生产实践的负面现实,其产生的起点和显著表现是人与自然关系的失衡,而生态问题进入学术视野也是来自于人类对生态力量日益强烈的体验。虽然人与社会,人与自身的关系和人与自然(尤其是从自然界获取生活资料的物质生产)的关系紧密相关、相互推动,但这三种关系均为实践本体的不同分支,人类社会内部和谐相处、相互依存;人与自身身心的协调、自我满足都代替不了、解决不了人与自然这一更大范围的生态和谐与运行。生态问题有其高于社会与人本身的相对独立性,只有从这一专门的关系维度,以及相关的思想观念的转变出发,才能真正解决专属这一领域的关系,才能以此为基点向其他维度渗透,最终带来人类整体观念的更新。其次,就"生态整体观"产生的自然科学基础而言,生态问题的探讨首先来自人与自然关系的论证。1866 年,生态学诞生之初,海克尔就在其《有机体普通形态学》中说:"我们把生态学理解为关于有机体和周围环境关系的全部科学,进一

---

① 蒋孔阳:《美学新论》,见《蒋孔阳全集》第 3 卷,合肥:安徽教育出版社 1999 年版,第 3 页。

步可以把全部生存条件考虑在内。"①它以其科学的前瞻性预示了生态学向社会人文科学方向的发展与渗透,并向我们表明生态问题的解决、生态平衡的维护是人与自然、人与社会、人与自身必须共同协作才能完成的全面课题,而自然科学只是解决这一问题的途径之一。但是即便如此,对于地球生态圈的自然科学论证仍然是生态观向人与社会、人与自身延伸的起点,当今人们在人与自然关系上广泛使用一些概念,如生态环境、生态问题、生态危机、生态平衡、生态道德、生态意识,都由生态科学发展而来。自然科学是生态向其他维度渗透的最具说服力的实证基础。最后,人与自然关系的生态失衡是生态理论研究实践的起点。1962 年,以揭示杀虫剂生态危害的《寂静的春天》(蕾切尔·卡逊)为开端,生态问题进入社会的、价值的领域。1973 年,挪威哲学家阿伦·奈斯发表《浅层生态运动和深层、长远的生态运动:一个概要》一文,正式提出"深层生态学"概念,对人与自然的关系进一步作出深层的哲学与伦理的追问。其后,生态伦理学、生态哲学、环境伦理学、大地伦理学、环境哲学、生态批评、生态美学、生态文艺学等均由人与自然的生态关系出发,从自身学科领域对生态问题作出了不同角度的论证与拓展。在国内,即便是主张生态覆盖全体的学者们也大多认为:"自然生态渗透人文生态,人文生态必须建构在自然生态的基础上。"②"所谓生态美学首先是指人与自然的生态审美关系,许多基本原理都是由此产生并生发开来。"③所以生态维度所涵盖的重心在于人与自然关系的维度。

和其他理论相比较,作为建立在马克思实践唯物主义基础之上的美学,实践美学内涵生态问题发生的逻辑与历史的起点。在当今生态人文研究中,学者们或认为生态思想产生于先秦、古希腊,或认为源自佛教教义、基督教传说等。而马克思和恩格斯的实践生态观,从一个更为科学的视角为我们确立了生态问题的逻辑起点:资本主义时代,因为只有资本主义才具有这种资本和技术能力造成全球性生态危机,此前的任何一种社会形态都不可能做到这一点,触及人类整体实践的生态意识是由资本主义将人类带进全球纪元时代才真正开始的。④ 马克思、恩格斯以资本主义生产为对象的实践理论是一个科学有效的坐标点,在这一点上,我们将能够把各类生态思想看得更为清楚。不仅如此,实践美学对于人与

---

① 转引自徐恒醇:《生态美学》,西安:陕西教育出版社 2000 年版,第 133 页。
② 陈望衡:《生态中心主义视角下的自然审美观》,人大复印资料《文艺理论》2004 年第 8 期。
③ 曾繁仁:《生态存在论美学论稿》,长春:吉林人民出版社 2003 年版,第 55 页。
④ 参见彭乔松:《马恩生态观在生态文艺批评中的学理意义》,人大复印资料《文艺理论》2004 年第 8 期。

自然审美关系的研究内涵着拓展生态维度的机理,它不仅将人与自然放在主客对立统一的基础上来研究,而且从人与现实的审美关系中全面地推动人与自然的研究,主张"真理不是现成的结论,而是一个历史发展的过程"①。在实践美学视阈中,生态问题与结论正是以实践为基础,人与现实的多种关系协同发展所经历的过程,人与自然的审美关系成为这一过程的集中体现。随着生态科学、和谐发展成为当代人类认识自然的最高成就,实践美学的人与自然维度必将得到新的时代的彰显,成为拓展的重心,容纳与丰富生态生存与审美的内容。

实践美学的生态维度研究中,人与自然(尤其是生态意义上的自然)的关系既为起点,也将对其他维度的完善构成评估的终点。物性的、自然的生命将在实践中启迪与引导人类将其目的主动合于自然规律(生态整体生命),共同成就主体与客体整体生态美的创造。

二、两个"中心"的论证

在具体涉及实践美学的生态维度之前,首先需要厘清的是与生态研究相关的"人类中心主义"和"生态中心主义"各自的层次与特点。

20 世纪 60 年代以来,环境灾难的加剧、人与自然关系的异化,从一个有关人类生存的最基本层面进一步表明了以人类为绝对中心的工具理性世界观与主客体对立思维模式的极大局限。当代学者对于生态问题的探讨,也主要将重心集中在由现代工业化社会所突出和巩固的"人类中心主义"观念的反思中,其学术探讨主要体现为对"人类中心主义"和"生态中心主义"正误与优劣的论争。例如:"是走进人类中心,还是走出人类中心?""生态中心主义是反人类中心主义,还是反人类?""是全面否定人类中心另辟生态中心,还是整合两个中心,如何整合?"学者们分别站在人类与生态两个不同个视点与立场各抒己见、各有分歧,而分歧产生的一个显著的原因主要在于对两个"中心"不同层次的理解;在赞成与反对的背后是对"人类中心主义"、"生态中心主义"各自不同含义的划分。

对于"人类中心主义"历来有"强势"与"弱势"两种理解,这一划分最早出自美国环境伦理学家诺顿,后在中外各类生态人文研究者中继续丰富延伸,呈现出对"人类中心主义"的解释中传统的绝对的与温和的现代的两种倾向。其中,

---

① 蒋孔阳:《美学新论》,见《蒋孔阳全集》第 3 卷,合肥:安徽教育出版社 1999 年版,第 62 页。

传统的强势的"人类中心主义"源自古希腊时代、笛卡尔时代一以贯之的人类尺度观与机械世界观,强调绝对的主客对立二分,主张人类对自然孤立的单向的征服,这一"人类中心主义"已遭到生态中心主义者和弱势人类中心主义者毫无疑问的一致批判。在人依附于天的时代和天人竞争的初期,这一观念曾增强着人类的自信,激励着人类几千年的进步与发展,一度成为支配人类文明的主导价值观,具有其不可磨灭的历史意义与价值。然而,随着人类力量的不断增长,天人竞争的加剧,其负面影响逐渐显著,尤其人类行为已导致全球生态失衡的形势下,强势"人类中心主义"已逐渐演变为支撑人类为一己欲望而不顾生态极限行为的思想根据,成为落后于时代、有待扬弃的思想观念,成为学界一致批判否定的对象。在对传统"人类中心主义"的历史反思中,人类中心论者提出一种弱的相对的"人类中心主义",用美国植物学家墨迪的观点,又称为"现代人类中心主义"。弱势"人类中心主义"与浅层生态学思想有诸多相似之处,同时认同深层生态学将生态关系向人类价值观、哲学认识论提升的倾向。弱势人类中心主义者以人类的利益作为生态论证的起点与归宿,认为保护资源与环境本质上就是为了人类更好地生存,生态问题是人类在发展过程中所认识到的新现象,也是不可避免的新现象,它的出现表明人类的发展水平尚不充分,只要我们不断完善社会制度、改良科学技术、遵守生态道德,生态危机最终能够得到解决。弱的"人类中心主义"从人类功利以及相关的生态功利出发,一方面主张在现有的社会经济技术框架内通过具体方案解决环境问题,另一方面主张将生态作为一种对人类有价值的实体融入人类精神观念的建构,成为人类关爱与审美的对象。这一对"人类中心主义"的相对理解得到了当前持人类中心观点的学者的普遍赞同,其出发点和归宿是人类的生存与发展,包括对自然存在物的道德关怀。

同样,对于"生态中心主义"的理解也有绝对与相对之分。绝对的"生态中心主义"片面强调自然于人类之外的自有价值,肯定其至高无上的优越性与不可知性,提倡对自然的绝对不干预,要求回到主客不分的原初社会。其实这是以自然客体为单一本体,重新割裂主客统一,造成主体与客体的分离,这已为马克思对费尔巴哈的批判所论证。在生态危机日益严重的情况下,这一观点以其矫枉过正的极端方式,的确能够在一定程度上起到警示与唤醒世人的作用,甚至有时较四平八稳、一分为二的说教更具震撼人心的效果。但是,按照逻辑归谬的方法,以上观点可得出以下结论:人类在自然面前不可以发挥任何能动性,必须绝对忍受自然的一切给予,尤其是以灾害形式出现的自然,为了生态自然的利益甚至应该消灭人类。这一观点被称为生态法西斯主义,因其显而易见的荒谬性遭到几乎所有生态人文研究者的反对,并且这一观点常常为某些西方生态霸权主义者所利用,例如,以保护生态为理由,主张派遣军队阻止发展中国家为基本生存砍伐热带雨林,而无视自身对地球资源的超高消费。相对的生态中心,即一般所讲的"生态中心主义",是当前生态人文研究中流行的普遍观点。它不是一种消极的地球灾病说,而是从人类与地球生态共同体的高度来理解人与自然的关系。提倡"生态中心"强调生物圈的优先性、先在性,肯定人类在生物圈中的特殊地位,提倡将人类的小我,扩展为大我,敬畏永不可全知的自然,包容对自然万物的辅助与爱惜,在对人类行为的评估上以生态平衡为中心,各方面建设以地球生态限度为前提和评价成败的标准,正如利奥波德所言:"一件事,只有当它有助于保持生物共同体的完整性、稳定性和完美性时,才是正确的,否则就是错误的。"①将自然本源性、人类依赖性与能动性以及人与自然有机整体性作为生态哲理与美学提升的依据,追求人与自然平等交流的全方位良性的互动,并希望建立一种无自然等级差别的理想生态社会,是一种寻求人类与地球的共存共荣、积极发展的"建设性后现代"(大卫·格里芬)。随着在生态困境面前人类自我批判与反省的逐步深入,"生态中心主义"已被越来越多的人们所重视。

由于主张绝对的主客对立,一方压倒另一方,绝对的人类与生态中心主义一般被排斥在生态人文研究者的主要视阈之外,研究对象多集中于相对的弱势的人类中心与生态中心的论证,所以以下对"生态中心主义"和"人类中心主义"的论证,包括对二者各自优势与不足的分析主要针对相对的"人类中心主义"和"生态中心主义"观念而言。

实践美学对于"生态中心主义"与"人类中心主义"思想观念的借鉴、吸收与整合建立在对两个中心各自优势与不足的论证基础上。首先,"人类中心主义"的优越性表现为紧扣人类生存与发展的实际,立足于解决与环境问题相关的客观现实问题,在生态问题上维护人道主义立场,主张借助生态对象反思自身,以对生态整体观的吸纳建立一种促进人类道德与精神完善的真正的人道主义。而"人类中心"的提法仍然存在相应的逻辑与理解的弊端,例如,出于人的利益,利己地自我中心地功利地保护自然,而"利益的扩大是以认识不到他者的独特性

---

① Leopold A. *A Sand County Almanac*. London:Oxford University Press,1949. p. 206.

和独立性为代价的"①,由于常常走不出自我封闭的道德范畴,其不公正、不彻底的思维逻辑有违自然与人类整体的生态规则,虽然在一定时期能够转化为某种现实力量,但又常常流于局部、短期、表面的效果,并极易由世界、国家、阶级的利益步步退后,直到对个体功利的据守。自然在这一不彻底的动摇的人类中心论中,遥远整体的共同利益极易退到人类现实观照的末端,失去制约人类的道德效力,而构成人与自然共同的损害。与此同时,"生态中心主义"也存在似乎与前者相反,而实则殊途同归的优势与不足。"生态中心主义"将自然他者生命与人类自身融为一体,以生态系统的整体和谐为中心,主张人类在生态矛盾面前积极的妥协与让步,明确主张超越人类物种利益,为人类提供了新的思维方式,境界追求上更为深远,文化反思上更为深沉、彻底。但其不足也更见明显:在一定程度上掩盖了人类存在的自然性与社会性的关联,过分强调了自然存在的先在性、前提性,取消了人与自然,主客之间实践的关联(尤其是自然问题的历史关系与发展的存在)。其相关研究所强调生态伦理、生态美感的培养,往往建立在主体必须具备很高的精神境界的基础之上,成为一种道德要求,无法面对生态矛盾中主体利己的选择,无法说服众多境界并不高的多数人,美感与功利难以统一。这样既无法解释根本的生态问题,又缺乏具体落实现实的可操作性,最终脱离人本身及人类生存状况的关怀而成为单纯抽象的学术兴趣。同时,生态中心一定程度上遮蔽了人类社会经济发展的不平衡现象,淡化、掩盖了发达国家与发展中国家在解决环境问题上的根本差别。发展中国家温饱问题的困境,发达国家更为舒适的追求等不同经济文化背景难以用"生态中心"具体地整齐划一。

　　基于对以上两个中心各自的缺陷与不足,以及二者之间难以调和的矛盾和共同的明显的优势与创新。一些生态人文研究者,包括实践美学研究者在深入思考和反复权衡比较之后,仍然把目光投向马克思主义的原点,主张以"实践"为基础探索生态危机现象,整合生态中心与人类中心,以求在这一奇异的对峙取得新的思想的突破。正如曾永成所言:"我们反对人类中心主义,却并不放弃人类在地球生态系统中的中心地位;我们赞成共同中心的观念,但也难于向万物齐一无别的生态中心主义认同。我们之所以直面生态危机,高扬生态精神,呼唤生态文明,归根结底还是为了人类自己世世代代的健康幸福和发展。在这个问题

---

① Plumwood V. Nature, Self, and Gender: "Feminism, Environmental Philosophy, and the Critique of Rationalism". In: VanDeVeer D, Pierce C, ed. *Environmental Ethics and Policy Book*. California University Press, 1994. pp. 251 – 266.

上,我们需要的是科学的态度和思维,而用不着矫枉过正地走到另一个极端。"①
尽管其生态理论研究的领域、方向、目标各有不同,但他们一致认为马克思主义
原理与实践核心是探讨生态问题最为科学、不可或缺的思想资源,唯物辩证法是
真正能够科学有效地解决和超越主客二分、人与自然二分的思想方法。在国外,
承接马尔库塞、卢卡奇、施密特对马克思主义自然观的阐述,生态马克思主义研
究者以威廉·莱易斯、本·阿格尔、大卫·佩珀、詹姆斯·奥康纳为代表已在着
手整理、阐释马克思、恩格斯的生态思想,主张从资本主义政治、经济与环境的关
联出发研究生态问题。国内研究者周来祥、张玉能、曾繁仁、曾永成等学者,以及
傅华、曾建平等生态伦理研究者均在其文章与专著中将马克思主义原理,尤其是
唯物实践观以及唯物辩证法放在生态论证的首要或重要地位。其中曾繁仁主张
以唯物实践观为指导建立当代生态存在论美学观②;曾永成则主张重新认识实
践作为人类自觉进行生态调节的原初本性,对马克思关于"自然向人生成"、"人
化自然"的观点作出生态意义的阐发,建立人本生态观。③ 和其他对马克思主义
作出过深入学习与探究的研究者一样,他们均认为以实践为准则与核心,将有效
克服"人类中心主义"和"生态中心主义"各自的片面性,实现生态研究中人道主
义、科技进步、社会关系、审美提升的有机统一。

　　对于实践美学,促成以上的统一是其不可推卸的时代责任。张玉能于 2004
年发表的《实践美学与生态美学》一文,正式将生态问题的理论探讨引入实践美
学研究的领域。朱立元于 2006 年发表的《论生态美学观的存在论根基》一文主
张在实践存在论的基础上,将生态问题作为社会存在的一个维度来研究。与其
他哲学和美学相比较,发源于马克思实践唯物主义、历史唯物主义和辩证法科学
基础上的实践美学更为具备阐发唯物实践观与生态之关联的优势。在 20 世纪
50—60 年代的美学大讨论中,李泽厚曾以实践认识论统一了以蔡仪为代表的客
观派和以高尔太为代表的主观派,并深入追溯了朱光潜美在主客统一观的实践
根源,得到了多数人的认同,产生广泛的影响,由此奠定了实践美学中国美学主
流的地位;20 世纪 80 年代以后蒋孔阳、刘纲纪、周来祥、张玉能、朱立元等学者
继续开拓了实践美学提升的广阔境界,全面深刻地论证了实践之自由与美及美

　　① 曾永成:《人本生态美学的思维路向和学理框架》,《江汉大学学报》2005 年第 5 期。
　　② 参见曾繁仁:《生态存在论美学论稿》,长春:吉林人民出版社 2003 年版,第 196—197 页。
　　③ 参见曾永成:《人本生态美学的思维路向和学理框架》,《江汉大学学报》2005 年第 5 期。

的创造的关联。"美是自由的形象"①,"美是人在改造世界、创造生活的实践中取得的自由的感性表现"②,"美是显现人类自由的外观形象的肯定价值"③。让"实践"科学地涵盖与贯穿了美从诞生的物质层面到意识层面再到艺术审美的层面,让美成为具有实践多个层次的自由显现,为实践美学的发展提供了多层次多角度包容与拓展的空间。以上成就与贡献,为生态问题与思想的论证,以及当下两个"中心"的论争奠定了思想整合的基础。其中,实践本体沟通主客的中心,多层累涵纳的空间,以及由实践功利的不断扬弃而达到的自由审美境界构成了融合两个中心、阐释生态问题的基础与活的理论整体。并且,从以上对两个"中心"的分析可以发现:二者遥相呼应,各成其理的共同点均紧扣实践美学思想的精髓。例如,在生态危机的根源上均认为人是生态危机的中心,是人类价值观的危机;均认为人与自然是一个整体,反对破坏环境的行为,反对绝对的利己主义,要求在人类的正当需求与非正当需求中作出合理判断;均肯定人类在整个生态系统中的价值与责任,强调人类目的与自然生命规律的统一,维护人类与自然共同的未来;其理想中均包含着人类可持续的发展,并主张将这一理想落实于实践的创造;同时,主张将生态的观念向人类道德伦理、精神审美的高度渗透,指向超越自身的更为高远的自由境界。以上观点都将成为"实践"整合二者的相互沟通的内涵。另外,实践美学又将以其肯定性的追求,涵纳、统一二者各有建树、各有新意的倾向,实现自身原有的由物质基本到审美广度的拓展。生态伦理研究者杨通进认为,人们的环境道德境界可以区分为人类中心境界、动物福利境界、生物平等境界、生态整体境界,其理论表述分别对应于人类中心主义、动物解放权利论、生物中心论和生态中心论。作为最初的底线,人类中心论的现实品格可防止非人类中心论由理想蜕化为空想,而非人类中心论的理想性品格则可提升人类中心论的价值追求、思想境界。个人及人类对这四种境界的追求是有先后顺序的,人只有首先履行了前一个境界的义务,才能选择和追求后一个境界,每一个层次的超越不是否定和抛弃,而是包含和容纳,是把前一境界放到更为宽泛的意义构架中理解和定位。这四种境界正是实践美学由实践到审美自由的追求的过程。作为以物质生产劳动为起点,沟通人与自然主客分离的美学,实践美学必然蕴涵实践得以实现的自然他者生命和目的,对生态他者的认同是实践达

① 蒋孔阳:《美学新论》,见《蒋孔阳全集》第 3 卷,合肥:安徽教育出版社 1999 年版,第 204 页。
② 刘纲纪:《传统文化、哲学与美学》,桂林:广西师范大学出版社 1997 年版,第 208 页。
③ 张玉能:《实践创造的自由与美和审美》,《汕头大学学报》2003 年第 5 期。

到自由境界的保证。劳动既区分人类又沟通万物,在人与自然历史发展的变易过程中,实践美学将在确证人类中心功利追求、立足现实的基础之上,以既关联又超越的方式建立与自然既融合又对话的张力关系。与此同时,实践美学又将借鉴生态中心的高远追求与深刻反思,充分推崇与确认自然生态可以与人无关的独立自由的生命存在,在将生态自然推自最为天放的最远距离的同时,实现人类与自然可以达到的最寥廓最放纵的审美的沟通,指向人与自然无为而无不为的"人道主义和自然主义相统一"①的理想境界。

　　人类不是生态系统的中心,但人类却是生态危机的中心。实践为人类带来生存的提升的保证,同时又带来了生态危机的时代困境;它的负面构成一种破坏的力量,但又是人类能够走出困境、与自然重新和解的唯一自觉的动因。实践美学所要做的正是从人类可以追求的最好的可能性——"审美生存"的视野挖掘、阐发人与自然共同的肯定性的自由力量,从生态整体的高度重新思考、拟定生态系统中人类与动物、植物都应该圈定的那种并非无止境的自由。

　　三、学理拓展的必然

　　生态问题一方面构成危机,另一方面又引导着人们视阈的扩大。当生态平衡与和谐发展成为人类认识自然的最新成就,成为自然的最高价值所在和人类的最高价值所在,人类第一次能够跳出生态之外,以整体的眼光看自然,以他者的视角体验包括自身在内的自然万物,将审美的视野扩大到不可全见的整体生态系统。马克思主义本来就包含着丰富而深刻的生态美学思想,其"自然人化"的观点、人与自然关系的双重性观点、人与自然的关系在现实性上表现为人与人、人与社会的关系的观点、人本主义与自然主义相统一的观点等直接与生态问题的探讨相关联;其作为科学的世界观和方法论对于生态理论的研究更具指导意义。实践美学的生态维度研究即是要在马克思主义原理基础上继续探讨人与自然的生态蕴涵,将实践本体与生态观念的相互彰显,以实践作为本体,揭示其中蕴涵着的生态思想生发的根源,并将这一本体贯穿到生态问题所延伸的特别的空间。

　　哲学本体论是有关存在及其本原和方式的理论。作为建立在马克思主义唯物实践论基础之上的体系,实践美学是以人类探索改造对象世界的物质生产活

---

　　① 　[德]马克思:《1844 年经济学哲学手稿》,北京:人民出版社 2000 年版,第 81 页。

动为逻辑起点的实践本体论美学。众所周知,大自然是诞生人类的本源,而实践作为本体的意义在于:它既是人类能够以属人的方式在自然中存在,以及所面临的一切问题的起点,也是关于人类的一切问题得以解决的归宿,并蔓延至与人类有关的所有现象与过程。作为对马克思主义基本原理的阐发,对马克思"自然人化"、"自然向人生成"伟大思想的继承,实践美学内在地具备延伸生态问题的基础。实践本体论与实践认识论、实践方法论、实践价值观、实践发展观等有机关联,共同成为生态维度阐发的更为直接的中心。

从实践本体论来讲,实践美学充分肯定自然对于人的本源性、先在性,并认为肯定这一先在性是区分唯物主义与唯心主义的判断标准(特别是刘纲纪的《传统文化、哲学与美学》一书中对此作出过重点论证)。与生态中心主义不同,实践美学并没有在这一认识的基础上停滞不前,而是将这一前提性辩证地融合到以人类物质生产劳动为起点的实践本体之中。将"以物质的自然界为基础的人类社会实践及由此所决定的人的本质的历史发展联系起来"①。实践美学认为自从人类以制造工具为标志相对独立于自然,自然界对于人类与自身都发生了一个本质的变化,自然界不再是一个自在的统一体,人类社会从自然的混沌中分离出来。自然整体的流变由以往的单一性存在进入了与人类形成对象性关系的历史时代,人类与自然界分离意义上的沟通正式开始。人类首要的生存内驱力引导人们进行自觉的物质生产,靠劳动与自然交换获取生活资料。这一生存发展的前提确立了自然生态保护的最基本层次:在生命存在的意义上人类能够通过物质生产实践同自然交流并最终达成一致。在保障人类基本生存繁衍需求与条件的基础上,人类必须将自身行为(包括物的生产与自身生产)建立在不破坏自然整体生态平衡的基础上,并以此为标准确定人类正当需要与非正当需要的范围,建立以生态平衡为标准的超越一己目的的价值观、道德观、审美观。

就实践辩证法而言,马克思主义实践美学自马克思、恩格斯创建伊始,即以实践为本体的现实性割断了传统主客二分对立的脐带,清除了自然本体与人类中心主义的弊端,将二者有机融合、辩证统一。人类实践将历史过程中人与人、人与自然关系的共振相关联,两种关系互为逻辑前提与条件,互为因果与目的,并且在实践历史发展的过程中相互促进。实践美学从人与社会与自身之间的实践关系(劳动生产作为人类的第一实践,处理和表现的正是人与自然之间的关

---

① 刘纲纪:《传统文化、哲学与美学》,桂林:广西师范大学出版社1997年版,第154—155页。

系)来揭示人与自然的本质的深层内涵。这就是说,所谓人与自然的生态危机
实际上乃是人与社会、人与自身之间的关系的现实表现。正如马克思所言:"人
们对自然的狭隘关系制约着他们之间的狭隘关系,而他们之间的狭隘关系又制
约着他们对自然界的狭隘的关系。"①因此,从根本上说,正是与三者关系的综合
才决定了人类处境的真正本质。当代生态人文研究,多从自然整体性出发,洞见
人与自然关系的同一性而忽视人与人关系的和谐对于生态和谐的重要性;过分
强调作为价值观的道德的"软性"作用忽视了政治、经济、技术模式的"刚性"效
力。在追问生态危机的社会及人性根源,呼唤生态人格的今天,实践美学这一辩
证关联的深层内涵,对于社会现实问题和生态问题的深入认识,对于美学基本理
论的生态化改造,都具有十分重要的理论意义。

从人与自然的辩证发展观来看,自然界在人类社会实践过程中逐步向人生
成,在这一过程"人类创造环境,环境也创造人"②,构成人与自然之间相互作用
的双向对象化关系。③ 人与自然的对象化关系随生产力发展状况的不同而不断
发展变化。奴隶社会、封建社会中人依赖自然求生存,工业社会,人类逐步建立
了以物的依赖性为基础的人的独立性,真正意识到自身的独立地位,在新的意义
上开始与万物的沟通。但随即而来的是单向的"自然人化"导致的生态危机,正
是在对这一危机实践根源的探求之中,包含人类学内容的自然界才将其生态内
涵逐步向人们敞开。由此可见,自然美的追求、生态美的论证正是人类物质生产
实践达到了一定的自由程度,或者对达到某种自由有了新的实力之后,新的审美
现象的历史展现。是"人化自然"的辩证内涵经历了"自然的人化"单向过程之
后,其"双向对象化"内容的全面展开,并突出表现为特定生态时代的"人的自然
化"方向的凸显。

从实践认识论来看,实践唤起了人对外部物质世界的意识,形成反思自然与
自身的特有能力,即马克思所言:"那些发展着自己的物质生产和物质交往的人
们,在改变自己这个现实的同时也改变着自己思维和思维的产物。"④正是在实
践发展的基础之上思维与存在辩证地同步。与生态中心主义重点批判工业社会

① [德]马克思、恩格斯:《德意志意识形态》,北京:人民出版社1961年版,第25页。
② 同上书,第33页。
③ 参见张玉能:《实践的双向对象化与审美》,见《马克思主义美学研究》第4辑,桂林:广西师
范大学出版社2001年版。
④ [德]马克思、恩格斯:《德意志意识形态》,北京:人民出版社1961年版,第20页。

对自然的破坏不同,"当马克思主义的唯物主义指出人只有在改造外部物质世界的实践过程中才能认识外部物质世界,这时,它就已经彻底打破了这种把人所生活的外部物质世界同人改造外部物质世界的实践活动割裂开来的错误观念。"①人类与动物不同,能够兼及任何一个种的尺度。②尺度是人根据客观事物本身的规律所总结出来的测量客观事物的标准。生态观念的形成正是人类在实践过程中对于万物尺度的新认识。在对尺度的对象化认识当中,人类通过直接呈现于他面前的生态现象反观自身、认识自己,在劳动中按照生态的规律,有意识地将自身的生存目的和要求与这一规律性认识相结合,即是人类以其主动地"自然化"认识、实现自己的表现。而生态美感的形成,同样是人类兼及万物的尺度而达到某种自由认识水平的产物。

就实践提升为美的自由理想而言,自然孕育人类的超然的无限性与人类追求自由理想的潜力相互发掘(启示)构成美的追求无止境。这一以物质生产为起点的过程反复循环,不断上升,人们就不断创造出了更新更美的生活,也不断创造出更新更美的艺术。"马克思说得好:只有通过客观上展开的人类生活的丰富内容,才能使人的主观感受性丰富起来。正是这样,只有通过改造社会、改造自然,使人类与自然发生多方面的丰富关系。"③生态意识正是人与自然丰富关系的体现,而在生态关系的视阈中,实践的自觉与自由,都离不开对对象性前提的遵循和掌握,只有真正认识和遵循生态规律的终极性内涵,才能真正实现生态化实践的自觉。仅仅靠人类自身达不到真正的自由,人能够欣赏整体生态以至超越一己包容自然整体的生命,正说明其自由能力与自由度的提高,说明了人与自然共有的无限。尊重生态高于人类的系统法则,强调对于土地、大自然的热爱,并以此追求与自然统一意义上的人性的完善,正是新时代"天人再合一"的人类理想的表达。这一理想与实践美学所追求的人类社会理想完全一致,最终目标都是对于"自由全面发展的人"的塑造,即马克思所设想的社会主义和共产主义的人与自然在社会实践中和谐统一的美好理想的最终实现。

生态维度的拓展将以实践美学的逻辑起点、研究对象以及实践唯物主义哲学为基础,将实践本体论、实践认识论、实践辩证法纳入到生态问题研究,探讨生态问题的解决以及生态审美观确立的途径,从生态问题与生态学科的启示出发

---

① 刘纲纪:《艺术哲学》,武汉:湖北人民出版社1986年版,第83页。
② 参见[德]马克思:《1844年经济学哲学手稿》,北京:人民出版社2000年版,第58页。
③ 李泽厚:《美学论集》,上海:上海文艺出版社1980年版,第93页。

追寻审美活动自身应具有的生态特性,实现生态观念与审美活动的原生特性之间的两极融合。并通过其生态维度从另一途径(人与自然)探索实践美学最终目标——自由全面发展的每一个人,这也是生态人文学者在人与自然达致和谐的基础之上所最终关注的最终对象。

第二节   拓展生态维度的目的

马克思主义实践美学具备随现时代的需要和特征发展自己的理论特质,并将随着代表时代主流的生态科学与观念更新自身,在发展中坚持。"当现实肯定着人类实践(生活)的时候,现实对人就是美的。"①以生态危机、生态科学共同支撑而形成的生态有机整体观必将以其时代意识进入实践之美与自由的追求与创造,进一步扩大视野、优化思维、丰富学理、提升境界,并积极参与到"以人为本"、可持续发展的社会主义整体建设的现实当中。

一、扩大视野

实践美学视阈中的自然既非纯粹野性的自然,也非纯粹驯化的自然,而是历史地辩证发展的自然。生态整体有机自然观作为原有基础上科学与现实的新成就,不仅将扩大实践审美的自然对象的范围,并将借鉴生态中心的内容,丰富实践美学审美经验的方式,提升审美自由的境界。

这一视野的拓展,首先表现为自然视野的扩大和对于自然认识的深化(实践美学从前对于"自然规律"的笼统阐述将被生态整体生命观所充实完善)。在生态学看来,包含人类在内的自然生态系统是一个整体周流、动态连贯、优先于个体的总体生态网络。在这一总体特征之下又蕴涵生动发展的各类组成要素(较适者生存、张力聚力、松散的偶然、网络限度、化丑为美的循环、变易发展的中和等),这些要素共同规定了人与自然不可分割的共存性。就自然而言,其范围由从前外在于人类、被改造的僵硬局部性存在扩大到包括人类自身存在的整个生态系统;其性质由不同于人类的仅有物质属性的"规律"认识对象上升为与人类生命存在相同的、并包含人类的自然生态生命整体,这一整体生命贯穿人与社会和自然整体的关联,并将成为人与社会研究中不可回避的前提与对象。这

---

① 李泽厚:《美学论集》,上海:上海文艺出版社 1980 年版,第 146 页。

一整体中的自然既属于人类，更属于自身，既有可被人类认识的规律，更有人类永远无法完全参透的生命最终指向（在生态整体的意义上，自然生命流程的运行和指向具有生态学所界定的"目的性"，为一种关联人类目的又具有特殊独立性的"客观目的"，即蕴涵生态系统质的生命整体与个体发展取向）。生态整体观还自然先于人类的本源性，以及一直存在的自为性、自我延续性。这一外在于人类的自然生态他者生命超越人的精神性存在之上，以其相对独立的客观主动性力量构成对于人类生活的重大影响。相应地，对于生态整体中的人类而言，必须与之共存的生态自然划定了人类主体性发挥的性质与限度。生态视阈中，自然不再是无限的时空而是有限的存在，包括自然量的有限与和人类张力关系的有限（资源的总量与质量有限、人类个体发展的有限、系统整体均衡的有限）。所以自然视阈的扩大，又表现为对客体自然可利用可扩张范围的缩小。自然环境中的人类，要维持与外界的联系，必须在相互关联的系统中受到自然动态结构的生态极限的束缚，保持在其系统价值的限度内。对于生态自然有限与无限的了解，重新规定了人类种种可能性的范围，在这一范围中，人类不仅仅是目的，同时也应该是自然生态达至平衡的手段；自然规律不仅仅要合于人类的目的，人类目的更要日渐深广地合于自然生态生命的规律。在人与自然的关系中，不仅仅是单向的"自然的人化"，更是人类主动合于自然的"人的自然化"。"人的自然化"将有助于我们重新摆正在生态系统中的位置，成为生态非中心之中的正确中心。

　　自然视阈的扩大，同时构成实践美学自由领域的扩大、审美境界的提升。刘纲纪曾认为，"在人类之前，未经人的实践作用的自然界当然也是客观存在的'物质'，但它不是和人类的生存和发展发生了现实关系的物质……这个在人类实践范围之外，尚未同人类实践发生关系的'物质'，无疑也决定着作为自然物来看的人的动物生理的存在条件，但它不能决定着人的意识状态，因为它还未通过实践反映到人的意识中来。"①现在生态问题让我们认识到亘古的自然依然存在，它不仅影响着人的动物生理的存在条件，而且将决定着人们意识状态的改变、审美观念的更新。在这一点上，生态中心主义所追求的超越人类一己功利的自然观值得实践美学参考、借鉴。"人的人化"是实践美学追求的人真正成为人的境界，是立足现实的基础上人的潜能自由充分的发展。当代生态整体观将继

---

　　①　刘纲纪：《艺术哲学》，武汉：湖北人民出版社 1986 年版，第 85 页。

续充实这一发展,继人的社会性超越之后,将人类族类整体对于自身的超越作为自由理想新的内涵。在生态视阈中,理想人格的自由境界必定在与人类——自然的共同体关系中实现,自我实现同时也意味着所有生命潜能的实现,自然他者的自由保持愈充分,人类的自我实现就愈充分,精神的链接就愈深远。实践美学的生态维度将力求融会万物的生态尺度,以自然他者的自由来验证人类自身的自由,将自然他者的整体生命目的置于超越一己目的的位置,在与自然最为深切广大的沟通中探求更高层次、更广空间的审美境界。

时代生态危机,科技与经济的发展促进了人类对于生态力量被动与主动的体验,给予我们对人类生存状况更为深入与全新的启示,这一启示将促进人与自然更高层次上的融合,并为实践美学以及相关的"自然人化"的研究扩充新的内容。同时,对于实践美学自身而言,其传统研究的视阈和范围也将充分拓展,从以艺术为中心的研究扩大到题中应有的涵盖历史与现实、自然与人生的多极范围,成为一门真正面向生活并介入审美现实创造的实践的学说。

二、丰富学理

生态问题是历史与现实的交汇。对实践美学而言,对整体生态系统规律与目的的生命理解,将成为新的思想依据,改变对自然传统的认识,形成"人类目的合于自然规律"、"人类手段合于自然目的"的思维转向。实践美学的生态维度研究,将以"人的自然化"向度为重心,探讨人与自然完整的沟通,实现马克思主义"自然人化"命题时代辩证的转化。

作为以实践为本体的美学,其生态维度将由实践本体——物质生产劳动出发,着重阐释劳动沟通人与自然的方面。从前学者们对于劳动实践本原的解释,常常侧重于人类通过劳动使人独立于自然、分离于自然、区别于其他自然物的方面,并以此为基础张扬主体性、突出社会性。生态维度的研究则将重点放在劳动在区分人类的同时,同时产生的人与自然的关联,即人类第一次以属人的性质与自然达成的新的实践意义的关联。在"自然向人生成"、"自然界的人化"、"自然界的属人的本质"等伟大命题中,马克思一方面肯定了自然的本源性,另一方面更体现了生产劳动是人类在真正属人意义上与外部自然相结合的起点。劳动让自然成为人类"无机的身体",而这一无机的身体正是生态"大我"彰显的空间,将人类的发展与生态他者紧密关联。这一来自实践本体的关联,将在时代生态背景下进一步昭显马克思主义美学"类存在"、"类关怀"的品质,一定程度上克服对象化与自我确立、存在与本质、自由与必然的分离,深入人与自然、人与人矛盾分裂的核心,对人类的主体性从生态的视角重新加以规定,在人与自然的历史互动中建立以和谐共处为中心的思想形态。

人类与自然互动共生的实践本原,必然引发对于自然生态价值的探讨。在生态学家的世界中,在以生态系统的稳定繁荣为阈限的范围内,价值不以人类为中心,凡与生态整体相关、能够维护整体健康发展的部分,都具有平等的内在价值。这一整体观超越了人们以往仅仅将非人类生命体看做"工具"、"资源"的片面认识,肯定所有物种对于生态系统的价值,以及由此而来的内在固有价值。人,人类社会,人的生存的发展是生态问题的主要起因与终极目标,而这一问题必须在人类与自然的共存、共生、共赢中得到解决。作为人与自然交流的起源,实践视阈中必然能够扩展生态"大自我"的整体主义价值观念。实践价值以合理的生态价值为基础,肯定自然万物的价值,尤其是超越其工具价值之上的自为价值,以生态他者价值的自由实现确定人类生存、发展与自由追求的价值的实现。

与已有本体论与价值观相呼应,实践认识论也将扩展新的重点,以自然作为自为他者的存在,真正确立对万物尺度的认知。虽然认识只能是人类的认识,但真正属人的认知必然能兼及万物的尺度,按照他者的尺度来建造。然而在这一建造当中仍然有一个尺度重心区分与合理运用的问题。如果缺乏对外在于人类的自然生命存在的确认与尊重,在否定自然生命内在固有尺度与目的性的基础上实现人的目的,那么任何物种的尺度也将只是人的尺度。生态整体主义以其多极存在、系统平等的价值观清晰划定了人与非人类生命各自明确的生态位,以及在整体系统中不可替代的功能区分,在这一基础上物种的尺度将不再是人类尺度可以随意改造的对象,人类的内在尺度的实现亦不得超过生态整体张力的范围,必须在充分肯定对象固有尺度的基础上实现万物共有的目的,让万物成为它自身。"不敢为天下先,故能成器长。"(《老子》第六十七章)生态实践以及生态整体观进一步澄明了尺度认知的内涵,并将促进人与自然生态共同尺度的实现,真正做到"按照美的规律来构造"①。

以生态整体认知为基础,实践辩证的方法必将包括人与社会与自然全面整体的关联。在人与自然双向对象化的互动构成中,物种尺度的生态合理性、危机背景下的生态优先性将成为重点探讨的对象。自然的客观主动性、客体向人类

---

① ［德］马克思:《1844 年经济学哲学手稿》,北京:人民出版社 2000 年版,第 58 页。

对象化的现实、规律对于目的的划定是实践的生态辩证法理论固有的方向。对于实践本体论美学,生态视阈中人类主动的"自然化",即更高层次上的"自然人化",这一思维与存在、历史与逻辑的同一,即为美学实践观中贯穿主观与客观、艺术与现实的真实的辩证法。

在全面吸收人类生态思想的积极成果的基础上,经过美学自身特性的探索,实践美学一定会再次呈现崭新的生命形态与精神风貌,不仅在生态文明的建设中发挥切实的作用,而且能够超越文艺中心的视野,与科学美学的思维成果相互融通,最终成为马克思所期许的自然科学与人的科学有机统一的一门科学。

三、参与实践

古往今来,自然生态环境不仅是人类物质生活的家园,更是人类精神生活的家园。当今生态环境危机让"自然"的主题以前所未有的方式重新进入人们的视野,成为衡量人类物质能力、理性能力、审美能力的新的起点。从这个起点出发,对应时代生态问题,建构具有中国特色的实践美学生态审美观,是我国社会主义现代化建设实际而迫切的需要。

在改革开放的 30 年中,中国经济的高速增长取得了举世瞩目的成就,但同时也付出了生态环境破坏的沉重代价,加之西方工具主义观念、消费主义时尚的流行对中国生态环境形成了更为强大的压力。在市场经济建设与和谐社会建设、可持续发展和"以人为本"同时并举的当下,如何协调经济增长与生态平衡、市场竞争与环境代价、超高消费与生态良知之间存在的矛盾成为生态科学与理论研究者不可回避的重大课题。这一课题的研究,既离不开物质生产实践的经验概括与总结,也离不开优秀传统思想的深入发掘,更离不开马克思主义科学世界观的指引。作为以唯物实践观为基础、全面研究人与现实的审美关系的美学,中国实践美学将始终"密切关注当代美学的变化和中心问题,不断发展创新,作出与当代先进生产力、先进文化发展方向及广大人民群众审美需要的新变化相一致的回答,以推动社会主义精神文明建设"[①]。

生态环境美的建设是人类对自然以物质生产改造活动为基础的多层累的和谐统一。它一方面是一种外在性的物质存在,需要政治、经济、科技、法律综合协调的解决;另一方面,从更为本质的意义上看,生态环境更是一种内在的精神性

---

① 刘纲纪:《马克思主义美学研究与阐释的三种基础形态》,《文艺研究》2001 年第 1 期。

的存在,需要思想文化、哲学与美学的支撑。审美指向人类灵魂最深的理想,是人类自由发展的终极导向,是实践的未来建构中自由创造的精神。一直以来,审美始终具有"启真"、"导善"的重要作用,能够融合真的规律、善的目的达到无为而为的理想境界。实践美学视阈中合于规律与目的、或目的合于规律的生态美建设,不止是功利、效用的对象化观念建构过程,同时又是人类主体知识、智慧、意志、情感、个性、想象等全部本质力量的发挥和运用过程。生态审美实践从人类求生存与发展的实践本性出发,切实把握审美活动的生态本性,探讨符合生态规律的审美活动,建立实践的生态约束意识与合理意识,改造价值观、培养环境素质、思想情操、审美情感、塑造生态深层人格,以主体与客体、人类与自然和谐关系的展开,以对大自然生机盎然的促进作为人类全面自由发展的必要条件。这一健康的生存价值观、生态审美观将成为人类在处理与自然生态关系时可遵循的原则,推动人的需求和情趣向生态和谐的方面转化,将人们从征服自然、无尽索取的主客对立中唤醒,在人与自然的交融同一中,复活自身沟通自然他者的审美感官,辅助万物而不争,让生态和谐之美重现于大地。在生态文明建设中,人类通过自己在地球生态系统及宇宙中的角色的体验,让对生态美的自觉追求融化到人们生产实践与日常生活当中,与其他领域共同促进,实现超越世俗生活的深刻转变,在符合生态要求的前提下去创造健康、丰富的新生活,自觉地促进自然生命力的周期性再生和更新。

中国和大多数发展中国家一样,环境意识较为薄弱。人们对环境污染的危害、环境保护的意义有较充分的认识,行为上却表现出参与意识的淡薄,只考虑部分人的暂时利益,缺乏普遍的责任意识。生态审美实践任重而道远,而人类与环境、理性与感性、科学与艺术、真善与美统一于人生、统一于生态的历史实践又将是一个更为漫长的过程。但是变化是可以制造的,这一漫长过程的新的重要开端正在于改变我们对世界的看法,正在生态美、生态环境美作为实证的研究和作为审美的构想与预测。

第三节　"人的自然化"——生态维度导入的途径

实践美学如何发展其固有的生态维度? 在以上"必然性"与"目的性"论证的基础上,本书将紧扣"人的自然化"这一哲学与美学命题,集中于实践美学中"人的自然化"相关研究,围绕生态人文研究中目的合于规律、人类合于自然以及自然他者目的("他者目的"的提法在于突出生态目的独立于人,又能与人形成某种暗合的特征)这一中心结论,尝试在实践的基础上对人与自然生态整体关系作出新的探讨,即在实践美学的前提与框架内论证生态维度的美学拓展,探讨生态整体观审美与文化意义的延伸。

一、"人的自然化"的界定

"人的自然化"这一哲学命题源自马克思《1844 年经济学哲学手稿》中的"自然人化",并成为符合马克思主义理论内核的合理阐发。这一命题的明确提出较早见于 1962 年法兰克福学派第二代代表人物施密特的《马克思的自然概念》一书,提及"青年马克思的梦想"时认为"即自然的人化同时也包含人的自然化"①。国内马克思主义理论研究中,这一命题较早见于 1988 年周义澄的《自然理论与现时代》②一书。1989 年由高光主编的《自然的人化与人的自然化:生产力理论的新探索》一书,认为人改变自然的同时也改变着自身,"自然的本质和规律内化为人的知识和智力等本质力量,实现人的自我塑造,使人的本质日益完善,使自己的认识和行为更加合乎客观规律。"③这一过程就是"人的自然化",并着力探讨生产力与外部环境的关系。1995 年滕福星的《人与自然关系的现代意义下的批判》④一文指出"自然的人化"与"人的自然化"正呈现一体化趋势,构成科学而深刻的统一。1996 年张全新在《塑造论哲学导引》⑤一书提出人与自然的相互塑造,认为实践作为沟通二者的中介,实现了"自然的人化"和"人的自然化"的双向历史建构,原初简单的物质在塑造中上升为伦理的自然之爱,并升华为审美的体验,由此构成人与自然关系的新内涵、新本质。1997 年肖明主编的《哲学原理》一书认为"把客体属性、规律内化为自己的本质力量,即人的自然化"⑥。以上研究与实践美学的相关研究相呼应。

作为实践美学命题,"人的自然化"研究最早见于 1986 年李泽厚的《略论书法》一文,认为"人的自然化""不是要退回动物性,去被动地适应环境;刚好相

---

① [德]施密特:《马克思的自然概念》,欧力同、吴仲昉译,北京:商务印书馆 1988 年版,第 169 页。
② 周义澄:《自然理论与现时代》,上海:上海人民出版社 1988 年版。
③ 高光主编:《自然的人化与人的自然化:生产力理论的新探索》,北京:中共中央党校出版社 1989 年版,第 55 页。
④ 滕福星:《人与自然关系的现代意义下的批判》,《自然辩证法研究》1995 年第 5 期。
⑤ 张全新:《塑造论哲学导引》,北京:人民出版社 1996 年版。
⑥ 肖明主编:《哲学原理》,北京:经济科学出版社 1977 年版,第 150 页。

反,它指的是超出自身生物族类的局限,主动到与整个自然的功能、结构、规律相呼应、相建构"①。在《华夏美学》中,作为儒道互补的另一面,结合庄子美学继续阐发这一问题。在《美学四讲》中李泽厚由中国哲学资源的内在启示,对"人的自然化"作出了初步的理论界定。"这个'天人合一'不仅有'自然的人化',而且还有'人的自然化'……这个'天人合一'首先不是靠个人的主观意识,而是靠人类的物质实践,靠科技工艺生产力的极大发展和对这个发展所作的调节、补救和纠正来达到。这种'天人合一'论也即是自然人化论(它包含自然的人化与人的自然化两个方面),一个内容两个名词而已。"1993 年蒋孔阳在《美学新论》中提出"对象化还是双向的,而不是单向的"②。开启了作为实践交流整体中"人的自然化"向度新的研究。周玉萍的《"自然的人化"与"人的自然化"——兼评实践美学的美的本质说》③认为通过"人的自然化"将消解"自然人化"的片面性,使二者在双向关系中得到圆满实现,达到主体真正超越的自由。张玉能的《实践的双向对象化与审美》④让二者重新成为以实践为基点的整体,主体与客体在双向对象化实践交流中共同达到真正的自由。该文在起点、对象、方法上系统论证了人与自然双向交流的辩证存在,科学阐述了马克思"自然人化"命题辩证的发展的内涵,理清了从"自然人化"分离出"人的自然化"命题的马克思主义内在的机理,实际上已由原理层面的阐发、双向对象化的开放路口将"人的自然化"内涵于实践美学的逻辑范围之内。在《人的自然化与审美》一文中,张玉能进一步阐述了"人的自然化"马克思主义实践美学的内涵:"按照马克思主义实践唯物主义的基本观点,人类的社会实践是一个人与自然双向对象化的过程,一方面是在社会实践中'自然的人化',另一方面是'人的自然化'……'自然的人化'就是在人类的社会实践中自然由'自在的自然'逐步转化为'为人的自然'的过程,'人的自然化'就是在人类的社会实践中人由'天人相分的人'逐步转化为'天人合一的人'的过程。这个过程原本是同一个过程,不过,我们从自然和人的不同角度来揭示这个过程就有了'自然的人化'和'人的自然化'的

---

①　李泽厚:《略论书法》,《中国书法》1986 年第 1 期。

②　蒋孔阳:《美学新论》,《蒋孔阳全集》第 3 卷,合肥:安徽教育出版社 1999 年版,第 202 页。

③　周玉萍:《"自然的人化"与"人的自然化"——兼评实践美学的美的本质说》,《理论月刊》1999 第 4 期。

④　张玉能:《实践的双向对象化与审美》,见《马克思主义美学研究》第 4 辑,广西师范大学出版社 2001 年版。

两个不同的维度和内涵。它们是不可分割的两个方面。"①这样,新实践美学在实践唯物主义的基础上把"自然的人化"与"人的自然化"统一起来,可以和谐、自由地处理人与自然的关系,促进生态平衡,建立和谐社会,使人类走上全面、和谐、可持续发展的自由之路。由此,"人的自然化"的理论视阈全面展开。

综上所述,"人的自然化"命题为实践美学题中已有之义,是"人化自然"命题的一个辩证的方面,体现了自然对象化于人的能动的一面,同时也体现了人类超越自身族类局限,主动将自身目的合于自然他者规律与目的的深层智慧,与"自然的人化"交相辉映,共同指向人类与自然自由发展的理想境界。在以物质生产为中心的社会实践之中,随着自然与人关系的变化,"人化自然"两个维度的重心也发生着变化。在生态危机全球化的当下,"人的自然化"将成为实践美学彰显的重点,对生态环境现象作出应有的阐发。

二、"人的自然化"的生态彰显

"人的自然化"是一个一直存在的历史过程,生态问题是这一过程中出现于当今的时代现象。环境问题古已有之,但那时自然环境的自我净化能力未被破坏,尚未构成困境。20世纪以来,生态问题已从区域性扩展到全球,成为当今社会的中心问题之一。与此同时,生态科学迅速发展,为人与自然的生态整体观念提供了实证的依据。危机与科学共同向人类揭示了单向的"自然人化"所造成的生存弊端,同时让"人的自然化"方向与维度得到彰显。在《美学四讲》中李泽厚将"人的自然化"归纳为"三个层次或三种内容:一是人与自然环境、自然生态的关系,人与自然界的友好和睦,相互依存,不是去征服、破坏,而是把自然作为自己安居乐业、休养生息的美好环境,……二是把自然景物和景象作为欣赏欢娱的对象,人的栽花养草、游山玩水、乐于景观、投身于大自然中,似乎与它合为一体……三是人通过某种学习,如呼吸吐纳,使身心节律与自然节律相吻合呼应,而达到与天(自然)合一的境界状态,如气功等"②。其中第一层面,将"人的自然化"与环境、生态联系起来,并兼及精神意识的自然化,人身体的自然化。相对于第二点,第一点中的向外在自然的自然化、生态化问题及其审美意义在李泽厚和其他实践美学代表人物的论述中并未得到充分的重视与展开,这一现象很

---

① 张玉能:《人的自然化与审美》,《福建论坛》2005年第8期。
② 李泽厚:《美学四讲》,天津:天津社会科学院出版社2001年版,第115页。

大程度上与生态问题在 80 年代尚未明显而沉重地进入改革开放初期求温饱求富足的视野有关。"尊重自然规律"成为共识这是肯定的,随着 90 年代生态问题的凸显,生态科技观念的更新,"自然规律"的内涵在不断发展,尊重局部的短期的规律与尊重整体的长远的规律是很不同的,尤其是目前以为有害而整体有益的规律。并且,随着生态科学的进步、从前追求短期效应、量的无限增长的化学、物理、生物技术及观念面临淘汰与更新。在全球面临的生态与环境危机这一新的历史条件下,外在自然的生态意义、自然与生态作为生命整体的意义得到凸显,并势必以新的内涵向意识与审美延伸。

　　20 世纪 90 年代以后,实践美学学者对于马克思、恩格斯的实践观点作出了更为全面、系统、完整的新阐释,"人的自然化"、"自然美"、"兼容万物尺度"、"双向对象化"等问题重新进入学者们的视野,为生态审美观的进入与生发奠定了基础。实践美学内涵着生态美学维度的生命内核、逻辑起点、方法与特定对象(人与自然的关系),尤其是蒋孔阳"美在人与现实的审美关系"、"美是多层累的突创",周来祥的"美是辩证发展的和谐",张玉能的"实践的双向对象化"是实践美学生态维度(起点、对象、方法)的重要生发点,具有承前启后的重要意义。"人的自然化"范畴继李泽厚之后,成为生态人文研究与实践美学研究拓展的重点。学者们认为,关注"人的自然化"是中国传统美学的重要特征之一,把"自然的人化"与"人的自然化"统一起来,将为我们揭示出一个人与自然和谐共生的审美新领域和新境界。马克思主义实践唯物主义既承认世界的客观性,同时更重视人类能动的实践作用。而在实践中不仅存在"人化的自然",同时自然也反作用于人类,成为"人的对象化"。[①] 生态哲学"主张在讲自然人化的同时,也讲人的自然化,将自然人化与人的自然化统一起来,以实现人自身内部文明性与自然性的统一,理性与感性的统一,灵与肉的统一,进而实现人与外部自然的统一"[②]。台湾学者黄瑞棋的专著《自然的人化与人的自然化》将两者并举,力图揭示马克思主义的自然观及生态学精神,认为当代生态问题源自自然的人化,而其出路则寄托在"人的自然化",以专著的形式将"人的自然化"范畴与生态问题明确而系统地联系起来。生态马克思主义研究者詹姆斯·奥康纳认为,"经典历史唯物主义理论(注:这里指西方对马恩原典的阐释)凸显了自然界的人化问

----

① 参见曾繁仁:《生态存在论美学论稿》,长春:吉林人民出版社 2003 年版,第 95 页。
② 陈望衡:《生态美学及其哲学基础》,《陕西师范大学学报(哲学社会科学版)》2001 年第 2 期。

题,却没有强调人类历史的自然化方式以及自然界的自我转型问题"①。在国外生态人文研究的带动下、古代生态思想资源的启发下,实践美学正逐步展开"人的自然化"与生态的论证。在实践美学的研究中,"人的自然化"是人的本质力量双向对象化的一个方面,"人的自然化"即"人的人化"。只有以实践本体为基础全面理解"人化自然"的伟大命题,才能科学阐释生态问题,建立生态美学理论。② 并且认为在当代生态环境危机的背景下,"人的自然化"应成为实践美学权威话语。③ 在实践美学的生态视阈中,"自然化"的人即为正确内化生态规律的人,在与自然相沟通的物质生产实践中,将为人类自身谋求福利的行为融会到自然生态整体运行的大化流衍之中,真正从实践意义上成为"辅助万物而不争胜"的善的主体,随心所欲而不逾矩的美(自由)的主体,真正成为大自然的一个有机组成部分,人由此成为"自然化的人",真正的人,全面自由发展的人。

当代人的"自然化"正是如何"生态化"。"人的自然化"与时代生态整体课题在其产生根源、发展过程以及人类自由目的的追求上均构成整体的同一。在"自然的人化"与"人的自然化"这一对应范畴的辩证关系中,"人的自然化"更为明确、突出地蕴涵着生态整体生成、生存、生发的意义。以生态审美观重新审视"人的自然化"命题,构成"人的自然化"生态审美意义的阐发。在这一维度之中人与自然的关系即人(作为精神主体的人)与外在于人又包括人(作为物质客体的人)在内的自然生态圈的关系。在这一生态关系中,人作为具有主体与客体双重身份的人,和自然构成总体融合与局部分离并存的新型弹性关系,构成"自然的人化"和"人的自然化"双向对象化具有生态意义的辩证统一。实践美学视阈中,"人的自然化"构成和推动着人与自然关系整体的循环,"人的自然生态化"一方面联系于客观的自然和社会,受客观规律的制约;另一方面,它又是一种精神能力,发挥其主观能动性,在开拓客观世界的当中去发现主观世界,追求更为完美的人类主体性。

"人的自然化"中间的"化"字在现代汉语中意义丰富,有:变化、使变化;感化、教化、化育;融化;消化、消除;后缀,表示转变为某性质或状态等多种含义。④

---

① [美]詹姆斯·奥康纳:《自然的理由——生态学马克思主义研究》,唐正东、臧佩洪译,南京:南京大学出版社2003年版,第8页。
② 参见张玉能:《人的自然化与审美》,《福建论坛》2005年第8期。
③ 参见曾耀农:《开放性:实践美学的发展策略》,《郑州轻工业学院学报》2002年第4期。
④ 参见中国社会科学院语言研究所词典编辑室编:《现代汉语词典(修订本)》,北京:商务印书馆1998年版,第543页。

"人的自然化"中,"化"基本为第五种意义,即人通过自然的化育让自身变为具有自然属性的人。这其中蕴涵着:自然对人的"化育"、"改变"(包括自然客体的指引);人自身合于自然的"变化",即人类主体的"自然化";实践意义上自然的同步"改变",即与主体"自然化"相交融的物的"自然化"。本书也基本上从这三个层面上展开论证。

三、拓展的方式与目的

实践美学自身深蓄对应时代新问题的开放的活力,生态维度的研究将成为实践美学发展自当下需要并值得探索的新领域。在以上各位学者研究的基础之上,本书力图尝试的是:对"人的自然化"作出生态审美的阐释,将生态科学、生态哲学的观点与方法有机融合为生态美学维度的拓展。

具体论证当中,将针对时代重大问题:生态与环境危机,以满足人类的根本需要的物质生产实践为本原,从生态这一与人类生存休戚相关的维度出发,在新的科技与生产力发展水平上重新审视人与自然的新关系,即探讨"人的自然生态化"这一客观与必然趋势如何进入人类意识,如何形成相应的审美观念;长期相对冷落的"人的自然化"范畴如何在这一形势下重新提出并成为权威话语。本书将集中于人与外界自然的关系,对实践美学中"人的自然化"问题作出生态意义的阐释,从生态整体这一新的时代维度探索实践走向自由的路径,确证马克思主义实践美学与时俱进、包容新的时代内容的内在生命力。"人的自然化"命题在中国实践美学中相对于西方受到更为广泛与长久的重视,这本身就是一个值得探讨的现象。而在生态问题的探讨中,东西方学者都认为东方(尤其是中国)古代思想资源中深蕴生态整体生存与审美的智慧,"人的自然化"探讨又将成为一个将东西方生态资源纳入实践美学生态维度的天然通道。

相对于理论研究,本书的现实意义在于:从生态审美的高度补充、更新实践美学对于人与自然及自然美的传统阐释,包括澄清人们关于"自然人化"的一般误解,从思想意识领域改变观念,协助生态环境(自然生态与社会、自身生态)宜人改造的实践建设,让实践美学再次面向真实的生活,介入审美创造的现实,从生态的角度探索实践美学自由理想的实现。与以上意义相关,本书希望实现的创新之处在于:将实践美学与生态人文研究有机结合,将人本主义与自然主义有机结合,集中于"人的自然化"范畴,探讨生态整体观的进入为实践美学的发展带来的新内容,即人类于生态整体中兼容自然他者目的的自由发展对于传统人与自然审美观的补充与重构,从生态维度突出并阐释"人的自然化"对于人类自由发展意义与审美的内涵。另外,通过"人的自然化"这一联系生态维度的可行途径,实现中国本土思想文化对于实践美学的再充实,在实践美学西方源流的合理内核中汇入具有本民族特色的内容。同时,兼及中西文艺中人与自然的内容,并作出生态整体意义的再阐释。

主要观点与思路:在具体的论述当中,本书力求将实践美学内在原理与方法与生态内容有机结合,尝试营构一个完整的生态整体,集中于"人的自然化"将实践美学的观点、方法、内核有机地与生态审美维度的展开相结合,以实践为背景和基础突出展开生态美学维度。本书中心命题为"人的自然化",实践的自由为其内在的范畴,即通过人与自然生态关系的探讨,论证生态整体中的自然他者目的与实践之自由的关系——实践生态维度的自由,由人与自然生态辩证的分离、沟通、融合与升华,探索实践走向自由的又一种通道。

具体论证过程中,以实践的结构及运行规律为构架,以生态整体中的自然他者(规律与目的)为生态研究与人的自然化沟通的基点,以整体路线为主体,以"人的自然化"之生态审美阐释为对象,研究实践达到生态维度之自由的理论结构,研究"人的自然化"中"自然"的新内容——生态整体(审美)观(生态整体中的自然目的)如何在与人的审美关系中展开,如何在实践美学及最新研究的框架内作出生态审美内涵的拓展。

整体结构:以生态整体思想为引导,研究蕴含实践自由的生态维度。借鉴生态科学研究、人文研究的理论成果,以实践美学作为背景和基础,将生态整体观由物质、意识到审美的逐一提升纳入实践运行的结构,论证人与自然新的审美关系,即新时期"人的自然化"生态内容的展开。

拟解决的关键问题:以实践为本体论证"人的自然化"与生态整体(自然他者目的)的融合;人与自然生态整体审美关系的建立,即何为实践美学中作为其子系统的生态美学,这一生态美学如何形成自己的内容,如何具有多向发散的可能性。

本书分为五个方面展开论述。第一,是实践美学作为背景的研究,包括"人的自然化"范畴的提出及内涵。第二,是"人的自然化"与生态人文研究的主要内容、中心结论的关联。"人的自然化"在实践意义上与生态沟通,生态整体(审美)观(生态整体中的自然目的)进入人与自然的关系当中,构成实践美学的生态维度。第三,论证"人的自然化"由生态实践到生态审美。探讨生态与实践美学多层累结构的关联。第四,是生态审美的拓展。论证人与自然生态整体的审美关系,在人类实践前提动力下,生态整体(审美)观(生态整体中的自然目的)

如何在与"人的自然化"的审美关系中展开。第五,"自然化"与生态环境美建设;以实践落实于现实的视角探讨生态整体审美化,即共同的"自然化"。

　　人是生态危机的肇事者,是生态危机的中心,但到目前为止,人类又是自然进化发展的最为特殊的成就,以其独到的理性智慧与道德良知成为生态系统中最有能动性的物种,能够较其他生命物极限最大地孤立于环境,与环境形成不同于其他物种的能动转换与创新的生态关系,是生态回归平衡的唯一自觉力量。生态问题的解决,生态审美观的建立最终立足于实践基础上人与自然和谐关系的建立,最终成就于人类精神与美感理想的提升与更新。若能如此,那么人类所面对的就将是一个大有希望的生动未来。

第一章 "人的自然化"命题的历史渊源

在人类整体的发展历程中,"生态危机"是其作为族类第一次面临的危险与机遇同时并存的转折点。"就地球时间的整个阶段而言,生命改造环境的反作用实际上一直是相对微小的。仅仅在出现了生命新种——人类之后,生命才具有了改变其周围大自然的异常能力。在过去的四分之一世纪里,这种力量不仅在数量上增长到产生骚扰的程度,而且发生了质的变化。"①一个一直潜在的问题得以彰显,"生态危机"让一直由自然自行调剂的生态平衡转变为需要人类的参与才能实现。"生活在地球上的人类历史上第一次既没有伙伴也没有对手,需要面对的只是自己。这样一来,即使在科学领域,研究对象也不再是自然本身,而是人类对自然的研究。"②生态危机的出现调整了以往人类的全部的关于自然的理念,生态主义应运而生。生态人文研究正是从思想与文化的意义上超越科技理性的主导,以综合平衡、和谐共进的生态观念揭示人类主动自救的可能,为人类的进一步前进探索柳暗花明的空间。

在实践美学人对现实的审美关系的研究视阈中,自然作为一种本源、对象、隐喻、象征以及自由的无限可能占有极为重要的位置。在新的历史条件、时代背景、文化氛围中,实践美学将不断补充修正关于自然的理解,重新调整自然形象在审美关系中的地位,在生态危险与机遇共存的背景下,以生态整体观念及其审美的提升作为一面镜子,反观自身、促进自身,进一步扬弃片面的功利目标,全面考察人与自然的关系,以合理的实践努力达到人与自然的和谐,从生态的新维度探索由必然王国向自由王国迈进的新里程。在人与自然关系的辩证阐释中,马克思主义"自然人化"的科学命题将继续发挥其与时代共进的历史生命力,指引

---

① 蕾切尔·卡逊:《寂静的春天》,吕瑞兰、李长生译,长春:吉林人民出版社 1997 年版,第 4 页。

② 海森堡语,转引自[法]塞尔日·莫斯科维奇:《还自然之魅——对生态运动的思考》,庄晨燕、邱寅晨译,北京:生活·读书·新知三联书店 2005 年版,第 55 页。

生态人文研究的科学论证。其中"人的自然化"命题明确突出了"自然人化"中自然影响人类、人合于自然的重要一面,与生态问题的阐释相辅相成,成为实践美学中对于自然问题作出应和时代的生态阐释的重要生发点。

第一节 人与自然研究的中西源流

人与自然研究的中西源流,将以当代生态契机为背景,"人的自然化"为视点,梳理中西人与自然研究的历史发展线索,重点阐述马克思主义创始人对于人与自然关系承上启下的科学论述,进而阐述"人的自然化"这一哲学命题产生的渊源、内涵与时代生态意义。

一、人与自然关系的时代内容

(一)全球生态危机——当代人与自然关系的新现实

生态危机(eco-crisis),又称生态问题(eco-problem)或生态困境(eco-dilemma),作为一个专门标识人类活动与自然关系的概念,主要指由人类不合理的行动,导致生态结构与功能的破坏和生命系统的瓦解,从而危害人类生存的现象。尽管人与自然环境的关系与人类诞生同样久远,但在20世纪中期以前,全球自然生态整体自我净化功能未被破坏,尚保留着生态迁移的地理空间。"征服自然"在大自然宏大伟力的笼罩下,作为造福人类追求进步的口号与行动成为褒义的存在。自工业革命以后,尤其是经济加速度发展的20世纪后半叶以来,在人类与自然关系的历史上出现了一个前所未有的新现象:全球性人与自然生态关系的失衡。人类作为族类的力量第一次真实地蔓延到整个地球,超越了生态自净的极限,环境问题由局部迅速扩大到全球,人类成为生态危机的中心。

近年来,中外环境研究及生态报告显示:随着世界人口的激剧增加,对于生活水平的高标准追求,经济发展带来的压力正在超过我们赖以生存的地球资源所能承受的生态底线。由于人类无休止的过量攫取,森林面积逐年锐减,土地、草场退化、沙化,淡水资源日益短缺,物种人为灭绝,矿产几近耗竭……而由此而来的水患、沙患、飓风,每一项都直接威胁到人类的生存。与过量攫取相应的是超过自然回收净化能力的浪费,由此造成的影响当代人危及后代人的化学药物污染、大气污染、海洋死区以及全球气候变暖、酸雨、臭氧空洞等问题虽已成为当今社会普遍认知的问题,但并未得到有效的遏制,整体状况仍然每况愈下。而与此同时,人口的持续增长,消费欲望的超级扩张仍在继续。"我们的文明正从内部受到威胁"①,每一项生存困境无不与人类自身的行为息息相关,物质生产的飞速发展与人类自然观念的滞后是构成这一威胁的主要原因。这一点也同时影响到人与自身、人与人(社会)观念和实践的滞后。

生态困境对于人类生存方式构成前所未有的新挑战,同时思想意识、价值观念、审美标准也必将面临一个与此相应的新的转折点。除经济的、法律的、科技的手段外,人文科学研究从人类生存实际出发,探索人与自然历史关系的发展,引进生态研究的新成就,对于在自然优先存在的基础上,重新摆正人类在生态整体中的位置意义重大、作用独具。精神领域的内容,包括认知、理性、道德、情感、审美等是人类最异于万物又最能与万物沟通的深邃顶点。实践基础之上生态整体观、生态价值观、生态审美观的建立与传播,生态精神文明的建设将让综合平衡、和谐共进的生态观念渗透心灵,成为人类重新面对自然的精神主旨、内在意识;这一主旨与意识的建立对于消除生态文明与思想意识的滞后状态,缓解甚至消除生态危机,再现生态审美生存的境地具有关联本质的重要意义。

(二)关于"人"与"自然"的概念的阐释

在人与自然生态新现实的前提下,"人的自然化"命题的探讨,首先需要对这一命题中两个重要概念"人"与"自然"作出有关生态的初步界定,阐明二者相互沟通的内涵。

"人"既是自然存在物,又是社会存在物,因此人性构成自然性、社会性、精神性三重立体分立和交流的状态,同时又是以前二者为基础的精神的存在物。"作为关系主体的人,包括自然性与物质性、社会性与精神性,以及历史性。"②自然性,指人通过生物遗传方式所获得的有生命的肉体组织及其器官的构造和功能,以及与环境相互协调的能力,是人在生物学、生理学方面的本能和属性;社会性指在社会实践中人作为人类社会成员所具有的各种属性;精神性是人类作为特有的认知、理性、情感的物种,将自然性社会性融合升华的属性,即自然性的精神升华的可能。三种属性互相耦合、辩证统一,即如马克思所言:"人不仅仅是自然存在物,而且是人的自然存在物。"③其中自然性与社会性是不可二分的基础,精神性是统一与升华三者的灵魂。以往,社会性被认为处于主导地位,自然

---

① [美]E.拉兹洛:《决定命运的选择:21 世纪的生存抉择》,李吟波等译,北京:生活·读书·新知三联书店 1997 年版,第 62 页。
② 蒋孔阳:《美学新论》,见《蒋孔阳全集》第 3 卷,合肥:安徽教育出版社 1999 年版,第 6 页。
③ [德]马克思:《1844 年经济学哲学手稿》,北京:人民出版社 2000 年版,第 107 页。

性处于被支配方面,而在当今生态危机威胁人类生存的基础上,自然性随着这一时代问题上升到必须面对的重要地位,而社会性的问题则必须以人的自然性存在为前提作出相应的调整。"真实的主体是生活在自然中的,并且本身就是自然一部分的现实的人,因而人的主体性是'对象性的本质力量的主体性'。"①人类通过物质生产实践与自然环境相协调成为人的自然性、精神性得以发扬更新的新的时代内容。所以本文的关键问题是如何理解人的自然性与生态本源的关联与意义,以及精神升华的问题,并以此为视点论证自然性、精神性对于社会性的规范与制约。人的自然性根植于动物性的生理结构,然而任何个体的人,自降生于社会之中,其自然性的满足方式和程度均受到社会关系的决定和制约,成为由社会影响而人化了的自然性,渗透积淀着深刻的社会内容。生态危机的产生与解决均来自于人类作为社会群体的巨大力量,人的社会性的相应调整是保证自然性得以实现的根本条件,涉及人——自然——社会共同的协同进化。所以本书所论及的人的自然性与精神性问题,必然融合人的社会性,本书所涉及的人是自然性、社会性、精神性相统一的实践意义的人。

"自然"概念随着人与自然不同历史关系的发展而具有不同的内涵,自然(英语 Nature,德语 Natur,法语 Nature)一词均有两种基本的含义:第一指自然物的集合,第二指"本性"、"本源"。据英国学者柯林武德考证:"'自然'一词在古希腊时亦有这些方面的应用,并且在古希腊文中,两含义的关系同英文中两种含义的关系是一样的,在我们关于古希腊文献的更早期的记载中……总是带有被我们认为是英语单词 Nature 的原始含义,它总是意味着某种东西在一件事物之内或非常密切地属于它,从而它成为这种东西行为的根源,这是早期希腊作者们心中的唯一含义,并且是作为贯穿希腊文献中的标准含义。"②随着古希腊思想家,如柏拉图、亚里士多德对象化思维方式的开辟,自然从最初的自我生长着的活的有机体的观念分离出世界显现着理智秩序的可理解的观念,逐步成为理性分析研究的对象。从希腊后期开始,自然物的集合开始被称为"自然",中世纪、文艺复兴时期,人类统治自然的要求逐步强化。到近代由于人类征服自然的事业迅猛发展,尤其是随着机械自然观的确立,语言中"自然"的词义重心发生重大转移,自然作为自然事物的总和和集聚的概念取代了"本性"与"本源"的意义,自然作为有起始,有创造,有生命目的的有机"本性"的意义相对遮蔽。而在

---

① 刘纲纪:《传统文化、哲学与美学》,桂林:广西师范大学出版社 1997 年版,第 118 页。
② [英]柯林武德:《自然的观念》,吴国盛等译,北京:华夏出版社 1990 年版,第 47 页。

中国古代几千年的发展过程中,"自然"一词一直保留着本源、本性的生命意义。"道法自然",自然始终是"道的本源",而将"自然"作为自然物的集合的理解则是近代西方思想影响的产物。然而机械地非生命地支配自然的结果是被自然所支配,生态困境的产生正是自然作为其本性与本源意义的客观彰显。在当今生态危机的前提下,在新物理学、生态科学研究的基础之上,自然作为生命"本源"、"本性"意义再次得到真实存在的肯定,自然的意义中必将再次重申生命与目的的本源性内容。由此,作为人类生活于其中的自然,自然将在生态科学及观念中彰显其双重存在的意义:一方面作为"本源"为自身存在;另一方面又具有满足人类的能力,是具备内在价值、工具价值、生态系统价值的综合体。那么,在对"自然"概念的广狭之分中,广义的自然为生命系统所贯穿的无限多样的一切存在物,包括自然界和人类社会;而狭义的自然指外在于人类社会与人类思维的物质世界,包括生命系统(人类自然性存在和其他生物)和生命赖以生存的非生命系统,也就是自我运行、自我调整、自我发展的具有生命规律与目的的整体生态。对于自然所具有的生态综合意义,本书将着重于狭义范围的研究,并试探索广义范围的延伸与渗透。

二、人与自然研究的中西源流

当代生态问题的产生,是人类与自然辩证关系历史推衍的产物,尤其是工业社会以来,资本主义生产力、生产关系及思想观念发展的直接后果。

远古时代,人类主体潜能尚未得到充分发展,在与自然环境客体的对应中处于弱势状态,表现为依存、依从、依同于客体,以人合于自然、客体化的自然观为主导,并留下了大量对今天极有借鉴意义的具有生态前意识的思想文献。在人与自然主客不分的互渗的最初状态之中,人类意识在自然的强大压力中初步甦醒,认识到自然界各种感性事物之中有一种神秘的有生命的力量(后来曾被机械简化地称之为规律)在起作用,他们一方面将这种生命与己同化、拟人化;另一方面又认为这一力量远胜于自己,甚至是个人即便依赖集体也不可违逆的对象。这一意识突出体现于中西共有的图腾崇拜、酒神狂欢、原始创世神话之中。并且这一人合于天的倾向、对于自然神秘的崇拜在后世的人类发展历程中从未中断过,即使在工具理性、征服自然最为盛行的时期,对自然的敬畏仍然如一股强大潜流流传至今。随着物质生产的扩大,思维能力的提高,人与自然进一步分化,通过不断分化,逐渐向阶级社会演进,而人与人、人与自然的分类日益明显,图腾意识和神话也日益复杂,并初步表现出对强大自然试作改变的坚定意识。

中国上古神话中有精卫填海、夸父追日,古希腊神话也越出拟人化的模式,寻求对自然本来面貌的解释。之后,自然作为客体对象被更为清晰地确认,而中西方人与自然的研究,由于各自地理环境,经济类型等原因开始出现两种日见清晰的走向,并以哲学认知的方式以自然为本体了解自然,寻求客观自然的原因和理由。在中国《周易》的卦象,"天人合一"的总结作为与自然相和谐的精神,作为古代中国人悠久的生存智慧和对宇宙和自身认识的凝结,不同程度地反映在后世以儒道为主流的思想学说之中,并为后世历代学人所发扬,"中和"思想、"道法自然"等原理、"人有机事必有机心"(《庄子》)的工具理性批判不断地为处在现代生态困境中的人们提供深厚的精神借鉴与理论支撑。尽管中国古代尚无我们今天意义上的生态问题,古代智慧高超的感悟也不成其为现代意义上成熟、完备的生态哲学与美学;人与自然相互融合也相互拘泥,缺乏主体与客体相分的距离上更高意义更为深广的沟通,某些观念还一度成为走向工业文明的障碍、落后挨打的原因之一,但其所内含的生命力与丰富启迪以及与时俱进的开拓自身的能力,仍然是当代建立和谐社会的精神土壤。在生态危机全球化的今天,对传统生态思想的整理发掘、批判继承、科学转化将让中华优秀生态文明在时代的更新中成为全人类共同受益的宝藏。

在西方,古希腊出现了一种建立于万物有灵基础之上的不同以往的自然观:有机整体观。它认为自然界是一个运动不息、有秩序、有规律、生长着的有机整体,但又局限于认为这一整体是一个简单重复的过程,是理解的对象而不是控制的对象,对自然本体或本原的探讨成为当时哲学的中心。但与东方不同,人与自然的界限开始逐渐分明,普罗泰戈拉认为"人是万物的尺度,是存在者存在的尺度,也是不存在者不存在的尺度"[1]。人在精神意识上取代自然,成为世界是否存在和如何存在的中心,这一人类本体论与认识论的萌芽在苏格拉底、柏拉图、亚里士多德的目的论思想中继续发挥,并为基督教神学改造为神学目的论,超自然的上帝取代了自然神,人从属于神服务于神,自然从属于人服务于人,人由此超越自然并能控制利用自然,这一思想为机械自然观的产生奠定了基础。近代以来,西方科技逐步兴盛,人类主体能力进一步增强,并通过与自然客体的对立斗争改造社会,扩张自身。培根开创了实验科学的先河,笛卡尔首先对机械论自然观作出哲学总结,主张建立一种成为"自然的主人和统治者"的哲学[2];同时,

---

① 北京大学哲学系编:《西方哲学原著选读》上册,北京:商务印书馆1983年版,第54页。
② 参见[法]笛卡尔:《探求真理的指导原则》,管震湖译,商务印书馆1991年版,第36页。

牛顿等科学家完成了近代科学庞大体系的建构,人的主体地位得到前所未有的超拔,不仅成为意识主体,也成为事实主体,自然则被认为是一架被外在理智设计好的机器,等待人去认识、拆卸、组合,自然认识论成为哲学的主题,自然被理解为工农业资源,人的创造表现为对自然的计算与盘剥。作为人类发展历史上某一时期的重要自然观,机械自然观极大弘扬了人类主体能动性,推动了生产实践和科学技术的进步,但也表现出人类一己中心的狭隘与片面。人类主体力量的扩张逐步升级最终导致自然逐步激烈的反抗,主体与客体的尖锐矛盾导致统一结构的断裂、解体、出现游离、荒漠、零碎的后现代境界。机械自然观成为后来生态人文主义者矛头指向的"人类中心主义"、"工具理性"的直接来源。

在机械自然观形成发展的同时,西方思想家对此的质疑和抵制从未中断。18世纪卢梭以对工业时代的批判和对"回归自然"的倡导点燃浪漫主义之火,并由法国开始向英国、德国、俄国迅速蔓延。从蒙田、霍布斯,到拉美特利、斯宾诺莎等人从未停止过对工具理性的批判,认为"我们对自然作为一个整体的秩序和统一性一无所知,却总是根据我们自己的道理来安排一切"①。追求至善就是追求"人的心灵与整个自然相一致的知识"②;在德国,浪漫派诗人和自然哲学家如费希特、谢林、歌德、席勒、尼采、费尔巴哈等都尝试超越机械论的狭隘建构一种新的自然观,他们认为自然是一个成长着的,有生命力与创造性的尚不完美的结构,相信在人的内在品格和外在现实之间,在灵魂与世界之间存在着完美的一致性。然而在工具理性蔓延时代与全球的形势之下,以及思想家们对于自然所持的唯心主义或直观唯物主义立场,终不能将自然问题落实于现实的实践与阐释,正如刘纲纪所言:"到了18世纪,我们知道卢梭曾提倡回到自然去,但他的意思是说人只有在自然状态下才是自由平等的,目的是为了反对封建的等级特权,而并不是解决人与自然的相互关系问题。19世纪以来也有一种回到自然去的思潮,但不过是对资本主义文明的厌弃和不满的一种表现而已,并且常常带有基督教的观念,仍把自然界看做是凌驾于人之上的上帝的创造物,是神秘不可知的存在。唯物主义者费尔巴哈高度地推崇自然,但只止于对自然的抽象的直观,未能真正解决人与自然的统一问题。只有到了马克思,才在实践的基础上解决了'自然的人化'问题,从而科学地解决了人与自然的统一问题。"③

---

① [荷兰]斯宾诺莎:《简论神、人及心灵健康》,北京:商务印书馆1999年版,附录。
② [荷兰]斯宾诺莎:《知性改进论》,贺麟译,北京:商务印书馆1960年版,第21—22页。
③ 刘纲纪:《传统文化、哲学与美学》,桂林:广西师范大学出版社1997年版,第242页。

马克思主义创始人同时看到以上两方面的缺陷,在提示批判二者缺陷的基础上以唯物主义实践自然观扬弃取代机械自然观,揭示了自然界运动过程中的联系、变化与发展,指出人与自然以实践为基础的对象化本质,成为解读人与自然的关系最为现实,最为科学的形态,也成为解决后世人与自然生态危机的思想枢纽。自此以后,对工业文明进行实践反思的强大思潮与运动绵延不绝,并直指当今生态问题。利奥波德的《沙乡年鉴》、蕾切尔·卡逊的《寂静的春天》作为当代生态运动的开端之作均直接针对工业社会环境恶化与化学药品危害的实际问题。随着生态科学的迅速发展,自然科学、经济学、法学领域的生态问题研究与人文科学领域的研究同步进行,环境伦理学、生态马克思主义、深层生态学、生态哲学、生态批评、生态美学研究成为时代热点,环境保护运动由"浅绿"向生活方式、思想观念的"深绿"渗透,自然作为生态系统中的生命与目的得到广泛确认,传统的物的生产与人的生产的滞后观念、审美标准亟待更新。在分离的基础之上,如何从生态的层次重新回归自然,建立既关怀人类生存与福利又维护生态良性循环的人与自然张力关系,成为人类从生存到意识走向"自然生态化"的重要课题,中西方人与自然探索的源流将在此汇集。

三、马克思主义的人与自然观

马克思主义的人与自然观是中西历史上人与自然观的质的突破,在立足生产力与科技发展的实践的基础之上,人与自然历史的辩证的融合,超越传统的主客二分对立,科学地论证了人与自然之间的有机关联。正如马克思在《关于费尔巴哈的提纲》的开篇写道:"从前的一切唯物主义(包括费尔巴哈的唯物主义)的主要缺点:对事物、现实、感性,只是从客体的或者直观的形式去理解,而不是把它们当做人的感性活动,当做实践去理解,不是从主观方面去理解,因此,和唯物主义相反,能动的方面却被唯心主义抽象地发展了,当然,唯心主义是不知道真正现实的、感性的活动本身的、费尔巴哈想要研究跟思想客体确定不同的感性客体,但是他没有把人的活动本身理解为客观的活动。"[1]旧的唯物主义只注意客观现实而忽视主体,把人和自然等同起来,认为人就是自然,从超人的神灵、精神或中心中去探讨人的本质;唯心主义则力图使人摆脱自然,抽象地发展主体能动性而忽视客体,把自然当做自我意识、自我实现的一个条件,所重视的

----

① 《马克思恩格斯选集》第1卷,北京:人民出版社1995年版,第54页。

是精神和意识。以上二者均为片面的以一方压倒另一方的主客二分对立的研究方式。马克思认为人的感性活动,主体能动性与客观现实的制约辩证统一,而以物质生产为基础的实践正是构成这一人与物,主体与客体辩证关系的本原。这一起点也成为后世诸多生态思想家所一致公认、一再追溯的马克思主义思想原点。

马克思主义关于人与自然的思想主要集中在马克思的《博士论文》、《1844年经济学哲学手稿》、《政治经济学批判》、《资本论》和恩格斯的《自然辩证法》、《家庭、私有制和国家的起源》以及他们合著的《神圣家族》、《德意志意识形态》等著作中,这一系列光辉文献包含了实践唯物论基础之上人与自然和社会三者关系的统一、人类自然性与社会性的统一、自然史与社会史的统一、自然主义与人道主义的统一,并在此基础上科学阐释了人与自然"两种机体"、"两种尺度"对立统一、矛盾和谐的历史发展。较之以往浪漫的自然主义、人类中心的科学主义以及当前"两个中心"的单向论争更富现实性、深刻性、前瞻性。

在《资本论》的第一卷中,马克思即提出"劳动不是物质财富的唯一源泉"①。从发生学的角度肯定自然对于人的先在性,在自然作为人类生存的基础的前提下来说明人类历史,以区别于唯心主义各类意识先在的自然观。"历史本身是自然史即自然界成为人这一过程的一个现实部分。"②"人靠自然界生活,这就是说,自然界是人为了不致死亡而必须与之处于持续不断的交互作用过程的、人的身体,所谓人的肉体生活和精神生活同自然界相联系,不外是说自然界同自身相联系,因为人是自然界的一部分。"③在《论权威》中恩格斯写道:"如果说人靠科学和创造天才征服自然力,那么自然力也对人进行报复,按他利用自然力的程度使他服从一种真正的专制,而不管社会组织怎样。"④这些论断论述了自然作为运行规律与生命整体的先在性,以及人类生存活动的相对界限,马克思和恩格斯从早年到晚年一直强调实践(劳动)的对象性基础的一面,在马克思对拉萨尔的"劳动是一切财富和文化的源泉"的观点的严厉批判中,这一点表达得尤为鲜明。但马恩的自然观念并不停留于此,他们不仅仅肯定这个前提,而是

①　[德]马克思:《资本论》第1卷,北京:人民出版社1975年版,第57页。
②　[德]马克思:《1844年经济学哲学手稿》,北京:人民出版社2000年版,第90页。
③　同上书,第57页。
④　北京大学科学与社会研究中心编:《马克思主义与自然科学》,北京:北京大学出版社1988年版,第344页。

进一步提出人类为了自身的生存和发展而进行的物质生产实践是人类历史存在的物质基础,从而也是一切精神观念产生的物质基础。"'一边是人及其劳动,另一边是自然及其物质。'只有同时从这两者出发,亦即从人和自然之间发生的实践关系出发,才能正确了解马克思的哲学。"①马克思、恩格斯将论证的重点放在人类于自然中诞生之后的现实存在,即人类为求得生存与发展而和自然构成的复杂的实践关系,科学地论证了人与自然历史的辩证的交流状态。

在马克思主义唯物实践观中,实践本体构成人与自然交流的开端。自然对于人类具有毋庸置疑的本源性,这已由达尔文的《物种起源》及后世的科学发展所充分论证,但人类在与自然交流对抗的劳动过程中自我生成、相对独立之后,包括人与自然在内的整个生态系统发生了一个"一生二"的质的改变,自然分裂为另一个自意识、自组织、自控制的"自然"——人脑。这一事件对整个生态系统具有开创意义。自然界就不再是一个自在的统一体了,而是成为了一种与人类、人类的社会实践密切相关的社会、历史的存在。地球生态系统中的物质循环仍在继续,但已是在一个新的层面上进行——即进行着人类有目的、有意识、有规律的认识、改造自然与自身的实践活动。这一实践以确保人类自然生命存在的物质生产为起点,渗透在物质生活与精神生活的各个领域,自然界的存在和变化发展不再成为绝对自律的展现,正如马克思所言:"在实践上,人的普遍性正是表现为这样的普遍性,它把整个自然界——首先作为人的直接的生活资料,其次作为人的生命活动的对象(材料)和工具——变成人的无机的身体。"②实践成为人与自然关联(对抗与融合)的本原(问题的开始)。与发生学的"共生"相一致,实践的起点即蕴涵着生态的维度。在这一实践共生的本原之中,人既具有社会的精神意识的属性又具有自然物质的属性,形成二者的统一。一方面,社会属性和精神属性让人类超越自然,从自然的动物生活上升为人的社会生活,以其认识世界的思维力量、实现自我目的的意志力量、感受世界的情感力量超越提高自己,上升到自由理想的生活;另一方面,作为感性活动的主体,人首先又是自然属性的存在,"人作为自然的存在物,而且作为有生命的自然存在物,一方面,具有自然力、生命力,是能动的自然存在物;这些力量作为天赋和才能、作为欲望存在于人身上;另一方面,人作为自然的、肉体的、感性的、对象性的存在物,同动植物一样,是受动的、受制约的和受限制的存在物,就是说,他的欲望的对象是作为

① 刘纲纪:《传统文化、哲学与美学》,桂林:广西师范大学出版社1997年版,第147页。
② [德]马克思:《1844年经济学哲学手稿》,北京:人民出版社2000年版,第56页。

不依赖于他的对象而在他之外的;但是,这些对象是他的需要的对象;是表现和确证他的本质力量所不可缺少的、重要的对象"①。作为自然存在物,自然力与生命力构成人的本质力量最为基本的部分,而这一力量的实现,以及超越这之上的社会力量的实现都必然受到自然整体的限制与制约,人类实践的对象是作为不依赖于他的对象而存在于他之外。这一本源性制约为生态维度的生长奠定了实践本体的基础。

实践让人与自然辩证关系得以历史地展开,融合人类中心与生态中心,展示了两个"中心"各自内在的辩证的否定力量。自然界没有人类仍能运行,人只能靠自然产品生活,但是如果没有人类,自然也是与人类无关的自然,生态也不是我们要关心的问题。我们面对的必定是与人类相关的自然。正如马克思所言:"被抽象地理解的,自为的,被确定为与人分隔开来的自然界,对人说来也是无。"②"非对象性的存在物是非存在物。"③在人类历史发展中,自然无法绝对独立于人类的参与和影响,"人和动物相比越有普遍性,人赖以生活的无机界的范围就越广阔。从理论领域来说,植物、动物、石头、空气、光,等等,一方面作为自然科学的对象,另一方面作为艺术的对象,都是人的意识的一部分,是人的精神的无机界,是人必须事先进行加工以便享用和消化的精神食粮;同样,从实践领域来说,这些东西也是人的生活和人的活动的一部分。人在肉体上只有靠这些自然产品才能生活,不管这些产品是以食物、燃料、衣着的形式还是以住房等的形式表现出来。"④这里马克思辩证地提示了实践中人与自然的关系,自然界是人类生存发展的前提条件,人是自然的一部分,同时,自然又是人的一部分,是人类实践的材料、对象和工具。自然界通过社会实践与人发生认知与审美关系,人与自然通过实践融合、对抗,自然"本身不是人的身体",却是整个生态循环系统中人的无机的身体。由此,马克思的实践概念的本体意义中又内在地包含着一种逻辑的张力,一方面,要求从主体的角度理解客体,按照主体目的改造(自然)客体,满足主体生存发展的需要;另一方面,主体需要又必定受外部自然(另包括自身自然、社会条件)的制约,要求主体认识把握外部自然的先在性与运行规律,以确保主体性正确有效可持续地发挥,尤其是在人类能以自杀式袭击的方式

---

① [德]马克思:《1844 年经济学哲学手稿》,北京:人民出版社 2000 年版,第 105 页。
② 同上书,第 116 页。
③ 同上书,第 106 页。
④ 同上书,第 56 页。

毁灭这一"无机身体"的时代,人类与自然的身体的辩证联系将更为显著而紧密。关于人与自然具有生态整体意义的辩证关系,恩格斯有更为明确的论述,在《自然辩证法》中恩格斯写道:"我们不要过分陶醉于我们对于自然界的胜利,对于每一次这样的胜利自然界都对我们进行了报复。每一次胜利,起初确实取得了我们预期的结果,但是往后和再往后却发生完全不同的、出乎意料的影响,常常把最初的结果又取消了。""我们对自然界的全部统治力量,就在于我们比其他生物强,能够认识和正确运用自然规律"①,正确的合规律的实践是构成人与自然之间辩证和谐、良性循环的关键。

蕴涵于实践辩证关系之中的是人与自然关系的历史发展。"唯物辩证法是唯物、辩证、和历史三者的统一。"②马克思和恩格斯从实践本体上明确了人与自然的辩证关系,这一辩证关系蕴涵人类社会与自然之间社会历史存在的重要内容,实践的发展启动和更新着人与自然之间历史关系的变化。在《德意志意识形态》中,马克思、恩格斯认为,费尔巴哈"没有看到,他周围的感性世界决不是某种开天辟地以来就直接存在,始终如一的东西,而是工业和社会状况的产物,是历史的产物,是世世代代活动的结果"③。"在人类历史中即在人类社会的形成过程中生成的自然界,是人的现实的自然界;因此,通过工业——尽管以异化的形式——形成的自然界,是真正的、人类学的自然界"④,实践的过程就是一个不断由必然王国向自由王国跃进的过程,就是一个自然向人生成的过程,人与自然的关系随实践历史发展阶段的不同而不同,由古代的人依附于天,到近代的天人竞生,再到当今生态意义上的天人共生追求,均以不同的生产力发展水平及科技的进步为人类史与自然史共同前进的基础。

在马克思主义实践观中,人与自然的自由关系的建立离不开正确的认识与科学的探索。人类主体对自然的认识包含着社会历史发展的丰富内容,建立于实践基础之上的主体认识能力正是促进人与自然关系辩证发展的关键。在《1844年经济学哲学手稿》中,马克思认为人的感觉或感觉的人类性在人类社会实践中产生,是以往全部世界历史的产物,"只是由于人的本质的客观地展开的丰富性,主体的、人的感性的丰富性,如有音乐感的耳朵、能感受形式美的眼睛,

① [德]恩格斯:《自然辩证法》,于光远等译编,北京:人民出版社1984年版,第304—305页。
② 蒋孔阳:《美学新论》,见《蒋孔阳全集》第3卷,合肥:安徽教育出版社1999年版,第50页。
③ [德]马克思、恩格斯:《德意志意识形态》,北京:人民出版社1961年版,第38页。
④ [德]马克思:《1844年经济学哲学手稿》,北京:人民出版社2000年版,第89页。

总之,那些能成为人的享受的感觉,即确证自己是人的本质力量的感觉,才一部分发展起来,一部分产生出来。因为,不仅五官感觉,而且连所谓精神感觉、实践感觉(意志、爱等等),一句话,人的感觉、感觉的人性,都是由于它的对象的存在,由于人化的自然界,才产生出来的。"①一方面人的感性与理性认识的形成有赖于"它的对象的存在";另一方面它的对象的存在中即包含人化的自然界的内容,二者因分而合,合中有分,相互蕴涵,相互更新,自然人化的同时人也自然化,构成双向对象化的辩证统一与发展。人类这一实践认识功能,成为沟通人与自然的中介,让人类在认识自身尺度的同时兼及万物的尺度,在人与自然两种尺度的交融过程中不断扩大和深化与必然的联系,实现服从自然和改造自然共同的实现。只有对自然对象性前提的遵循和掌握,对作为自然规律的终极性内涵的生态规律的真正认识和遵循,才会形成对生态化实践的真正自觉,实现人类在自然面前的真正的自由,在"以往全部世界历史"的基础上创造"人化的自然界"。

针对资本主义社会中人与人、人与自然的异化现象,马克思、恩格斯揭示了人类历史发展过程中,尤其是资本主义工业社会以来人与自然关系异化的实践与思想的根源。在《1844年经济哲学手稿》中,马克思论述了资本主义生产条件、生产关系及思想观念与人与人、人与自身、人与自然关系异化的关联,并对资本主义生产的不平衡发展对自然界的毁坏进行了直接的阐述。"资本主义生产使它汇集在各大中心的城市人口越来越占优势,这样一来,它一方面聚集着社会的历史动力;另一方面又破坏着人与土地之间的物质变换,也就是使人以衣食形成消费掉的土地的组成部分不能回到土地,从而破坏土地持久肥力的永恒的自然条件。这样,它同时就破坏城市工人的身体健康和农村工人的精神生活。"②马克思以资本主义生产条件下的劳动异化为前提论及人与自然关系的异化,指出自然被破坏的实质是人与自然之间物质变换的扰乱,深刻揭露了人口与土地在资本主义生产关系下的恶性循环及以及对人类精神的破坏,"在国民经济学假定的状况中,劳动的这种实现化表现为工人的非现实化,对象化表现为对象的丧失和被对象奴役,占有表现为异化、外化。"③这种异化表现于生产劳动对象(自然界)就是"自然也在更狭隘的意义上提供生活资料,即提供工人本身的肉

---

① [德]马克思:《1844年经济学哲学手稿》,北京:人民出版社2000年版,第87页。
② 《马克思恩格斯全集》第25卷,北京:人民出版社1972年版,第552页。
③ [德]马克思:《1844年经济学哲学手稿》,北京:人民出版社2000年版,第52页。

体生存所需要的资料。"①资本主义生产条件下,自然不被作为有自身发展目的和指向的生命整体看待,而是成为提供生活资料的狭隘工具,成为资本的积累需要克服的障碍。作为最为公众性的存在,自然的公共利益处于被私有制个人占有所顾及的末端,自然成为最后的被剥削者,成为提高生产力而被异化的最主要对象。并且,自然的"祛魅"、环境的问题与资本主义私人占有制度下人的异化、价值观的异化息息相关、互为内因。"异化劳动从人那里夺去了他的生产的对象,也从人那里夺去了他的类生活,即他的现实的类对象性,把人对动物所具有的优点变成缺点,因为从人那里夺走了他的无机的身体即自然界。"②"人越是通过自己的劳动使自然受自己支配,神的奇迹越是由于工业的奇迹而变成多余,人就越是不得不为了讨好这些力量而放弃生产的乐趣和对产品的享受。"③自然的奇迹被工业的需要所抹杀和蒙蔽,忧心忡忡的穷人失去了对最美景色的感觉,贩卖矿物的商人只看到矿物的商业价值,美消失在绝对的利益标准中,人的价值以重复占有的数量来衡量,人类"欢乐"的最终目的被拘禁于对物质力量的讨好与膜拜中,这显然不是人类所应达到的全面发展的理想境界。

在这一批判的基础上,马克思、恩格斯提出了"人类同自然的和解以及人类本身的和解"的著名论断,自然与社会密不可分,"自然界的人的本质只有对社会的人来说才是存在的;因为只有在社会中,自然界对人来说才是人与人联系的纽带,才是他为别人的存在和别人为他的存在,只有在社会中,自然界才是人自己的人的存在的基础,才是人的现实的生活要素。只有在社会中,人的自然的存在对他来说才是自己的人的存在,并且自然界对他来说才成为人。因此,社会是人同自然界的完成了的本质的统一,是自然界的真正复活,是人的实现了的自然主义和自然界的实现了的人道主义。"④这里设想了扬弃了私有制的社会主义和共产主义中人与自然和谐统一的美好理想,将人与自然于社会主义、共产主义社会中的和谐统一作为实践所追求的终极目的的重要组成部分。在对资本主义生产力、生产关系及人性局限充分论证的基础上,马克思提出:"这种共产主义,作为完成了的自然主义等于人道主义、而作为完成了的人道主义等于自然主义,它是人和自然之间、人和人之间的矛盾的真正解决,是存在和本质,对象化和自我确证,自由和必然,个体和类之间的斗争的真正解决。它是历史之谜的解答,而

① 《马克思恩格斯全集》第25卷,北京:人民出版社1979年版,第92页。
② [德]马克思:《1844年经济学哲学手稿》,北京:人民出版社2000年版,第58页。
③ 同上书,第59—60页。
④ 同上书,第83页。

且知道自己就是这种解答。"①并阐述了将这一和谐状态集中为人类生存理想状态的表达,"人不仅通过思维,而且以全部感觉在对象世界中肯定自己"②。"感觉通过自己的实践直接变成了理论家。"③这正是人与自然合规律与合目的性统一于人类生存与发展之终极目的的深刻预示。

　　由于马克思主义哲学从物质生产实践出发解决了人类历史和人的本体问题,历来笼罩在本体论上的各种唯心神秘的幻想就从理论上消除了。马克思、恩格斯对于主客关系实践根源的统一、关于人与自然之关系的论述,以及"自然向人生成"、"人化自然"、"自然界的属人的本质"命题的提出,以科学的发展的内在机理,论证了人与物、主体与客体辩证的存在,揭示了当今人与自然关系异化的根源及人与自然和谐发展的理想预测,具有人类历史尺度与价值尺度的双重意义,开创了人与自然研究的唯物主义、辩证唯物主义、历史唯物主义、实践唯物主义的科学新境界。在有关环境、土地的整体论证中,马克思、恩格斯以实践为基础,揭示了近代环境问题产生的认识根源、阶级根源、社会根源;并以实践为准则,提出了解决生态危机的人道主义、科技进步和社会关系的有机统一的观点。这些分析和观点"克服了人类中心论和自然中心论的片面性,使得马克思主义的自然观完全站在一种坚不可摧的基石上,远远超越了西方生态伦理思想的一般主张"④。虽然马克思、恩格斯所生活的时代生态环境还未出现根本性的蜕变,整个生态系统还未出现今天所显现的全面的实质性的恶化,马克思、恩格斯并未从问题学的角度专门论证生态问题,但是,他们却从哲学高度深刻而极富前瞻性地为生态问题的论证奠定了理论的基点和正确的价值导向,为时代自然界生态意义的进一步拓展提供了积极的思想原动力,提供了现实深湛的、与生命共存的思想开拓的空间。

第二节　实践美学的人与自然研究与"人的自然化"命题

一、诞生的哲学基础及人与自然研究

中国实践美学初创于 20 世纪 60 年代(也是西方生态人文研究的初创年

---

① ［德］马克思:《1844 年经济学哲学手稿》,北京:人民出版社 2000 年版,第 81 页。
② 同上书,第 87 页。
③ 同上书,第 86 页。
④ 曾建平:《自然之思:西方生态伦理思想探究》,北京:中国社会科学出版社 2004 年版,第 297 页。

代),是从马克思主义实践唯物论出发研究美、美感和艺术等问题的美学体系,通过对马克思主义实践唯物主义(辩证唯物主义和历史唯物主义)精髓的继承,以及与中国传统文化融合,实现了几千年来中国美学理论科学的辩证的历史的转换,实现了从艺术到现实审美理论的时代创造与延伸。从 20 世纪 80 年代的主流到 90 年代的分化和发展,到 21 世纪新的自我超越,实践美学始终应对时代不断丰富、发展马克思主义美学理论与中国美学传统,取得了多方面的卓著成就。其中对于主体与客体关系(包括自然、社会)问题的研究,对于以实践为基础的主客体辩证关系的科学论证,在中国美学人与自然研究的历史上具有转折性的历史意义。"人的本质力量的对象化","自然的人化"等命题成为美的本质及形成根源的解答,人与自然辩证统一的自由境界成为主体和客体关系提升与完善的审美目标。

　　中国美学关于人与自然的研究源远流长,从古老的《周易》到作为主流文化的儒道两家,到后代的禅宗、理学以及各代文艺作品无不关注人与自然的问题。"天人合一"作为中国传统智慧的基本理念成为中国文化的根本精神和最高境界。"天"既指"广大自然"又更具有最高主宰及"最高原理"的本源意义,最初的意义是自然本源的天与人合一,后来逐步演化为自然环境与人类社会和谐统一的思想。但是正如彭富春教授所言:这一时期"所谓的合一只是一种幻想,这是因为如何合一是一个尚未提出和回答的问题"①。随着中国以经济建设为中心的改革开放的展开以及全球工业化进程的到来,这一人依附于天的自然观有待新的哲学思维方式的整合,转化成为解决当代人与自然生态危机的哲学依据。这一新的自然哲学正是超越工业社会视野之上的马克思主义人与自然的学说,中国实践美学正是以这一哲学思想为基础,实现了对于中国传统"天人合一"思想的超越。实践美学以劳动、实践为本体论证人与自然的哲学关系与审美关系,在实践中,主体与客体的关系得以形成,人、自然、社会的整体关联得以建立;如果缺乏实践的根基与理论的视野,自然生态问题的论证只能作为玄思和理想而存在,缺乏现实关联性和可操作性。在生态问题的研究中,实践美学有关主客体辩证关系的思想尤其具有开启新的生态视阈的转折意义。

　　(一)实践本体与主客关系

　　本体论问题是哲学的根本问题。在中国哲学史上,自然与人合而为一,构成

①　彭富春:《哲学美学导论》,北京:人民出版社 2005 年版,第 53 页。

"天人合一"的本体。古代西方哲学追求世界的本原,侧重于自然本体论的研究,"亚里士多德在谈到最初的哲学家们时说道(《形而上学》第 1 卷第 3 章):'他们断言,一切现存赖以存在者,一切现存由之产生的最初根源,一切现存又复归于其中的最后归宿,乃是始终如一的本体,它只在它的各种规定中变化;这便是元素,这便是一切现在的本原。因此他们认为,没有一个事物生成或消灭,因为事物总是永远保持其同一本性的。'可见,在这里早已完全是一种原始的、自发的唯物主义了,它在自己的萌芽时期就十分自然地把自然现象的无限多样性的统一看做不言而喻的,并在某种具有固定形体的东西中,在某种特殊的东西中去寻找这个统一。"①恩格斯所引用的亚里士多德的这些话历来被看做西方传统哲学对于本体论问题的经典性表述,它确定了本体论问题的基本含义。中世纪本体论问题同上帝是否存在联系在一起。西方近代哲学追求本质、本体,以叔本华、尼采为发端,经生命哲学到存在主义,把人的本体问题提到了很高的位置。虽然曾有过以笛卡尔、康德为代表与自然科学的发展相关联的认识论转向,但本体论问题仍然是哲学的关键。马克思主义哲学高度关注本体论问题,承接传统哲学中本体论哲学的根本探讨,从世界的"本原"和世界的"统一性"的本体论层面展开对西方传统哲学的批判,创立了以物质的自然界为基础的实践本体论,以唯一科学的方式解决了本体论问题,确立了自己的唯物主义的、科学的本体论。"从马克思主义的本体论来看,任务就是要把关于自然的本体论和关于人类社会的本体论同唯物主义基础协调起来,从唯物主义的自然本体论发展到人类社会的本体论,并科学地解决两者的联系与统一……由此构成马克思主义哲学关于整个物质世界(自然和社会)的本体论。"②马克思主义哲学本体论不仅唯物地解决了自然本体的问题,同样唯物地解决了人类本体论问题,并将二者科学地统一。自然是人类诞生的本源,但自从人类诞生以后,本体不再仅仅是自然界,而是人类改变自然界的物质生产实践活动。把实践引入了本体论是马克思创造性的发现,指出了人类的物质生产实践是人类全部历史产生、存在和发展的起点与动力,以人类生存的物质活动的特性,解决心物、主客二元对立,改变了全部哲学史关于人与现实根本性关系的进程。

中国实践美学以及实践本体的确立起源于 20 世纪 50—60 年代中国美学大

---

① [德]恩格斯:《自然辩证法》,于光远等译编,北京:人民出版社 1984 年版,第 34 页。

② 刘纲纪:《传统文化、哲学与美学》,桂林:广西师范大学出版社 1997 年版,第 97 页。

讨论,李泽厚以实践认识论为基础,认为"美学学科的哲学基本问题是认识论问题"①。20世纪80—90年代,实践美学理论进一步发展,并达成了对"实践"作为本原意义的共识。李泽厚在《美的历程》《华夏美学》《美学四讲》中进一步阐明实践、认识对于美及美感起源的决定意义,"美从根源上是如何产生的,亦即美从根本上是如何可能的,这就是美的本质问题。可见,所谓'美的本质'是指从根本上、根源上,从其充分而必要的最后条件上来追究美。"②"认识如何可能,道德如何可能,审美如何可能,都来源和从属于人类如何可能。人类以其使用、制造、更新工具的物质实践构成了社会存在的本体(简称之曰工具本体),同时也形成超生物族类的人的认识(符号)、人的意志(伦理)、人的享受(审美),简称之曰心理本体。"③但究其根源,实践本体即工具本体为第一位。"工具本体通过社会意识铸造和影响着心理本体。"④李泽厚认为物质生产实践是人的本质力量根源性的内涵,并从实践的根源出发,依次提出工具本体、心理本体、情感本体,并着重从心理、情感本体出发,奠定了美学的实践认识论基础。认为只有把格式塔心理学的同构说建立在"自然人化"说即主体性实践哲学(人类学本体论)的基础上,才能进一步解释美和审美诸问题。

李先生的研究承认工具本体,即物质生产实践的本体,但其研究始终侧重于心理的层次,20世纪50年代即是从内在规律的探讨开始,以实践认识论反驳唯心论美学,达到主客统一(这也与当时和朱光潜的唯心论美学的辩论相关,探讨审美心理的实践根源)。针对李泽厚的主体性实践论,刘纲纪对实践进行了更为本质的挖掘,集中阐释并确立了实践本体的地位,并着重从实践本体分析主体与客体、人与自然、个体与群体的统一。刘纲纪认为"从认识论来看,对思维的研究不可能离开对存在的研究,而对存在的研究正是本体论的问题,仅仅在思维内部来研究思维,思维的发生、来源、意义、真假诸问题都是无法解决的,不要本体论的认识论可以称之为无根的认识论。"⑤"就包含自然和社会两者在内的世界而论,我们当然可以而且必须说自然物质的运动就是世界的本体,但由于人既属于自然又区别于自然,因此仅仅指出自然物质运动是世界的本体,还不能说明人的本体,那么,人和社会或人类历史的本体是什么呢? 它就是人类的社会实

---

① 李泽厚:《美学论集》,上海:上海文艺出版社1980年版,第2页。
② 李泽厚:《美学四讲》,天津:天津社会科学院出版社2001年版,第74页。
③ 同上书,第54页。
④ 同上书,第58页。
⑤ 刘纲纪:《传统文化、哲学与美学》,桂林:广西师范大学出版社1997年版,第73页。

践,更准确地说是物质生产实践、劳动。"①"这也就是说:马克思主义的自然本体论历史地逻辑地包含了马克思的实践本体论,但又不能代替它。"②实践本体论必须以自然物质本体为前提,自然物质本体必须发展到实践本体论。马克思主义哲学的本体论是自然物质本体论与实践本体论两者的统一。这样刘纲纪以实践本体统一、发展了李泽厚与蔡仪,辩证地廓清了自然先在与人类实践的关系。从李泽厚先生的实践认识论本体到刘纲纪的自然前提的实践本体,实践美学从本体存在的根源上论证了"自然向人生成"的辩证的统一,为生态问题的论证打下了基础。生态实践观将沟通这两个本体,在实践美学的已有学理基础上扩大实践关于自然研究的视阈。

在实践本体的论证基础上,实践美学代表人物进一步论证了人类主体与客体的关系,实现了二者辩证的统一,将以实践为基础的人与自然的统一及其历史的发展作为马克思的哲学的根本,作为生发与连接精神与物质,思维与存在,主体与客体的根本纽带。马克思在《1844 年经济学哲学手稿》中认为劳动的对象是人的类生活的对象化:人不仅像在意识中那样在精神上把自己化分为二,而且在实践中、在现实中把自己化分为二,并且在他所创造的世界直观自身。③ 实践正是人类主体与自然客体分离、又在分离的意义上重新沟通的纽带。通过劳动对自然界的改造,人把自然界变成他的创造物和他的现实,变成人之外的,同时又是人自身的对象化的存在;也就是马克思所说的"它(实践)把整个自然界——首先作为人直接的生活资料,其次作为人的生命活动的对象(材料)和工具——变成了人的无机的身体。自然界,就它自身不是人的身体而言,是人的无机的身体。"④实践区分了人与自然,同时又构成二者之间辩证的张力。周来祥先生的"美是辩证发展的和谐",蒋孔阳先生的"人与现实的审美关系"进一步在实践本体的基础之上阐明了主客辩证关系,认为美的本质和根源就在于真与善、合规律性合目的性的统一,为当今生态整体观的进一步发展奠定了实践本体的辩证的基础。

实践美学不仅以实践为纽带沟通主客,并且以历史发展的眼光阐明了主客体关系辩证的发展,"人与自然、主体与客体、思维与存在、主观与客观、自由与必然都通过人类社会实践这个感性物质的活动而达到了统一。人类的社会实践

---

① 刘纲纪:《传统文化、哲学与美学》,桂林:广西师范大学出版社 1997 年版,第 101 页。
② 同上书,第 109 页。
③ 参见[德]马克思:《1844 年经济学哲学手稿》,北京:人民出版社 2000 年版,第 58 页。
④ [德]马克思:《1844 年经济学哲学手稿》,北京:人民出版社 2000 年版,第 56 页。

不断地向前发展着,这种统一也不断地向前发展着。人类实践的发展是无限的,这种统一的发展也是无限的。"①"人的本质不是先天的,而是在劳动实践过程中创造出来的。劳动没有止境,永远在创造之中,因此人的本质也没有止境,永远在创造之中,人的本质在创造之中,作为人的本质力量对象化的美,自然也永远处于创造之中。"②"随着人类生产力的提高,作为审美主体的人类感觉能力(包括马克思所说的"精神感觉"和"实践感觉")越来越丰富,越来越提高,作为审美对象的客观现实,也越来越多样,越来越扩大,这样人对现实的关系也就必然越来越复杂,越来越细致。"③主体与客体共同进步共同展开,通过使用物质工具性的活动呈现和展开自己的同时,展开整体世界。

实践美学正是消除绝对的主客二分对立的美学,以物质生产现实这一最根本的存在条件为基础,深入本质地论证了主体与客体沟通的内在必然性与必要性。(朱立元认为实践存在论能够超越主客二分的观点,笔者认为是对实践主客辩证关系某一种遮蔽状态的解蔽、开拓和补充,而实践美学从诞生开始即科学地辩证地沟通了主客的对立。)20世纪90年代以后,我国因生态问题的介入而兴起的"人类中心主义"、"生态中心主义"论争,又渐趋出现论人不论天,论天不论人的主客分离倾向,在张玉能的《实践美学与生态美学》、《人的自然化与审美》等文章中,再次提出以实践为本体内化自然规律以沟通二者的实践美学主张,认为生态问题的探讨应该成为实践美学题中应有之义。一些学者认为生态问题的阐述必须以存在论、现象学为根基,朱立元认为实践存在论应该成为生态美学的基础,笔者认为存在论和现象学的启示的确能够回到原初,成为考察生态现象,以及追慕生态美理想与境界的一种思想方法,但是就其根源性、现实性、可阐释和操作性而言,存在论本身很难涵盖生态问题关联的复杂和深刻,即使在实践美学中,存在论可以作为生态研究某一层面或者维度的视阈、方法和理想参与其中(邓晓芒曾在《实践唯物论新解——开出现象学之维》一书中深刻论述过现象学、存在论作为实践哲学研究方法的位置和意义),但是生态问题的阐释和解决终须以实践本体及实践的认识为根本,必须首先从实践根源出发,层层开拓(同时可以包含存在论方法的合理渗透),从实践到审美,实现生态视野和生态方法新的拓展与更新。

---

① 刘纲纪:《艺术哲学》,武汉:湖北人民出版社1986年版,第168页。
② 蒋孔阳:《美学新论》,《蒋孔阳全集》第3卷,合肥:安徽教育出版社1999年版,第11页。
③ 同上书,第10页。

"主体与他的外部世界是处在统一之中的。即使外部世界与主体发生了矛盾，甚至发生了人的异化，主体仍只能生存于它与外部世界的统一之中，即仍只能通过矛盾的克服去造成新的统一，而不可能抛弃脱离外部世界。就外部世界而言，这个世界只有作为主体生存于其中的世界，作为他的本质力量的对象化、客观化，才是一个对主体有意义的世界……只有紧紧抓住实践才能科学地解释人类的生活，解释人类的主体性及其与人的本体和人类历史发展的客观性的统一。"①实践美学及各位代表人物从马克思主义实践哲学的高度深刻而富前瞻性地透视了主体与客体的问题，以实践为准则，实现了人道主义、自然主义、社会关系理论的有机统一，以其马克思主义理论的坚实基础，为人与自然关系问题的当代阐释以及与生态问题的接轨提供了必要的理论基础和正确的价值导向，并将辩证融合于人类中心主义与生态中心主义的各自的优势，最大限度地取消其片面性。

(二)从本质力量对象化到双向对象化

"对象化"概念是西方哲学家们在对主客关系思索探究的历史过程中逐步确立的重要概念，起始于古希腊侧重自然本体的主客二分，经文艺复兴主体化转向，明确形成于德国古典哲学侧重于主体的客体化、精神能动性的唯心主义(黑格尔)思想体系之中，在前人的研究基础之上，马克思明确"对象化"这一现象产生的社会物质生产实践根源，在这一基础上实现了主客体真正的现实的统一，在实践的基础上，使现实"成为人自己本质力量的现实，一切对象对他说来成为他自身的对象化"。② 实践美学代表人物对于这一命题作出了符合马克思主义的深入研究和拓展，提出美在"人的本质力量的对象化"③，以及与此相关的"自然的人化"。

在李泽厚的《美学四讲》中用"自然的人化"替代"美是人的本质力量的对象化"，认为"自然的人化"包含"人化自然界"和"人的自然化"两个方面。但李先生并未对此展开全面深入的探讨，而是将重点放在人类审美心理的认识论研究。在人与自然的关系上，实践美学的代表人物常常强调主客辩证的统一，承认自然规律的制约，例如，刘纲纪认为："问题的全部关键在于要确认：作为人类历史本体的人类实践活动，既不能脱离物质的自然界，但又不是物质的自然界的活动，

---

① 刘纲纪:《传统文化、哲学与美学》,桂林:广西师范大学出版社 1997 年版,第 119 页。
② [德]马克思:《1844 年经济学哲学手稿》,北京:人民出版社 2000 年版,第 86 页。
③ 李泽厚:《美学论集》,上海:上海文艺出版社 1980 年版,第 25 页。

而是人有意识、有目的地改造自然界的活动。前者规定了人类实践的客观性、但这个客观性恰恰又是人的主体性的感性现实的表现。"①虽然内涵实践辩证的机理,但就整体而言,实践美学理论重心一般在"人化自然界"的一面,张扬人类改造自然的主体性。"通过实践活动使主观的、观念的东西(人的目的、要求、愿望、理想等)转化为客观的、实在的东西的过程,也就是人自身的对象化的过程。"②"对象化是使人的目的获得实现的过程。"③"在外在自然人化的同时,内在自然也日渐人化"④,"双向的反映,即既是对于对象的反映,同时又是对于作为反映者的人自身所处的历史条件(包括社会关系、阶级地位等在内)的反映。"⑤论证展开的重点往往离不开人类主体的视阈。

马克思认为,"自然界就它不是人的身体而言,是人的无机的身体。"自然作为并非由人类创造的独立他者,必然具有"不是人的身体而言"的相对独立的内容与意义,并在其独立的意义上对于人类社会生活发生具有客观能动性的影响。而这一影响必然渗透与人类物质与精神的存在,并在人类与自然的生态整体中发挥作用。李泽厚曾意识到这一点,在谈到主客关系时讲道:"光有主体的这些意识条件,没有对象所必须具有的客观性质行不行? ……一个事物能不能成为审美对象,光有主观条件或以主观条件为决定因素还不行,总需要对象上的某些东西。"⑥并认为移情说也要求有一个物质对象作为感情移入的客体。在实践美学原有基础上对自然客体作为"自然界就它不是人的身体而言"的独立一面的探讨由蒋孔阳开始。在《美学新论》中,蒋先生从"人与现实的审美关系"的思想体系出发,对于"美是人的本质力量的对象化"问题作出了四个方面的论证:①历史的回顾;②人的本质力量;③自然的人化;④对象化。蒋先生认为,"本质力量对象化""首先涉及的是作为主体的人,他具有欣赏美和创造美的本质力量;其次是作为客体的对象,要具有审美的属性,能够把人的本质力量转化为颜色、声音等物质形式;最后,作为主体的人与作为客体的对象之间,发生相互转化和对象化的关系,因此,人的本质力量的对象化,包含了主体、客体和对象化三个

---

① 刘纲纪:《传统文化、哲学与美学》,桂林:广西师范大学出版社1997年版,第119页。
② 刘纲纪:《艺术哲学》,武汉:湖北人民出版社1986年版,第171页。
③ 同上书,第174页。
④ 李泽厚:《美学四讲》,天津:天津社会科学院出版社2001年版,第73页。
⑤ 刘纲纪:《艺术哲学》,武汉:湖北人民出版社1986年版,第25页。
⑥ 李泽厚:《美学四讲》,天津:天津社会科学院出版社2001年版,第48页。

方面以及它们之间的关系问题。"①这样在三方面之间相互转化和对象化的关系,客体作为主体施加影响的能动存在得以彰显。在以上基础上蒋先生在"④对象化"的第四点总结中提出:"对象化还是双向的,而不是单向的,那就是说,整体观念的本质力量化到对象中,通过对象的形象显现出来,而且对象的性质和特点,也制约着人的本质力量的显现";"对象化不是把自己仅有的一点本质力量'化'化到对象中去,"像希腊神话中的水仙花神于封闭的自我中顾影自怜,欣赏一个走不出去的人的本质,"而是双向反馈,让客观现实生活中的种种矛盾、关系、特征和面貌,像浪潮一样地卷到我们的四周,充实和提高我们的本质力量。然后,再把提高了的本质力量,'化'到更为广阔的现实生活中去。如此循环不已,相得益彰,对象化成为一个不断丰富、不断完善、不断创造的过程。"②同时蒋先生认为,"自然的属性是多方面的、多层次的,它与人发生关系的过程中,并不是一次性地把所有的属性都展现出来,而是根据人的目的和需要,以及人的本质力量所达到的程度,逐次地一部分一部分地展现出来。"③而对象化的对象之中"既有对象的性质和特点,也有人本身的性质和特点"。④ 这就从辩证的交流与历史发展两方面共同揭示了"人的本质力量对象化"丰富而完整的内涵。正如马克思所言:"环境的改变和人的活动或自我改变的一致,只能被看做是并合理地理解为革命的实践。"⑤人的本质力量成为双向对象化的动力与中介。

实践的主体与客体在对象化的过程中相互规定、相互依赖、相互转化、相互实现,对象化成为互为对象的实践主体和客体相互渗透,相互创造的过程。在对象性的实践活动中,主体对象化(外化)为"物态性"的对象性客体,而客体则对象化(内化)为"人态性"的对象性主体,因此,对象化就是发生对象性关系的实践主体和实践客体双向的相互转化和相互创造的双重化过程,是客体的主体化和主体的客体化能动而现实的有机统一。⑥ 在此基础上张玉能进一步将双向对象化向实践审美意义的延伸,以实践为本体论证了主客体统一的客体审美的内

① 蒋孔阳:《美学新论》,见《蒋孔阳全集》第3卷,合肥:安徽教育出版社1999年版,第177页。
② 蒋孔阳:《美学新论》,见《蒋孔阳全集》第3卷,合肥:安徽教育出版社1999年版,第202—203页。
③ 同上书,第189页。
④ 同上书,第195页。
⑤ 《马克思恩格斯选集》第1卷,北京人民出版社1995年版,第55页。
⑥ 参见肖前、李准春、杨耕主编:《实践唯物主义研究》,北京:中国人民大学出版社1996年版,第155页。

蕴。在《实践的双向对象化与审美》一文中张先生认为:客体的合规律性和合目的性在实践中相统一,就形成客体显示出来的自由。"在实践活动中,客体同样也不是完全被动、消极的因素,它仍然会以自己所固有的物性规律和对人的目的的关系来制约、规范人的实践活动,它必然地要把自己的合规律和合目的对象化到主体之上,实现客体的主体化,从而使主体与客体在实践中达到现实的统一。"①确定客体作为实践对象化的内涵,不仅在哲学上为马克思主义的实践唯物主义的理解开辟了新局面,而且也为实践美学的研究扩大了视野和加固了基础;同时也为实践美学人与自然维度——生态维度的延伸奠定了基础。实践客体作为具有能动意义的对象性的确立,必将促进生态生命的循环对于人类生存与意识的主动和能动的影响,支撑人类自然审美意识的生态再构。

在实践辩证统一的论证前提下,蒋孔阳、张玉能发展了对象化理论,揭示了实践双向对象化和主客动态的过程,辩证阐明了实践基础上主客双向互动的以及美与美感形成的内在动力与表现,为实践美学走向主体与客体共生的生态意识奠定了基础。自然美及其被破坏从正反两方向向人们展示出整体生态美的存在,在生态实践过程中人类认识生态的潜在能力被发掘出来了,自然的生态潜能将在对人类的潜能的启发中得到彰显。自此,黑格尔的那位向水面投掷石子的小男孩就不再仅仅为自身的作品而欢乐,仅在自己的创造中自我欣赏,始终离不开一己本质的局限,而是惊赞于大自然的神奇(真正的孩子更像这样),激赏于人与自然"共同潜质的对应性自由实现"②。自然对于人的"对象化",将把人引向一个更为超逸更为广阔的精神与物质挥洒的空间,超越于一己视阈的"对象化"局限,在对自然他者的谦逊遵守、主动靠近中实现扬弃功利的生态美境界。

(三)实践本体与自由

自古以来中西方美的理想总是与自由相结合,孔子的"随心所欲不逾矩",庄子的"逍遥游",柏拉图的《理想国》,卢梭的《社会契约论》无不表现了将自由作为最高人生理想的精神追慕与理论探索,席勒的《审美教育书简》系统论证了美与自由的关系,认为审美是成就完整人性,由必然王国进入自由王国的桥梁。马克思继承了席勒的理想,将自由放到现实的社会实践中来分析,以物质生产为

---

① 张玉能:《实践的双向对象化与审美》,见《马克思主义美学》第4辑,桂林:广西师范大学出版社2001年版。

② 袁鼎生:《美是主客体潜能的对应自由实现》,《广西师范大学学报(哲学社会科学版)》2000年第4期。

基点论证了实践走向自由的历史曲折性与必然性,肯定了主体的创造与能动作用,以及客观对象的外在性,把人的存在和发展不但放在自然界的基础之上,而且放在人类社会实践对自然界的改造的基础之上,由此出发去解决人与自然的关系问题,以及人的全面自由的发展的审美实现。实践美学将实践确立为人类走向物质与精神自由的唯一基石,在马克思主义实践唯物论的基础上,"自由"内涵实践的起点、内在动力与审美的升华,是主客互动的前进的动力,双向对象化交流进步的最终指向,是实践由物质走向审美现实的标志。

首先,实践美学的自由是建立在必然性基础之上的创造。"自由王国只有建立在必然王国的基础上,才能繁荣起来。"①物质生产劳动是人类从自然取得物质生活资料以满足生存需要的活动,同时又是人有意识有目的地改造自然的活动,发掘自然能够合于人类目的的特点,以其创造性的发挥,与自然进行物质与精神的交流,从自然中取得最大限度的整体的自由。人类虽然无法完全摆脱不同的外在条件的束缚,但是作为一种精神性的类存在,在每一个物质生产发展的阶段,在现有的生产力所决定和容许的范围内,都不乏人类对于自由不同内涵的理解与想象,形成人们立足现实、异彩纷呈的自由的追求与创造。正因为这样,人类的劳动不会仅以满足肉体生存需要为最终目的,而必然要超越肉体生存的需要,追求人的才能最大可能的全面发展,推动人类从必然王国向自由王国的物质与精神的综合探索。劳动的本质决定了人既是自然存在物,同时又是自由的自然存在物。自由是人类主体属人的根本特性,自由的能力是人类进入理想王国的主体性禀赋。这一禀赋将随着生产力的发展,必然性的更新而获得新的内容。那么人与自然的关系,生态科学的内容也必将进入实践必然性的基础,构成新的自由的创造。

其次,实践美学的自由是主体与客体共同的自由。主体的自由存在于和客体的辩证统一之中,是合规律性与目的性即真与善的统一体。主体的自由常常受到客体必然性的限制,无法获得所谓绝对的自由,而自由的追求正是对于所谓"客体限制"从观念到实践的逐步融合与超越。"黑格尔早就说过:任性不是自由,无知不是自由,'自由首先在于主体对和它自己对立的东西不是外来的,不觉得它是一种界限和局限,而是就在那对立的东西里发现自己。'与主体相对立的东西是客体,客体是主体的界限和局限,不再是外来的东西,而且主体就在客

_____

① 《马克思恩格斯全集》第 25 卷,北京:人民出版社 1972 年版,第 927 页。

体中发现了自己,实现了自己。用黑格尔的话来说,就是'人必须在周围世界里自由自在,就像在自己家里一样,他的个性必须能与自然和一切外在的关系相安,才显得是自由的。'这是说,主体和客体由相互对立转化为相互协调一致,由相互限制转化为像回到了自己家里一样自由自在。"①蒋先生所揭示的正是主体自由与客体自由辩证的统一。对于人与自然的关系而言,自由的规律就在于对于客观必然性规律的认识和掌握,在实践的自由中,人类不再将自然看做对自身一己利益的妨碍,不存在所谓"客体的限制",而是人类在生态整体中对于自然之自由的最大限度的尊重与捍卫,让自然在与人类的大家庭中相互协调、自由运行。"自由"的内涵之中必须有他者,人类不可能独自获得自由,而生态整体的自由正在于人类对于自然他者生命自由的理解与张扬,对于客体自由和主客体共同自由的促成与维护,以他者的自由确证自身真实的自由。

最后,实践美学的自由不仅体现于艺术的追求,又体现于现实的创造。艺术来自于现实,是理想的先在的表达,是人类精神自由的个性创造,而在马克思主义的理想中所最终关注的是自由落实于人类社会现实的实现。实践美学不但集中于艺术的研究,更以"人和现实的审美关系"作为实践之自由探索的对象。实践的自由是人类通过长期探索所建立起来的符合客观规律现实性的活动过程和行动力量,是合目的性(善)与合规律性(真)相统一的实践活动和过程本身。追溯艺术形式的美的本质与根源,正是这种人类实践的历史成果。"不但主观蛮干、为所欲为,结果四面碰壁,不是自由;而且,自由如果只是象征、愿望、想象,只是巫师的念咒、诗人的抒情,那便只是锁闭在心意内部的可怜的、虚幻的'自由'。真正的自由必须是具有客观有效性的伟大行动力量。这种力量之所以自由,正在于它符合或掌握了客观规律。只有这样,它才是一种"造形"——改造对象的普遍力量。"②自由是对必然的认识与支配,是真实的行动的力量,马克思对物质生产的不以人们意志为转移的发展规律的揭示,不仅不是对人的自由的否定,而且恰好为我们指出了通向自由的现实的道路。自然与人、真与善、感性与理性、规律与目的将最终超越艺术,在现实中得到真正的矛盾统一。人类自由的发展以物质生产力的发展为基础,同时又以物质生产的自由提升、人类现实生活的美的实现以及艺术由精神的高空向生活的回归为归宿。真与善、合规律性

---

① 蒋孔阳:《美学新论》,见《蒋孔阳全集》第 3 卷,合肥:安徽教育出版社 1999 年版,第 210 页。

② 李泽厚:《美学四讲》,天津:天津社会科学院出版社 2001 年版,第 85—86 页。

与合目的性在这里将实现真正的交融渗透、和谐统一。

"上下与天地同流","大乐与天地同和"(《礼记》)。人类的自由正在于能够兼容他者,将自由的实践付诸于自然天地的创造,正如马克思所揭示的,审美地兼容万物的尺度。在主体与客体双向对象化的自由进程中,自由对象化的客体维度成为实践达到自由不可缺少的另一半。在以实践为根本的交流过程中,客体显示的自由对象化为主体自由的观念和行为,达到主客体共同自由的境界。客体维度的自由,以及经由主体实践而达到的自由对象化,是人类主体真正走向自由的相辅相成的条件,是人类精神提升的外在依据与不可或缺的现实阶梯,客体现实的自由将成为实践美学的生态维度生发的依据与实质性内容,成为实践本体走向自由理想的新的契机。

实践美学以实践为本源沟通主体与客体的关系,奠定了主客关系整体构成与发展的基础,并以人的本质力量融合客体对象的创造性与发展,以双向对象化为过程,消除绝对的主客二分,以自由的理想目的论证了主客关系的辩证统一的提升,为人与自然关系的合理解释以及生态问题的导入提供了科学完整的论证依据。

二、实践本体与人对自然的审美关系

在对实践本体与主客辩证关系的论证基础上,马克思于《1844 年经济学哲学手稿》中提出的"自然的人化"(或"人化自然")成为实践美学审美关系研究的关键命题。"自然"这一概念在实践美学中包含丰富的内容,原有广义和狭义之分,不过其侧重点仍在人与外界物质自然的关系方面(或者必然蕴涵人与自然的内容)。正如本书"导言"中所界定的,文中的"自然"为狭义的范围,集中关注实践美学人与自然、人与社会、人与自身三种关系中人与自然一维的探讨。在这一特有的对象上,实践美学对于"自然的人化"的阐释有一个逐渐清晰的过程:在宣扬人类在自然面前主体能动性的同时,强调自然规律在人类发展过程中的重要作用;并以自然的先在性的肯定,论证实践在自然美及美感形成中的作用,探讨如何在人与自然的交流中走向共同审美的自由。同时,在中国文化背景之下,由"自然的人化"生发出人类受动于自然,即自然对人类物质与意识客观渗透的一面,拓展了"自然人化"中辩证构成的另一半,即人受化于自然的重要方面:"人的自然化",关注自然本源对人类社会本原的造成、影响与渗透。"人的自然化"在实践美学的系统理论中已不同于古代人依附于天的天人合一,而是新的现实基础上,人与自然关系的新本质的展现。

（一）实践本体与"自然人化"

实践本体与"自然人化"其内在机理已蕴涵于实践本体与主客辩证关系的论证当中。在实践美学的整体发展过程中,在以上论证的基础之上,实践美学对于"自然人化"的阐释就不会像有关学者认为的是片面强调人与自然的对立和人对自然的征服,是以"自然的人化"为旨归的单向而封闭的道路,没有通向"人的自然化"的逻辑路口。① 也不再仅仅侧重于人类为自身目的改造自然、让规律单纯合于目的的一面,而是包含人与自然之间实践的起始、辩证的交流、历史的展开、精神升华的全面内涵。

首先,"自然人化"内涵人与自然辩证的沟通。在实践美学的视阈中,"自然人化"以实践(物质生产劳动)为本体实现了自然本源与人类本原(开始、起点)的沟通与发展。自然、感性是马克思主义哲学的第一个不可动摇的出发点,而历史本身是自然史的一个现实的部分,是"自然界生成为人这一过程的一个现实的部分"。② 邓晓芒、易中天认为,"劳动把人的意识与自然界区别开来,同时又能动地联系起来,且正是赖于这种区别,这种联系才是能动的……人不是与自然界的某一部分打交道,而且与整个自然界打交道。"③ "整个自然"不仅包括人类产生之后的自然,也包括人类产生之前的自然。实践是人与自然产生关系的起点,也是沟通先在自然与人类关系的起点(人类诞生之后才能同先在的自然发生关系)。正是在实践的过程中,人类认识到先在自然独立于人类的永恒的运行,认识到原生自然一以贯之的高于人类之上的法则,这一法则将督促人类重新调整对于自然的观念。人类对于整个自然史的认识是自然生态整体生命观产生的前提,在这一本原性关联的基础上,李泽厚提出的"自然人化"包含的"自然的人化"和"人的自然化"两个方面,张玉能论证了人与自然的"双向对象化"的内在交流,直接揭示了人与自然互动的发展。

其次,"自然人化"是实践基础上人与自然关系历史的展开。在实践本原基础之上的人与自然的互动,构成人与自然关系历史的展开。正如蒋孔阳所言:"自然的属性是多方面的,多层次的。它在与人发生关系的过程中,并不是一次性地把所有的属性都展现出来。而是根据人的目的和需要,以及人的本质力量

---

① 参见成复旺:《审美、异化与实践美学》,《福建论坛》2001 年第 4 期。
② ［德］马克思:《1844 年经济学哲学手稿》,北京:人民出版社 2000 年版,第 90 页。
③ 邓晓芒、易中天:《黄与蓝的交响——中西美学比较论》,北京:人民文学出版社 1999 年版,第 438 页。

所达到的程度,逐次一部分一部分地展现出来。这样,自然的人化就有一个不断深化、不断丰富的过程。"①这一过程由潜在到显在,随人与自然关系的时空变化而转变。"人化的自然",是人类社会历史发展的整个成果。随着社会的发展,人类掌握自然规律技术水平的提高,人们对自然的审美视阈也日渐扩展,越要也越能欣赏暴风骤雨、荒漠野地等没有改造的自然。随着人类物质自由的提升,自然杂乱、无序、野性、不和谐的自由也将逐步成为审美的对象,被更为深刻而广泛地欣赏。人与自然的关系是一个动态发展的生命过程,当整个社会发展达到一定阶段,人和自然关系的尺度必然发生历史的改变,具有与时俱进更新的必要与必然。

李泽厚认为,"'自然的人化'可分狭义和广义两种含义。通过劳动、技术去改造自然事物,这是狭义的自然人化。我所说的自然人化,一般都是从广义上说是,广义的自然人化是一个哲学概念。天空、大海、沙漠、荒山野林,没有经人去改造,但也是'自然的人化'。因为'自然的人化'指的是人类征服自然的历史尺度,指的是整个社会发展达到一定的阶段,人和自然的关系发生了根本改变。"②并且认为两种意义是相通的,"狭义的'自然的人化'(即通过劳动、技术改造自然事物)是广义的'自然的人化'的基础(虽然不一定是直接的基础),是使人与自然界发生关系改变的根本原因"③。蒋孔阳也赞成广义的理解:"人化并不要求对自然本身起作用,而只要通过自然,反映出人的本质力量,在自然中找回人自身的回响和反应,表现出人的思想和感情,就是自然的人化了。"④生态整体实践所要达到的正是对"自然人化"广义与狭义的沟通。广义的"自然人化"正是最大限度维护自然的外在与完整,在生态实践与审美的领域中以高超的本质力量,让自然独立自由的运行,达到"自然人化"广阔的当代历史审美境界的展现。

正因为人与自然的互动随实践与实践能力的进步不断发展,所以生态作为对自然整体终极探索的学问才能进入审美的视野,成为人与自然新型历史关系的表现。从为生存而必须改造的自然到尚未改造的自然,再到生态视阈中应该改造和不可改造的整体自然,直至整个合理的生态系统,人类审美的眼界也将随

---

① 蒋孔阳:《美学新论》,见《蒋孔阳全集》第 3 卷,合肥:安徽教育出版社 1999 年版,第 191 页。
② 李泽厚:《美学四讲》,天津:天津社会科学院出版社 2001 年版,第 107 页。
③ 同上书,第 108—109 页。
④ 蒋孔阳:《美学新论》,见《蒋孔阳全集》第 3 卷,合肥:安徽教育出版社 1999 年版,第 194 页。

这一历史的推衍而不断扩大。生态维度的研究正是对自然前提的发扬,将自然生态的意义融合到实践审美的延伸当中。

最后,"自然人化"构成精神审美的升华。实践美学将"自然的人化"作为精神审美的根源,并构成精神审美的升华。"自然的人化包括两个方面,一个方面是外在自然,即山河大地的'人化',是指人类通过劳动直接或间接地改造自然的整个历史成果,主要指自然和人在客观关系上发生了改变。另一方面是内在自然的人化,是指人本身的情感、需要、感知、愿欲以至器官的人化使生理性的内在器官变成人。这也就是人性的塑造。……两个'自然的人化'都是人类社会整体历史的成果。从美学讲(外在自然的人化)使客体世界成为美的现实。后者(内在自然的人化)使主体心理获有审美情感。前者就是美的本质,后者就是美感的本质,它们都通过整个社会实践历史来达到。"① 刘纲纪在《艺术哲学》一书中则具体阐释了这两种自然交互影响,内化与反馈的内在机理。前者对后者的影响,成为内在的自然人化,人从心理上的自然化过程,也是人的人化中以自然为对象的过程,随着这一交流过程中自由程度的提高,肯定性意义的增强,使得一些客观事物的性能、形式具有审美性质,而最终成为审美对象,并单纯以其肯定着人的自由性质就使人感到愉快,既合目的又联系不到任何目的,达到了一种超越物质生活需要的自由的统一。"人的本质转化为具体的生命力量。在'人化的自然'中实现,对象化为自由的形象,这时才成为美"。② 张玉能将实践的结构分为三个层面:物质交换层、意识作用层、价值评估层,三个层面具有层递累积、相互交错的关系,形成的一个逐步发展的现实的能动生命整体构成,并指向实践之完善的审美的理想。③ 人类在内在"自然的人化"中创造了精神文明,"自然的人化"是物质文明与精神文明双向进展的历史成果。这里实践美学的代表人物为"自然的人化"向美的开拓奠定了理论的基础,论证了实践由物质层面走向审美的辩证发展的过程。并首先涉及外在自然与内在自然共同人化的相互影响的两个方面,即"自然的人化"侧重于人的向度的一面。(本书将以外在自然为焦点论证"自然人化"中侧重自然向度的一面,并以此关联内在自然的"自然化",以及心灵到行动、主体到客体的共同的自然化。)

---

① 李泽厚:《美学四讲》,天津:天津社会科学院出版社 2001 年版,第 139 页。
② 蒋孔阳:《美学新论》,见《蒋孔阳全集》第 3 卷,合肥:安徽教育出版社 1999 年版,第 175 页。
③ 张玉能:《实践的结构与美的特征》,人大复印资料《美学》2001 年第 5 期。

"伟大的思想家早期有些宝贵的思想,后来不一定都得到充分的发挥,马克思关于'自然的人化'思想就是如此。它留给我们这些处在新时代面临新需要的人去思考、去探索、去发挥。"①"自然的人化说是马克思主义实践哲学在美学(实际上也不只是在美学上)的一种具体的表达或落实。"②随着生产力发展、历史阶段的不同,"自然人化"形成对主客体物质与意识的再构,共同指向实践的自由。实践的自由是人的主观目的性和自然客观规律性完全的交融,由合规律与合目的达到暗合规律与目的。在这其中,"自然人化"成为一个实践基础、辩证统一、自由理想的发展整体,成为"自然的人化"与"人的自然化"两方面双向对象化的辩证组合。

(二)自然的人化与人的自然化

实践美学在"自然人化"的基础上提出"人的自然化",一方面完善了"自然人化"辩证的内涵;另一方面开辟了通向当代生态问题直接的逻辑路口。

"人的自然化"的正式提出是实践美学基于中国文化基础上对马克思主义"自然人化"观的重要发挥。一方面基于"天人合一"思想的启迪;另一方面是以马克思主义实践唯物主义、辩证法为基点,对西方工具本体和中国"天人合一"传统各自局限性与片面性的思考。"人的自然化"研究是实践美学研究者在自身文化背景与时代条件下对马克思主义的科学阐释与具体发展,是对于中国传统美学思想的马克思主义整合。李泽厚认为,"如何使社会生活从形式理性、工具理性的极度演化中脱身出来,使世界不成为机器人主宰、支配世界,如何在工具本体之上生长出情感本体、心理本体,保存价值理性、田园牧歌和人间情味,这就是我所讲的'天人合一'。这个'天人合一'不仅有'自然的人化',而且还有'人的自然化'。这恰好是儒道互补的中国美学精神(参阅《华夏美学》第三章。)"③在西方的观念中,自然主要是一种外在于人的存在,始终未能达到东方所追求的那种内在的相通。西方强调人和自然的区别和矛盾,在实践上取得了征服自然的伟大成就,并有力地推动了科学的发展,但丧失了东方那种人与自然在精神情感上的亲近感、和谐感。东方保持了人与自然在精神情感上的亲近感、和谐感,但却又缺乏征服自然的强大力量,沉醉于与自然原始的、直接的合一,极

---

① 李泽厚:《美学四讲》,天津:天津社会科学院出版社2001年版,第46页。
② 同上书,第77页。
③ 同上书,第99页。

大地束缚了自然科学的发展。① 而真实的出路、完善的状态,正是对"自然的人化"和"人的自然化"两方面的融合,在实践的基础上克服中西文化各自的片面。当西方社会的发展日益显出人与自然、个体与社会的分裂和对抗,东方古代哲学中追求人与自然、个体与社会统一的思想将会越来越受到重视,成为救心之术;而东方社会又必须借鉴西方现代化大生产的基础,寻求富强之道。在这种实践的统一中,人的自然化将不再是中国传统"天人合一"中人合于天的古典式宁静,而是一个人与自然之间冲突、斗争并趋向和谐的必要过程;"天人合一"不再只是目的,而是内涵着实践主体与客体独立的辩证交流的动力,即"人的自然化"与"自然的人化"作为目的与手段的同一。

在以上研究的基础之上,张玉能在《人的自然化与审美》中辩证地阐释了"自然人化"命题作为科学世界观与方法论的内涵,从西方美学"对象化"研究的流向以及马克思主义的总结,论证了"人的自然化"作为实践美学命题的内在蕴涵与逻辑关联。张玉能认为,"自然的人化"就是在人类的社会实践中自然由"自在的自然"逐步转化为"为人的自然"的过程,"人的自然化"就是在人类的社会实践中人由"天人相分的人"逐步转化为"天人合一的人"的过程。这个过程原本是同一个过程,不过,我们从自然和人的不同角度来揭示这个过程就有了"自然的人化"和"人的自然化"的两个不同的维度和内涵。并认为"人的自然化"的具体内涵主要有三方面:其一,是在以物质生产为中心的社会实践中,自然界的一切物种的规律(尺度)都内化为人的内在的尺度(规律)。其二,是指在以物质生产为中心的社会实践中,人成为了大自然的一个有机组成部分,而不是凌驾于自然之上的主宰或对手。其三,是指在以物质生产为中心的社会实践中,人与自然形成了和谐协调的关系,达到了一种"天人合一"的境界,即马克思在《1844年经济学哲学手稿》中所说的"共产主义"境界。从侧重人的一方面将"人的自然化"作为人类走向完善的必由之路,也就是人在社会实践之中逐步成为了"天人合一的人","自由全面发展的人",亦即"真正的人",或者说"审美的人"。②

通过以上代表人物的研究可以见出,在实践美学的视阈中,"人的自然化"实际上正是"自然的人化"的对应物,是整个历史过程的两个方面。第一,作为"自然人化"的一个方面,"人的自然化"内涵着物质生产的实践的起点、辩证的过程,发展的逻辑,审美自由的理想,在实践美学整体的思想体系之中。第二,在

① 参见刘纲纪:《传统文化、哲学与美学》,桂林:广西师范大学出版社1997年版,第242页。
② 参见张玉能:《人的自然化与审美》,《福建论坛》2005年第8期。

人与自然的关系之中,"自然人化"的辩证双向交流中,"人的自然化"侧重于人类主动合于自然的一面,自然属性向人类影响渗透的一面,即目的合于规律的一面。在自然规律及限度的大前提下,"人的自然化"将真正维护一切物种的尺度,在此基础上实现人的尺度的真正的内化。(在生态危机的条件下,特有的历史阶段更以自然的尺度为先在。)第三,"自然的人化"体现的是人类超越自然的一面,而"人的自然化"体现的是人类超越自身的一面。在生产力发展的不同阶段上,人类向自然主动而更具信心的回归,在自然的意义上"人的人化"所体现的正是人类作为族类对自身整体局限的突破。第四,"人的自然化"最终追求新的社会与经济基础上,人与自然的相对平衡,以人类自身的完善,"自然的人化"与"人的自然化"的平衡达到"天人合一"的理想境界。当"社会美通过形式美、技术美提出'天人合一'时,是强调通过人类生产劳动的实践历史对自然规律的形式抽离,在合规律性与合目的性的统一交融中,更多的是规律性服从于目的性(有如建筑中的功能主义)的话,那么,这里却恰恰以目的从属于规律的个体与自然的直接交往来补充和纠正。……'自然的人化'是工具本体的成果,这里的'人的自然化'是情感(心理)本体的建立。……中国古代对上述三层含义的'人的自然化'及它的'天人合一'观念,对走向现代的社会,可以有参考借鉴的意义。"①

《周易》说:"生生之谓易。"又说:"天地之大德曰生。"其所希望达到正是规律与自由的高度理想的统一。生命的运动变化具有高度的合规律性,并要求人们深入、恰当地认识与运用它。人与自然、个体与社会统一的思想是中国哲学的根本立足点。"人的自然化"继承了中国古代文化的优秀传统,但又是充分现代的,是中国悠久的古代文化向现代的转型,又不失去其优良传统与特色。"人的自然化"作为实践美学的概念,具有不同于中国古代人依附于天的局限意义,是在中华文明历史脉流的延伸进程中,对于自然敬意的继承以及在新的历史条件下,概念的历史整合与更新。这一命题虽由德国施密特最早提出,但在中国实践美学的研究中发扬光大,是马克思"自然人化"的辩证命题中自然意义的凸显,"天人合一"是中国人始终不忘的历史情结,"人的自然化"在实践美学中的提出正是在新的生产力发展基础上、工业化程度提高以及国力强大的基础上,人与自然新关系的体现。

---

① 李泽厚:《美学四讲》,天津:天津社会科学院出版社 2001 年版,第 117 页。

"人的自然化"作为马克思主义"自然人化"命题的重要组成方面,科学地具备实践唯物主义、辩证唯物主义、历史唯物主义的深刻内涵,作为实践美学已有的范畴,"人的自然化"将在当下生态背景下更为凸显,成为实践达到新的生态意义的自由不可缺少的向度,具有对应时代与传统的巨大可阐释空间,这一重要范畴将合理整合我们时代对于自然的生态理解,将生态的思考纳入主体应对客体的观念重构当中。"人的自然化"正是为了更为合理地实现"自然的人化",而"人的自然化"又将成为"自然的人化"自由幸福的归宿。

第三节 实践的自由与"人的自然化"

"人的自然化"向度是实践达到自由不可缺少的部分,其在时代的延伸中具有容纳生态整体观,主动亲和、内化自然生态他者的意义,实现新的审美内涵的延伸。

一、"人的自然化"与自由

自由的超越是审美的本质特征。实践美学认为,自由是对必然的支配、认识和运用,使人具有普遍形式的力量。就人类自身而言,这种自由是有局限的,受到自身能力及环境的制约,而只有在对自然这一外在客体的体验、学习、探索、交流中,人类自由的本质才能从这些限制的规定中超拔而出,从物的对应同构关系中进一步升华,超出自然单向人化的片面,上升到精神灵动,物我两忘的境界,而美的追求也将在"自然的人化"和"人的自然化"的双向关系中圆满实现。

在实践美学主客统一的辩证思想原理基础之上,自然具有显现与证实自身存在的革命性的力量。自然规律以其超人类运行以维护自身平衡与生命目的的一贯方式贯穿人类与非人类的历史。对于人类而言,"人的自然化"是人类克服自身的片面性,超越一己视阈与实践的局限,走向物质与精神自由的开端。在人依存于天的时代,人类通过对自然的顺应认识自然的自由,获得了开启自身的局部的自由,此时"人的自然化"总体来讲侧重被动"自然化"的一面,与人的局部的自由相应和;在天人相互竞争的时代,人类通过对自然的征服认识自身的自由,获得了被自然严厉教训的片面的自由,此时"人的自然化"是以一种反向的自然反作用的方式来达到,尽管此时"自然的人化"得到极大的彰显。但其相反相成的另一面"人的自然化"得到更为强大的潜在的张扬。人类越想单向地征服压倒自然,结果更深地陷入自然的束缚之中。以一方压倒另一方所取得的自由,正像罗丹那座将对手彻底踩在脚下的《胜利者》雕像,只剩下无边的空虚与惶惑。而在人类信心百倍将自然单向"人化"的同时,人自身却越来越陷入茫然若失的境地。在工具理性造成的对自然压倒性征服所带来的困境面前,同时也在工具理性所取的历史性成就之上,人类面临目的从属于(自然)规律的新转向。在人类对于自由追求的挫折与努力之上,在新的社会生产力发展阶段之上,"人的自然化"成为人类由片面性自由走向全面的新的开始,自然生态将成为人类论证、反省、清理、升华自身有距离的不可或缺的对象。

"在自由中,客体不仅不再是主体的界限和局限,人不再是外来的东西,而且主体就在客体中发现了自己,实现了自己。"①主客体的协调一致,即康德所说的合规律与合目的的统一,而这一统一如何可能,则由主体对客观规律的掌握而定,认识和掌握客观规律正是人类自由的前提。对于客观规律(自然与社会规律)的认识和深化,必然促进人类主体物质与精神水平的提升,由合于规律(自然)与目的(人类)达到暗合规律与目的,随心所欲而又不违背物性的自由,真正成为审美的主体。

从其自由本质而言,实践美学所追求的"人的自然化"是在物质生产达到充分现代化程度的基础之上,人与自然共同的提升与解放。作为能够内化自然尺度的主体,人类必须努力掌握自然的尺度,学会倾听自然、走向自然。这一回归并不是原始蒙昧状态的回归,也不等同于庄子的唯心灵的逍遥游,或者 17 世纪卢梭的浪漫主义倡导,而是立足于科技与生产力的发展与评估的基础之上,人类自我意识、自由意识向自我的更高层次的回归。"人的自然化"使人与自然间的亲缘关系得以恢复,自然成为人类社会与精神的自由的借鉴、依赖的他者,成为人的本质力量的对象化的正格对象。人类从中观照到自身生命自由的力量,真正克服生态平衡的危机,实现马克思所说的"自然向人生成"的人道主义与自然主义的统一。实践不仅是达到目的的手段,而且就是目的本身。"人的自然化"是实践走向自由贯穿物质、意识与审美的更为关键的过程,促使人类在走向自由的过程中更为合理的向自然生成,在不否定人类充分发展的基础上实现天人张力平等、整体生长的合一。

在当前生态环境危机的时代背景下,"人的自然化"内涵将与生态科学和生态问题的解决相结合,在人类主动性极大提高的基础上,"人的自然生态化"强

---

① 蒋孔阳:《美学新论》,见《蒋孔阳全集》第 3 卷,合肥:安徽教育出版社 1999 年版,第 210 页。

调人类按照自然的规律让自然将人"人化"为其所要求的样子,自然的本质也有起作用的一面,包括自然不同于人的生态规律对人的影响。这不同于万物有灵的神秘的崇拜,而是将理性融于情感的新的生态美感觉。在卢梭的时代,自然作为一种人性自由的象征,对自然本身还是一种借景抒情,而当前是由自然异化的问题,还自然真正的独立,其目的和人类的进步发展紧密相关,具有普遍的社会意义。自然他者目的的发展包含人类自身的发展,一种真正的立足功利而又超功利的善。个人的自由在他者中确证,人类的自由在自然中确证,自由的意识在生态的维度中就是对个人与他者(自然)目的共同的意识,绝对个体的胜利只是局部的、分离的,只有共赢才是真正的胜利,最为理想的胜利。

仅从单方面的自然向人生成(自然的人化),人与自然不是一种平等关系,以绝对的人类欲望无限满足的目的,将人的目的和尺度运用到对象上,使对象附属于人,人的尺度成了人与自然之间沟通的唯一标准,自然固有的尺度,其本身丰富的意义被人为抹去,违背了马克思所说的两种尺度的统一,并不能真正解答人与自然审美的奥秘。只有在"自然的人化——人的自然化"的双向对象化的结构中探寻,才能实现美的丰富内涵的全面展开。"人的自然化"所探究的正是自然物质前提对人类历史范围的实践本体产生的影响,以及这一前提如何审美地交织于实践本体的主客关系之中。从最广义的渗透来讲,"人的自然化"蕴涵着人类实践的自然性与社会性,天赋与理性,自由的游戏与物质生产的统一。

二、"人的自然化"与实践之自由的生态走向

实践的自由源自马克思对于人类自由王国的终极构想,实践的自由作为实践所应达到的理想状态也是实践美学最终所追求的完美境界。实践过程中"自然的人化"与"人的自然化"双向交流,人与自然、人与社会整体力量动态均衡,自然客观规律性与人类主观目的性相互统一,在不断探索、求证、试错的过程中,人类物质、生理、精神的需求逐级提升,同时发展,在与自然、社会的立体交流中共同进步,逐步达到人类"按美的规律来建造"的实践的自由。对于实践美学,自然是一个发展的概念,而生态是一个时代的概念,当与生态系统和谐共处成为时代最为重大的课题与目标,侧重于探讨人类主动合于自然、目的合于规律的"人的自然化"就成为生态思想介入实践美学的最佳契合点。"人的自然化"内涵着实践向生态的拓展,以及人类于当代生态危机中谋求新的生存、发展与自由的现实可能,并将成为人类主动容纳生态整体,主动亲和、内化生态目的实现审美延伸的意义载体,其自由的内涵中必将能够容纳整体生态的内涵。

同时,生态问题的探讨在实践美学的"人的自然化"命题内则成为立足生态科学,内化生态规律,调整自身目的约束与衡量的规则,在实现真正人化的同时紧扣自然生态,促进新的审美的提炼。实践的自由与生态的关系将融合进实践交流的结构与发展的过程,在历时与共时当中整体均衡、动态发展,促进恒新恒异的审美的创造。在全球生态危机的视阈中,"人的自然化"中的自然生态起点将成为实践走向自由的重要基点,而生态维度的自由又将成为实践美学新的生长点。

(一)"自然化"生态走向与实践双向交流的共时性结构

"人的自然化"所推崇的正是人与自然交流中他者客体的目的(强调外在于人类独立运行,但又能与人类形成某种宏观暗合的"客观目的")。生态平衡正是客体一贯的基本目的之所在。实践的过程是一个立足于物质交换的双向交流过程,在具体交流过程中,生态系统的物质交换必然渗透于人、社会、自然各个角落与关系中,构成多层面有机联系的整体,形成了一种错综复杂的网络结构,这一网络结构的大致动态的确定形成了人类生存的条件,构成了人类与自然具体而微的物质变换,"即人类生活得以实现的永恒的自然性"①。整体交流的生态网络结构反过来确证实践的可能性与实践必然关联万物的客观性,对于人类这一实践之主体提出了某种建立于物质基础上的要求,即必须关注自身以外自然他者的存在,所以在被动自然化的同时,"人的自然化"转化为生态的主动。就目前人类物质生产发展水平、生态认知水平以及可对生态造成关键影响的技术发展水平基础之上,自然生态他者是实践生存得实现的必须要求,是对自然的道德、良心、审美产生的物质起点,所以"人的自然化"也就成为实践指向自由的最根本要求,体现着人类以其特殊心理能力体验、包含他者目的,甚至与自然建立一种超越自身目的的利他的血脉关系,即人类有机的身体与无机身体的本质沟通,以一种超出我们自身之外的与某物相连的感觉探求整体交流的立体生态网络中所有存在物共同的自由,真正达到兼容万物、指向无限的境界。

生态视阈中的"人的自然化"直接关联两种尺度的统一,即自然生态的本质规律内化在人的意识世界中成为人的内在尺度。正是这种外在尺度的确证与内化才使真实的自然秩序内化为人自身的秩序,使这种人与自然,人与他者双向交流的规律内化为人自觉与自发不可分辨的行为,成为对与生态他者存在意义发

---

① 张玉能:《实践美学:超越传统美学的开放体系》,《云梦学刊》2000 年第 2 期。

自内心的确认,成为人不仅适应、改造自然,也依此内在规律改造人自身的建立于实践认识基础上的最高目的与标准,人由此实现自身真正的"人化",而在此基础上"人化自然"的行动也才真正成为人的行动。建立于这种人类主体认识基础上的"人的自然化"必定是主体内化他者规律与尺度,并与主体自身联系他者的需求共同融会上升而形成的主体内在要求与外在追求,形成稳定而持久的融入血液的个人选择与生存理想。就是马克思讲的感性的功利性的消失,或者说感性的非功利性的实现。由此而来,"人的自然化"必定表现为自发自律沟通生态他者、利于生态他者的行为,是真正来自生命深处的情感律令,由主体融会万物尺度的境界自发地向外在目的流溢而出,真实实现主体任性而为却又暗合物性规律,以及客体的充分发挥自己的生命作用的真正的自由。

(二)"自然化"生态走向与实践人类目的的历时性发展过程

实践美学融合并更新现代思想家立足人类生命存在与创造的研究,在实践共时性的存在的基础上,将实践的双向交流同时拓展于以人类生命需要为根基的历时性发展过程之中。实践的自由是物质层面向精神层面飞升的循环,"人的自然化"最终为人类实用、认识、伦理、审美目的相协调的总目标服务而达到真正的自由境界。而作为承接现代、后现代生命观念的生态整体思想与实践,其肯定性价值正在于人类生命前进的根本需要,以其直面生存和生态危机的现实观照,指向真善美终极人性目的的实践追求,是本质力量对象化高度自由的实现。"人的自然化"以生态系统中生命需要的满足、创造性能力的发展,多极共存的自由生活为其永不止息的追求目的,在生态过程与规律的大范围中,"人的自然化"所表现的正是总体而长远的实践之自由的胜利。

在物质与精神相互影响自我生成的结构中,"自然化"感觉主体成为一种促进生态稳定的客观动力,成为一种携带着物质要素的复杂历史的产物,通过与物质共同前进的历史性转变,将精神与物质共同汇成辩证作用的历史的动力,于不和之和中成为代表前进方向的建设性力量,而避免丑的毁灭性循环。在生态危机的背景下,"人的自然化"是于生态困境混乱、荒谬的反自由竞争局面中重建平衡的力量,以主体自身渴望的创造,成为生态辩证大和谐的促进力量。

(三)"自然化"的生态走向与实践力量的均衡

"自然化"之生态走向不仅存在于实践之自由的横向结构、纵向过程之中,更存在于实践之中主体与生态系统力量张力的动态均衡。与自然中心主义者主客不分的合一不同,实践视阈中的生态观念认为只有主体与生态力量的比例确定在适当的相对分离又相互促进的弹性范围之内,人与自然生态的实践的交流才可能相对稳定地进行。

现代生态危机的产生,很大程度上正在于《1844 年经济学哲学手稿》中论及的垄断资本主义异化劳动对于人与自然力量均衡的历史性的破坏。这种破坏首先在物质交换层面发生,并蔓延到意识作用层、价值评估层,引起整个实践系统的分离与变形。首先是物质首先是物质交换层的失衡。垄断资本主义阶段的西方现代社会面临一个打破以往总体平衡秩序的新情况:科技的突飞猛进让人类一年创造的财富多过了从前几个世纪。物质生产在商品竞争规律的初级控制下无拘束的激增,甚至成为割断与现实所有关系的自我繁殖、自我参照,呈现为片面的自律。无拘束的激增让自然成为"无须付款"的最后受害者,处于人类利益榨取与竞争追求无极限财富增长的被剥削的最底层,而追求经济利益的片面的自律更是让生态状况日益恶化,濒于崩溃的边缘。物质交换层的变异影响到意识作用层的价值评估层,对于物质与金钱的追逐与崇拜远离了对自然的敬畏与眷顾,淡化了人与自然之间应有的关联意识。人与个人从此失去了立足的自然现实,以求达到众人仰慕的物质顶峰。以美国为首的西方国家,希图以财富占有的威慑转嫁生态危机,以维持其超级消费与浪费大国的地位,正是这一异化思想的集中体现。以财富为中心的经济意识排斥阻挠生态意识的建立,朴素节俭的行为只被看做是穷人一种无奈的被动的选择。生态运动的开展,"清贫思想"①的提倡将是对这一意识形式的彻底改变。在主动的自然化基础之上,重新以生态评估的方式判断评价人类生活与行为的价值将成为时代新的思想观念彻底转变的趋向。改变现代社会经济发展的失衡,探索物质生产、科技发展、精神审美目的的新走向,重建生态与人类的和谐将成为"人的自然化"新的基本内容。实践美学的生态维度正是探讨如何在这一基础上重新弥合人与自然生态的分裂,以审美的视角探索历史力量动态发展的平衡,建立生态审美观,以实践力量完善的均衡探索审美之自由的生命境界。

中外生态研究对于生态环境的物质、伦理、审美境界已有诸多探讨,多从生态整体平衡这一原点出发,提倡敬畏自然,回归生态,作为生态保护的功利宣传和生态意识的全面推广起到了不可估量的作用,并形成一个新颖的学术视角。但从生态现实根源、实际操作、深入实施方面讲却又常常不能将生态审美关联于本原的人间和大地,无法对生态问题的探讨提供具体可把握的、立足于人类生存

---

① 参见[日]中野孝次:《清贫思想》邵宇达译,上海:上海三联书店 1997 年版。

本根的分析。以马克思主义实践唯物主义为基石的实践美学,从人类最根本的生存实践出发,以贯穿物质交换、意识作用、价值评估层面的整体结构确定生态审美的可行性基础与肯定性价值,以其可判断、可操作、可评估的具体形态,让生态审美观走出理想的俯瞰式高空,而联系于可伸展、可把握的现实。这既是对生态研究纵向根基的奠定,也是对实践美学"自然人化"命题的补充,是对于"人的自然化"范畴在时代生态背景中的新探索。

时代生态实践与生态观念的新发展,让自然生态他者成为人类走向自由的不可回避的关注对象。在实践美学的不同发展阶段,由于面临的历史和学术任务不同,对于马克思主义实践唯物主义和实践美学的理解和阐释也有不同的侧重面。马克思主义有其高屋建瓴、全面系统的科学理论体系,而在中国改革开放、思想解放的时代背景下,在本土思想文化源远流长的历史积淀中,实践美学更是拥有进一步系统完善的广阔空间,在人与自然关系这一问题上随着时代的发展与实践美学总体体系逐步建立,"人的自然化"必然在历史与逻辑的统一中,和许多隐而未发的问题一样在马克思主义与中国特色的实践结合中逐渐敞开,并将在理论论证与实践探索相结合的基础上得到落实和解决。

第二章 "人的自然化"与实践
美学的生态维度

实践美学中"人的自然化"命题的彰显与实践美学生态维度的彰显相互关联、共同促进。生态的内容蕴涵着对自然作为规律与目的的生命意义的阐发,是人类在掌握更高生存能力基础上,对于自然对象更为深刻的认识;是人类自然审美视阈的扩大,审美境界的提高;是人类本质力量更为超拔、高远的对象化。人类现有精神的进一步成熟和成长,"需要一种超越人类的包括非人类世界的确证"①,审美的身心只有更为遥远地离开自然,独立于自然,才能更为全面、深刻、富有诗意地回归自然。自然向人生成,真实的人必然是蕴涵自然内容、生态内容的人。生态危机让实践美学中"人的自然化"问题清晰地呈现出来,同时也向我们展示了一种达到成熟独特的生存状态的新的前景。本章以生态问题切入实践美学自然基点的发挥,以"人的自然生态化"为焦点,结合生态危机的时代现实,阐发其中有关人类生存的生态与审美的意义。

第一节 "人的自然化"研究与生态维度

"人的自然化"是一个历史变迁的过程,人类对于这一过程的思考与记录同样是一个变迁发展的过程,在这一过程中人类认识自然,同样也认识自身。自然是人类的一面镜子,在双向对象化过程中,呈现着自然界属人本质的局限与敞开、阻碍与克服。新的生态困境再次考验着人类开拓自身的胸襟与能力,对包括人在内的整体生态系统规律与目的的生命理解,将成为"人的自然化"阐发的新的依据。这一新的"自然化"过程,在外在生态危机的反作用下,由外而内改变着人们对于自然传统的认识,并将重新形成的内在生态整体观外化于自然,完成

---

① 王正平:《环境哲学——环境伦理的跨学科研究》,上海:上海人民出版社 2004 年版,第 242 页。

对自然辩证转化的时代创造。从生态整体观以及生态人文研究的方向——人类合于生态目的与规律而言,生态维度与"人的自然化"的探讨本质相关。

一、"人的自然化"历程与生态——历史与现实的共生

"人的自然化"建立于自然作为独立生命力量而存在的基础之上。作为相对独立于人类社会的存在,在人与自然关系发生不同的历史变化的同时,自然本身又保持着其相对的独立性,不同时代、不同阶级的人们在面对自然之时往往能产生一种跨越时空的共鸣。从老庄、柏拉图到生态人文学者,从哲学家、诗人到芸芸众生,都能体会到关于自然的诸多相同的情愫。整个中国古代"天人合一"的漫长思想文化史自不必言,就是被认为以主客二分为主流的西方,也依然存在着人类合于自然的不绝的"自然化"思想脉流。古希腊朴素的自然本体哲学、"泛神论"、"物活论"、第奥根尼"犬儒的哲学"、斯多葛派"智者居山林"均体现了万物生息相通的无限本原以及与人类生存相关的自然神圣地位的思考。柏拉图在《第迈欧篇》中认为世界是一个有着灵魂和理性的活的生物体;亚里士多德则认为万物有着活性的内在原则,自然哲学的目标即要寻求事物中的目的。到中世纪,神学家圣方济各挑战基督教人类中心主义传统,在神学领域提倡整体主义的平等思想,认为所有上帝的创造物皆平等,在自然面前应心怀赞美与谦卑。文艺复兴时期,达·芬奇声称地球是有着生长的灵魂与生命构成的肌体。近代以来,浪漫的自然哲学与文艺更是与科学的机械哲学同步发展。作为浪漫哲学的先驱,斯宾诺莎认为人类是自然的一部分,自然的本性即为人的本性,将自然提高到神的地位;亨利·摩尔、莱布尼兹均反对人与自然、生命与非生命的分离。以浪漫主义运动为起始,从卢梭、歌德、谢林、华兹华斯到惠特曼、爱默生、梭罗、桑塔耶纳、海德格尔等认为自然是更高目的更高秩序的体现,关于自然活力、整体性、自发性以及与人类深层共鸣的思想一脉相传。圣方济各的平等主义观念深刻影响了阿尔贝特·施韦哲,促进了其"敬畏生命"的伦理价值观的提出;而施韦哲的思想又深深影响利奥波特和卡逊,利奥波特将其伦理学称为"大地伦理",而卡逊则将《寂静的春天》献给施韦哲。同时斯宾诺莎、梭罗、桑塔耶纳、缪尔、海德格尔等人有关自然与存在的思想促成了以阿伦·奈斯为代表的深层生态学的产生。而他们的思想直接推动了西方生态哲学与文艺思潮的兴起,并随生态困境的现实向全世界蔓延。

在人类自诞生以来的整个历史实践过程中,自然从未离开过人类生命的视野,即使在工业社会人类对自然的征服最为广泛与严重,对于自然的专制统治最

为严酷的异化时代,即使物欲横流、私欲膨胀,总是有一部分人相信自然对于人的崇高的引领,而在每一种时期,自然都能对人形成不断与不懈的启示。对于自然和平、温暖、美好的直觉甚至让人怀疑现存的社会制度,尤其是在所有价值观混乱颠倒的时代,美丽的自然作为美的理想,常能以独特的方式完成对人物的拯救。文学作品中葛里高利(《静静的顿河》)梦中的草原,《战争与和平》中安德烈凝望的云天……自然常常是作为社会性心灵创伤最后的安慰与疗治。"知音如不赏,归卧故山秋"(贾岛),自然是人类高于一切法则之上的最后的知音。最单纯最简单最高远最神秘,相对于最有理性的人类,却永远有理性所无法绝对勘破的秘密。"天地有大美而不言"(《庄子》),"自然通过天才为艺术立法"(康德),黄子久终日处荒山乱石间作品能与造化争神奇;邓肯在椰风海浪之启迪下创造了现代最曼妙的舞姿。自然对于艺术与思想的创新根深蒂固、永不止息。

但是不可否认的是,在工业社会所制造的物质追求、消费浪潮面前,在"物质生产劳动与生存"第一需要面前,这一"自然化"的历史脉流、精神影响只能作为一种软弱的存在,"在与牛顿的论战中歌德必然失败,如同'狂飙运动'只能让'启蒙运动'出尽风头,因为他逆历史潮流而动。"[①]然而正是这种软弱的存在却构成了一种恢弘的"弱效应",在人类精神性的自然直觉存在中其光辉历久弥新、丝毫不减。在生态科学与生态实践的今天,自然生态正与人类生存构成更为紧密的关联,工具理性主客二分、将自然排斥在人类生产活动之外的思想已经走到了尽头。"人的自然化"的精神思想历程以其源自历史的理性与感性力量构成了对人类精神的再度启发,在新的物质生产基础上从一个更高的层面得到了科学与现实生存的求证,并将成为支撑生态思想的资源。在生态危机亟待解决的阶段,伴随着人们对于近代自然观、价值观的深刻反思,"自然返魅"、人类主动自然化的思想倾向将成为阶段性主潮。"人的自然化"是一个逐步敞开的过程,自然美中蕴涵着文化的因素(包括关于自然的文化)和随着这种文化的推移而使自然本身的内涵逐步敞开的因素。

当今生态与环境保护的观念正首先以最为功利形式进入人们的日常生活,改变着人们关于环境的思想观念、价值取向、生活态度、行为习性,对政治、经济、科技、生活方式等领域发生前所未有的影响。以往环境卫生的观念逐步向整体

---

① [法]塞尔日·莫斯科维奇:《还自然之魅——对生态运动的思考》,庄晨燕、邱寅晨译,北京:生活·读书·新知三联书店 2005 年版,第 8 页。

生态扩大提升,客观现实的"人的自然化"倾向逐步形成。英国自然主义者麦考米克评论说,绿色思潮起源于19世纪60年代末,兴于20世纪70年代,实质上已构成了与哥白尼革命相称的关于人与自然关系的理性革命,尽管历史上对这场意义深远的环境革命似乎没什么记载,但这并不奇怪,因为"即使是最敏锐的观察家也没有料到哲学会有一个向荒野的转向。历史上没有哪一次哲学思潮的转变能比得上最近对人类与生态系地球之关系的严肃反思那么出乎人们的意料。"①"生态学的考察方式是一个很大的进步,它克服了从个体出发的、孤立的思考方法,认识到一切有生命的物体都是某个整体中的一部分。"②生态观念与环境运动的实践相伴而生,并以最为贴近生活实际的方式润物无声,迅速蔓延于社会与自然的各个角落,并逐步为人们所认同接受。

　　20世纪90年代以后的生态环境现象与实践逐步进入国内理论关注的视野,与国外生态人文研究相呼应。国内生态人文研究逐步凸显出来,各种学派的不同学者都从自己的独特的角度对生态问题进行探讨,并呈现多元并进的局面。实践美学在自身发展过程中也必将关注与重视生态这一维度。马克思主义的人与自然观从哲学原理的层面奠定了人与自然辩证关系的科学基础,并将结合生态文化创新我们时代的自然,让其中的"自然"作为生态他者的内涵与意义得到彰显。自然只有作为独立生命的能动体才能在人与自然的能动与受动的交流中渗透自然本身的内容,点化、浸染、敲击甚至闯进人类物质与精神的存在,在"自然人化"的同时,实现"人的自然化"。而自然这一生命运行的规律与目的正是当代生态整体观重点阐释的内容,构成"人的自然化"研究的生态可延伸基础。实践美学的生态维度将以"人的自然化"命题为中心,将生态问题与观念纳入实践美学"自然人化"观的动态发展之中。

二、"人的自然化"与生态维度的相对缺失

　　长期以来在实践美学中,自然作为与社会实践有内在关联的重要的一极被充分关注,而在与社会的弹性关系中,自然作为独立的它极本身的相对与绝对的意义,作为一个有生命有目的与人类历史相对脱离的自发自为的存在物,以及这一孤立的特征对人类的影响尚未充分阐明。"人的自然化"与生态问题的研究

---

① MC Cormick, *The Global Eevironmental Movement*, London: Belhaven Prees, 1993;同时参见叶平:《全球环境运动及其理性考察》,《国外社会科学》1999年第6期。

② [德]汉斯·萨克塞:《生态哲学》,文韬等译,东方出版社1991年版,第1—2页。

成为实践美学研究共同的缺失。这一相对的缺失成为生命美学、生态美学、后实践美学批判与超越实践美学的依据。

(一)实践美学生态维度的缺失是相对的缺失

实践美学从实践本体论、价值论、认识论、发展观等原理与原则的层面均蕴涵生态维度的拓展,但由于历史与现实多方原因未具体展开论述。这首先表现为,具备理论基础而引而不发。

1. 实践美学认为自然是人类诞生的前提,人是自然的一部分。但未能将这个前提(自然物质本源)与实践本体完整地联系起来,正面论及这一先于人类的同时又是相对独立于人类的本源如何构成对人类实践本体的影响、互动与贯穿。而这一前提作为生态意义的影响及其实践本体与此的系统性关联,正是实践美学的生态维度"人的自然化"需要探讨的部分。

2. 从原理的层面论述人与物的辩证统一,并以此打下了关于"自然美"论证的良好基础,但是具体论证时往往侧重于人的主体性、主动性的一面,以人的目的、主体性为视点囊括自然,对自然的理解多与"工具"、"手段"、"利用"相关联。而在生态整体的维护中人类往往必须发挥其作为生态"工具"、"手段"的意义。

3. 对自然客体的探讨侧重于对主体形成"制约"的一面,成为一种对主体的阻碍性的存在,忽视人类对自然所应尽的责任与义务。从生态的眼光看来,自然不仅仅是"制约",是"工具",而是影响、是培育,是引导、是参与创造着人的本质力量的显现,而人类对于自然赠予的回报在于"与物为春,开启自然自身的生命"①,让自然呈现自然而然的自由本性。而本质力量本身也是由自然对象与对人的影响共同构成,由自然的"制约"转化为对自身的制约。

4. 对自然作为"规律"的内容有待充实。生态视阈中,自然不仅仅是抽象的"规律"或"物质材料",而是整体运行的生命,具有自生成、自组织、自发展的能力与目的指向。人不再是唯一积极主动的因素,自然也具有某种相应的积极主动性。

5. 多强调劳动将人与动物区分开来,强调人与动物的差别,以此确定美感的特点,虽然确立了人与自然的不同、分离的基础,但缺失了人与动物相关联的生态完整的部分,以及共同的自然生态本源。实践美学代表作中也常有因论证社会性而出现的较为极端的、类似人类中心主义的局部发言,忽视了自身提出的

---

① 彭富春:《哲学美学导论》,北京:人民出版社 2005 年版,第 114 页。

自然的前提,成为被攻击的对象。这一倾向表现于对于具体文艺现象的阐释中,时因自然维度的缺乏而显得局促,如《美的历程》中对于苏轼的解释明显的局限与不彻底。

与此相对应,"人的自然化"作为实践美学命题也长期处于被搁置的状态。一是实践美学与"人的自然化"命题内在关联的研究相对缺失,形成了长期以来人们对于"自然人化"观单向的反生态的误解;二是"人的自然化"中自然作为外在自然的研究缺失,多被理解为内在自然的自然化,自然客体潜能作为他者规律与客观目的的论证展开欠充分;三是外在自然作为包括人在内的生态整体而与人发生关系的研究的缺失。这是从生态维度而言,"人的自然化"研究的缺失。作为人类合于自然、目的合于规律,相对于生态整体的完善自由目标的实现,人类作为手段与工具的能动的一面,"人的自然化"成为生态维度审美拓展的重点。

(二)造成缺失的原因大致有以下几种

1. 生态问题未进入当时实践美学的视野。实践美学对"自然人化"中人类主动性的强调与 20 世纪 80—90 年代社会时代背景紧密相关,经过近代战争时期及"文革"动乱,至改革开放伊始,国人发现中国的经济发展水平已远落后于西方,发展生产力,繁荣富强成为当时中国的头等大事,"以经济建设为中心"、三步走政策解决人民温饱问题丰富社会物质财富,追求国民生产总值的增长,号召"一部分人先富起来",尽管自然资源成为贫困被转嫁的最后对象,森林砍伐、水土流失、江河污染,但直接的大规模危害尚未发生,还处于恩格斯所说的第一阶段的胜利之中,自然单向人化的成就,以及为这一成就而对自然规律以利用为目的的短期、局部规律的遵循成为意识形态所反映的内容。因此直到 20 世纪 90 年代中期,生态问题尚为积累阶段,相关的论证一直处于隐而未显的状态,同样,也未能成为因意识形态的推动而成为主流的实践美学的视野。

2. 实践美学自身发展阶段性限制。在实践美学的创建时期,马克思和恩格斯的理论构想是全面系统的,但是实践美学本身并没有体系化、系统化,在体系的建构,学理的论述、阐发,理论潜力的发掘等方面都没有充分展开,20 世纪 80 年代主要是由于意识形态的推动,实践美学成为中国美学的主导潮流,由于这个时期主要是在建构实践美学的体系,尤其是实践美学体系的总体框架,所以"双向对象化"及其"自然的人化"和"人的自然化"的基本原理之中的"自然的人化"被突出出来,而"双向对象化"及"人的自然化"问题就有意无意地被遮蔽了。这样,"自然的人化"和"人的自然化"这个统一的实践的"双向对象化"过程也被有意无意地割裂了。① 由于这一环节论证的相对薄弱,以及对于马克思的"自然人化"的伟大深刻思想的误读,当生态人文研究、生态美学平地突起时,诸多研究者均认为生态问题及思想处于实践美学的研究领域之外,必须超越实践美学,建立新的生态世界观,对实践美学采取一种拒斥的态度,所以 90 年代以来生态问题的研究基本在实践美学视阈之外展开。

3. 社会学的探讨。在《1844 年经济学哲学手稿》中,马克思认为资产阶级国民经济学提出的劳动价值理论是正确的,但缺陷在于只看到劳动,而看不到劳动的人。劳动的人只被当做劳动的动物,仅具有最必要的肉体需要的牲畜。针对这一点马克思论证了人的劳动不同于动物劳动的本质差别,并在物的价值之外发现了人本身的价值。"正是这种人的价值的发现,使人在劳动实践过程中,能够创造性地把人的本质力量转移到客观世界中去,使客观世界成为人的自我实现和自我创造的对象。"②这一点成为美产生的起源。同时,针对文艺复兴对自然人的张扬,作为历史的补充与完善,马克思提出"人是社会关系的总和"。而这一社会化的人是自然与人的统一、感性与理性的统一。"'人化的自然'本见于马克思的早期著作,……是在谈人类劳动、社会生产等经济学和哲学问题时用这个概念的。"③社会的人成为论证集中的坐标,并以此展望人的全面发展的理想。所以在对马克思主义思想的参照与运用中,实践美学也往往从这一坐标出发,对美与艺术着重于社会化的探讨。在其具体论证中虽然在原理层面科学而广博地论证了自然性与社会性的统一、自然史与人类史的统一、两种尺度的统一、自然主义与人道主义的统一。但自然作为一种具有客观主动性的存在始终存而不发,常常遮蔽于社会性论证的光芒之下。在《美学论集》中李泽厚认为:"归根结底,自然美就只是社会生活的美(现实美)的一种特殊的存在形式,是一种'对象化'的存在形式。"④"我们的结论就是:美不是物的自然属性,而是物的社会属性。美是社会生活中不依赖于人的主观意识的客观现实的存在。自然美只是这种存在的特殊形式。"⑤"美是人类的社会生活,美是显示生活中那些包含

---

① 参见张玉能:《论人的自然化与审美》,《福建论坛》2005 年第 8 期。
② 蒋孔阳:《美学新论》,见《蒋孔阳全集》第 3 卷,合肥:安徽教育出版社 1999 年版,第 521 页。
③ 李泽厚:《美学论集》,上海:上海文艺出版社 1980 年版,第 171—172 页。
④ 同上书,第 28 页。
⑤ 同上书,第 29 页。

着社会发展的本质、规律和理想而用感官可以直接感知的具体的社会形象和自然形象。"①李先生的社会性是蕴涵自然性的,并"丝毫不认为自然物某些属性条件对美不重要。相反,我们倒认为是很重要的"②。但当时作为一种对"美在客观"的修正,李先生大力发掘美的社会性,反驳美在客观说。但不可避免的是,在集中的辩论中,自然美成为了一种附属性的东西,自然性的一面以及自然与社会的互动相对缺失。面对这一不足,刘纲纪提出自然前提,即"自然物质本体"说,将作为社会性附属的自然辩证地独立出来。并在《传统文化、哲学与美学》的"自序"中对其实践美学思想明确加以说明:"我在本书收入的文章中提出的'实践本体论',更准确地说应称为'社会实践本体论'。"③总的来讲,实践美学侧重美的社会性的研究贡献卓著。但如何发挥人类"自然化"的一维,进一步阐发刘纲纪先生提出的"自然前提"与"实践本体"的统一,正是实践美学的生态维度所要探讨的问题。

4. 艺术研究的中心。由社会学的探讨而来,实践美学的代表人物均认为,艺术是审美关系的集中体现,美学研究以艺术为中心。"从马克思、恩格斯开始,到卢卡契、阿多诺,从苏联到中国,迄至今日,从形态说,马克思主义美学主要是一种艺术理论,特别是艺术社会学的理论。……马克思主义美学的艺术论有个一贯的基本特色,就是以艺术的社会效应作为核心和主题。这社会效应,又经常是与马克思主义提倡的无产阶级的革命事业和批判精神联系在一起加以考虑、衡量、估计和评价的。"④作为一种研究艺术与功利关系的理论,一种艺术的社会功利论,实践美学对自然本身的美的探索,以及自然对审美形成的主动积极的对象化参与因素的研究相对薄弱,自由的自然纳入艺术作品的框架,成为人类精神过滤中的二手材料,存在于艺术焦点的辐射之中。"自然美作为物质实体被消解了,人的主观态度和情趣掺杂了进来"⑤,自然界之本真的自主运作,作为既有助于又能限制人类活动的力量被至于边缘地位,"尽管这不是就马克思来说的,因为马克思的确曾清晰地论证过独立于人的自然过程对人类的生产活动

---

① 李泽厚:《美学论集》,上海:上海文艺出版社 1980 年版,第 59 页。
② 同上书,第 118 页。
③ 刘纲纪:《传统文化、哲学与美学》,桂林:广西师范大学出版社 1997 年版,第 2 页。
④ 李泽厚:《美学四讲》,天津:天津社会科学院出版社 2001 年版,第 32 页。
⑤ 阎国忠:《人与自然的统一——关于美学基本问题》,《浙江师范大学学报》2001 年第 3 期。

起影响作用"①。自由的自然,与人类互动的自然正是生态文艺及生态观念所要讨论的内容,也是实践美学的生态维度对于自然作为物质生命的再阐述。

5. 中国哲学资源的生发的缺失。李泽厚对"人的自然化"的提出受到中国古代"天人合一"及庄子思想的启发,但对于"人的自然化"具体的阐发并未受到相应的重视。"在中国美学研究方面,中国古代传统美学的'天人合一'的特色对于'人的自然化'的深入细致研究无疑是一种内在驱动力。中国古代传统美学,无论是儒家、道家、禅家都是极力倡导'天人合一'的,尽管三家'天人合一'有所侧重",然而"这一'天人合一'的哲学和美学传统在'五四'运动时期被割断了,西方启蒙主义的'民主'和'科学'的'理性神话'、'科学主义神话'、'进步主义神话'曾经遮蔽了中国古代传统美学的'天人合一'的特色……20世纪40年代以来的革命的现实主义美学也冲击和涤荡了中国古代传统美学的'天人合一'的特色,阶级斗争的意识形态工具论主宰着美学理论(尤其是文艺理论),作为与国家上层建筑的相关的马克思主义实践美学,很大程度上受到意识形态主潮的推动,在其思想笼罩之下一起搁置了'天人合一'的传统资源。"②马克思主义侧重论述的经济学与社会学说,成为实践美学理论阐发的关键点,并且在其演绎和流传过程中呈现出对于马克思主义主客二分、工具理性的错误理解。

正如曾永成所言:"为了自己的需要发挥人自己的自然力去处理人和自然的关系,是实践的最早也是最根本的内容。但是,我们过去只是在人与自然的对立中去认识实践的本质,却忽略了实践本来是人类自觉能动地调节自己与自然界之间的生态关系的一种生命活动,它所追求的最高目的应是人与自然之间的和谐。……实践是人的主体性活动,同时又是在对象基础上的活动。作为主体性与对象性相统一的能动的生态调节活动,它也必须按照生态规律来进行活动。但是,自从人的主体性在现代性思潮中被极端片面地加以高扬以来,实践就走向了反生态的歧路,它本来的生态调节性被长期严重蒙蔽了。与此同时,实践的主体性之得以生成和实现的对象性基础也被严重忽视。于是,对于实践在自然界生成为人的过程中的真实地位和作用的认识也就陷入了人类中心主义的片面性谬误。"③实践的生态本性以及人的生态本质的阐发,对于实践美学来说具有特殊的意义。20世纪90年代,改革开放的新时期形成了一种解放思想、实事求是

---

① 〔美〕詹姆斯·奥康纳:《自然的理由——生态学马克思主义研究》,唐正东、臧佩洪译,南京:南京大学出版社2003年版,第7页。
② 张玉能:《论人的自然化与审美》,《福建论坛》2005年第8期。
③ 曾永成:《人本生态美学的思维路向和学理框架》,《江汉大学学报》2005年第5期。

的良好风气,促进了马克思主义美学、西方美学、中国美学的多元化繁荣,继承蒋孔阳、刘纲纪、周来祥等大师之后的新实践美学代表们努力在新历史时期继续发掘、阐释马克思主义唯物主义基本原理,全面地建构、完善实践美学体系,深化、拓展实践美学内在蕴涵,并将中国传统美学与实践美学结合,将"双向对象化"、"人的自然化"、"生态美学维度"等问题等原本潜在的理论形态凸显出来、敞亮起来。"人的自然化"是为了更合理地实现另一方面的"自然的人化",而"人的自然化"又将成为"自然人化"自由的归宿。"自然人化"与"人的自然化"于实践基础上统一,将能更为合理充分地阐释生态问题。

三、"人的自然化":延伸生态的学理基础

20 世纪 90 年代以来,随着当代中国经济快速的发展,商品生产量的成倍增长,对于有着十三亿消费人口的大国,商品的最终来源——对自然资源的攫取,在十几年的时间之内,立刻显现出来,最直观的现象:植被破坏、物种减少、大气污染指数上升,酸雨、沙尘暴、洪水、黄河断流、各类疾病的衍生,自然运行和生态平衡铁的规律以其不变的存在,以人们对待它的相同的粗暴的方式回报人类,促成国人近年来对于自然主动而更趋被动的体验。对于生态力量与人类力量同时强大的抗衡,国人求生存求发展的行动正日益远离生存与发展的目的。在这一物质对精神的生态决定的背景下,自然重新进入人们的视野,人们开始转而探讨人与自然生态更为强大的和更高层次的融合,生态问题成为自然科学与社会科学共同探讨的对象。"人的自然化"延伸生态的学理基础,根植于"人化自然"的科学基础,将侧重于人类目的的合于自然规律的一面,伸发补充实践美学关于人与自然的内在机理。

"人的自然化"建立在自然前提与实践本体所体现的两种力量的基础上。一种是自然客观主动性的力量;另一种是人合于自然的实践主动性力量。同时,"人的自然化"最终实现于自然本源与实践本体的辩证统一之中。首先,自然的本源性、先在性、独立性确定了"人的自然化"得以发生和实现的他者基点。实践美学从来就肯定自然力与生命力的首要作用,以及自然对于人类实践的回应作用。在人与自然的关系中,环境首先具有先于人类、高于人类的本源性价值。自然环境的形成进化早于人类数十亿年,社会环境在其无限时空中不可为单个个体所把握,二者仿佛不可知的"神意"安排见出内在的目的性。人类作为自然创生的整体体系中的一个分支,有其不可超越的客观限定,只能窥见从自身角度所窥见的,洞测自身智慧水平所能洞测的。除已知的创生万物、支撑生命之外,

自然生态更具有层创进化、科学价值、文化价值、基因多样化等与人类有关又无关的价值能力。① 环境规律与生态总体智慧既可作为已知和未知、显态与隐态共存的客观而唯物的实际的存在，又如老庄的"道"、柏拉图的"理式"、康德的"物自体"、谢林混沌的"同一"永远不可能达到完整与全部的揭示，永远以其无目的而合目的的超越性自由无垠地存在，以对人类已知的经验规律的异质成为创化、发展和人类效法的源泉。在这一基础上，自然又构成其物的客观主动性，即自然客观规律的反作用，形成客体在美的构成中辩证的作用。在讲到移情说时，蒋先生认为："移情论者只强调主观的移情，而没有看到，离开了审美对象一定的性质和结构形式，是不可能产生移情现象的。因此，在审美的观照中，与其说是我们把感情移入到外物，使外物人化，因而美；不如说是外物本身的某种性质或形式因素反映到我们人的内心中，引起了我们某种与外物相适应的感情波动，从而感到这一外物的美。"②而在马恩原典中有对于自然能动性更为生动的揭示，马克思、恩格斯在评论《巴黎的秘密》这部小说时，曾讲到了其中女主人公玛丽花在大自然中的感受："她之所以善良，是因为太阳和花给她揭示了她自己的像太阳和花一样纯洁无瑕的天性。""在大自然的怀抱中，资产阶级生活的锁链脱去了，玛丽花可以自由地表露自己固有的天性，因此，她流露出如此蓬勃的生趣、如此丰富的感受以及对大自然美的如此合乎人性的欣喜若狂。"③自然在"人的自然化"中构成对于人回归原点的启示，通过自然这一纯真他者的教育开启内心的自然，发现自己、敞亮自己。

自然对人类具有本源性，即使在人类形成之后，自然作为自在的客体仍然保持着其特立独行的生态独立性，在其一如既往的贯穿中（生态灾害也属其生态变相独立的表现）形成与人类平等的系统价值。从宇宙生态整体的高度俯看，人类与其所处环境中的每一个体一样是地球生态圈秩序的一个有机的部分，有其自身存在的目的性，都把自身当做一个好的存在物、一个善的"目的"（具有生态整体质的个体），从自身角度与世界发生联系，以其不可代替的独特性在整体复杂的生态网中具有维持生态的均等价值。另外，这一均等还体现于其价值均

---

① 参见罗尔斯顿：《环境伦理学》，北京：中国社会科学出版社 2000 年版，第 98 页。

② 蒋孔阳：《美学新论》，见《蒋孔阳全集》第 3 卷，合肥：安徽教育出版社 1999 年版，第 124 页。

③ ［苏］米·里夫希茨主编：《马克思恩格斯论艺术》第 3 卷，北京：中国社会科学出版社 1985 年版，第 41 页。

由整体生态系统的要求所决定。在整体系统中人类与环境的价值相互联系、相互包容、共同存在的特点、性质亦为他方和整体渗透和规定。如果一方受侵害，必然涉及整个系统。在以人的利益为尺度，以经济增长为指标的现代工业文明片面狭隘的系统中，本身不需要货币作报酬的环境，以及非人类存在物被作为具有最小价值、最不予考虑在内的对象，由此造成的生存困境正是环境作为实际内在价值的生命存在对其所处的弱势地位的修正——为自身的完整与进步，以客观上为人类带来灾害，甚至毁灭的方式调节自身，重建平衡，维护其内在生命的完美组合。自然根源与生存依据形成自然美对社会美的反作用互动关联，形成"人的自然化"不可脱离的受动自然化的一面。

人类实践本体与自然作为具有能动生命作用的独立力量构成生态延伸的共同内核。自然物质属性相当程度地决定了人类的社会属性，决定了"人的自然化"可以得到的内容和实践的物质范围。自然有社会性的一面，又有非社会性的一面，离开了自然性，社会性本身也不能单独构成美。实践美学的认识、价值、发展等内在原则，也只有在承认自然作为与人类共同体对立的辩证一极时才能成立。自然作为独立于人类的他者，综合地关联实践美学以上诸原理。

其次，"人的自然化"构成的另一个条件，是人类在自然受动性面前的主体性，即人类目的合于自然规律的主动应和。这一条件正是建立于人类相对独立于自然、认识自然、反思自我的能力之上。这一主体性能力作为对应自然的力量在实践美学中被大力肯定，而在"人的自然化"中将具有特殊的意义。人类作为自然进化发展的最高成就，以其独有的理性智慧与道德良知成为生态系统之中最有能动性的物种，并能够较之其他生命物极限最大地孤立于环境、高居自然生态金字塔的顶端，能够与环境形成不同于其他物种的最为清晰，大致稳定的主客体关系。这一主客关系决定了人类主动性自由发挥的无限，同时又规定了主体性发挥的生态他者范围和基础。黑格尔曾指出："直接性的形式给予特殊的东西自己存在、自己和自己相联系的规定。但正因为这样特殊事物自身是与外在于它自己的他物相联系"，"只有当我们洞见了直接性不是独立不依的，而是通过他物为中介的，才揭穿其有限性与非真实性。"①"如果把'有限之殊相'变为绝对的自足，那实际上这种直观知识就完全失去其具体内容而只是一种空洞抽象的存在；尽管它具有存在之普遍性，但却缺乏存在之必然性。人们尽管可以从

---

① ［德］黑格尔：《小逻辑》，北京：商务印书馆2004年版，第167页。

现象上证明它普遍存在,但却不能从其本身证明其存在的内容、实质和原因。"①生态他者的整体存在决定了人类生存的基础与自由的空间,同时也设定了人类作为实践主体的性质中最为重要的能力——沟通主客的中介能力。这一具有生态意义的能力将揭破人类自身满足于一己欲望与发展的有限性与虚幻性,从人类主体实践本身证明其存在的内容、实质和原因。

马克思在《1844 年经济学哲学手稿》中指出人是自觉意识的存在物,同时又是自然的存在物。"它所以只创造或设定对象,因为它是被对象设定的,因为它本来就是自然界。……它的对象性的产物仅仅证实了它的对象性活动,证实了它的活动是对象性的自然存在物的活动。"②作为自觉意识的存在物,人满足自己作为自然存在物的需要的活动必然是不同于动物的属人的自由自觉的活动。但正因为人同时又是自然存在物,所以他的自由自觉活动必然是能与自然相一致的活动,是一种对象性的、客观物质的活动。人学习运用自然规律而使自然内化为主体性自然的"人的自然化"部分,才能真正实现"人化的自然"。对于他者目的的关注与确认、认知与评估,将这种关注的范围推及整个生态系统,建立一种他者生态关注的眼光,反对审美孤立的直接性,实际正是对人类沟通能力的肯定。这一沟通所体现的正是人类对于自然前提与规律的合理内化与付诸现实的表达,是对人在整个自然中的联系以及作为生产者、消费者、分解者的生态位的确定。

社会生产力发展产生生态问题,这一变化引起人与自然关系的变化,而致力于生产力的发展,也就是在根本上致力于人的主体性的发展。从当今生态问题出发,从自然性根源和自然前提存在的视角发扬人类自然性、审视社会性,从自然的视角融合社会,发扬人类主体沟通生态的主动性力量与内化能力,将实现生态整体向更合理更进步的方向转化,让人类的有限在与自然的融合中达到无限。由此看来,生态问题正是人类主体性正确发扬的良好契机,生态他者的参照与验证将让人的实践的和精神的主体性在最丰富、全面、圆满的形态上创造出来。

最后,自然独立性与人类实践的辩证统一。实践美学密切关注的自然在人类社会中作为人的对象而存在。生态的视阈正是对这一对象范围的扩大,引导我们关注本源的独立的自然与人类实践的辩证关系。在对于人的本质力量自然

---

① 李泽厚:《美学论集》,上海:上海文艺出版社 1980 年版,第 9 页。
② [德]马克思:《1844 年经济学哲学手稿》,北京:人民出版社 2000 年版,第 105 页。

属性与社会属性辩证统一的构成之中,实践本体将启动自然作为本源以及自然本源进入人类实践重要部分的作用与活力。"人的自然化"作为实践美学命题,其中所蕴涵的正是人类实践对于自然独立性的辩证统一,是对于自然绝对对立性的属人的扬弃,并在此基础上延伸精神、情感直至审美的自然。

生态视阈中,人类主动合于自然,一方面,在于密切人类与自然的关系,恢复提升被破坏的自然;另一方面,就是在自然与人类社会生活的休戚相关中维护、保留、尊崇自然于人的相对独立性。虽然"只有社会实践的发展,使自然不断地'向人生成',成为'人类学的自然'的时候,只有凶猛的野兽不再是生活的威胁的时候,它才成为美"①,(生态是一种前瞻性的审美与人的生活相互推动。)虽然"人对鱼这种曾经和人类生存发生了重大关系的自然物达到了完全的支配,在它不被捕捉、食用的天然状态下,反而更能显示人和自然的亲切关系,以及人作为大自然的主宰所具有的那种高度的自由"②。对自然的一定程度的主宰是自由审美的前提。但是,从生态的角度看,建立在实用关系之上的完全的占有、绝对的控制,并不是自然物之所以美的所有物质原因。在生态系统中,一物不可能被一物完全占有,而是各自都有各自相对自由的空间,作为类的存在,永远不应该完全被吞噬,而是按生态系统的需要而支持其有益的完整,人类对鱼之能够被食用是鱼之所以美的一个基础,另一方面是鱼之不能被食用(殆尽),外在于人类又深切关联人类的生态整体规定了鱼作为类的相对的自由,是外在于我们的生态生命的共在,这种共在不是人类一相情愿所能决定的。一种完全被人控制的东西是不可能有美的,正如有生命的鱼是美的,而鱼刺相对不美,因为鱼的命运不能由我们单独决定,而有生命的鱼和它与生态系统中的自由保证着我们共同的未来,这就是生态作为新的整体规律对于美与相对的未知所给予人的"高度自由"的启示。在生态视阈中,物的自由度越高标志着人的自由度越高(包括人类捍卫物种自由的实践能力与自由度的提高),完全地消灭对方,就是消灭自身、消灭未来。生态的限度规定着人行为的限度与自身生产,破坏生态实际上就是破坏"自然界的人的本质",保护和优化生态也就是保护和优化"自然界的人的本质",自然的独立正是人类自由与独立的表现。还是马克思的那句话,自由就是人对客观必然性的认识和实际支配,而从生态维度看来,这一支配包括实践基础与视阈中的有所为与有所不为。

---

① 李泽厚:《美学论集》,上海:上海文艺出版社1980年版,第147页。
② 刘纲纪:《艺术哲学》,武汉:湖北人民出版社1986年版,第439页。

"人类的生活是永远不能脱离功利的满足的,问题在于要区别两种功利:一种是纯粹自私的、排他的、同社会的发展相违背的功利,另一种是同绝大多数人的利益和社会发展相一致的功利。前一种功利是同审美和艺术不能相容的,因为它是同个体与社会的发展的统一,从而同人的自由本质的实现不能相容的"。① 一方面,人在对自然规律的掌握中感受到自由;另一方面,没有自然的自由就不会有人类完整的无限的自由。有生命的未知的自然是造物主的恩赐,美就是对未知的渴望,对自由的向往与延伸。完全的征服在生态整体观看来,甚至达不到物质层面的生存的自由,自由正是对未知的爱与保留。

随着人对自然的改造能力的提高,人逐步减少了对自然的消极的依赖,从自然取得越来越多的自由,而自然美就是在这个漫长的历史过程中产生出来。现在人们已经能够将影响和涉及地球生态整体作为自然美的内容,自然生态美正在于人类对生态规律的掌握和不可完全控制的无限之中,美在发现其避害趋利的可能性,以及人类自由发展的新的可能空间,这些令人愉快的可能性让生态整体达到、成为美的对象。"自然人化",人亦"自然化",生态审美的产生,也是建立在人类对于生态环境可控制和掌握程度提高的基础上,其内在实践基础是人类已具有影响整个生态系统的生产力,以及可预设的生态良性发展的"自然化"未来趋向,这样,生态自然才不再仅仅被作为满足生存需要的物质手段来看待,才可能越出人类生存需要的联系,由衣食之源升华为精神之源,并成为一种超越以往的自然理性的精神存在,并以此为基础与人类自身自由发展为目的的种种活动相联系,成为我们时代审美的对象。当代"人的自然化"与生态整体观,将促进人类由外在规律改变自身,从外在规律的内化到观念情感的改变——从自然到审美,从艺术到生命本身。

在"自然人化"(包含"自然的人化"与"人的自然化"两方面)人与自然双向对象化的过程中,"人的自然化"以合于自然的生态发现与反思,在认识与学习自然的过程中确立了生态生存的限度,在生态系统的视阈中,"自然的人化"侧重于在生态限度之内,人类如何对应自然不利于人的一面,为人类谋福利;而"人的自然化"侧重于在生态限度内,人类如何顺应自然整体的规律,将人类的目的约束在自然规律之中,主动维护生态平衡,让自然最大限度地向人类展示其善的一面。"人的自然化"发展到当代即为"人的自然生态化",在生态实践的基

---

① 刘纲纪:《艺术哲学》,武汉:湖北人民出版社 1986 年版,第 287 页。

础上,面对自然既能有助于又能限制人类活动的力量,开掘自然界之本真的自主运作。

第二节 "人的自然化"与生态人文研究

在"人的自然化"实践本体与自由的基础之上,实践美学如何借鉴生态科学与人文研究的结论与视点,生发自身生态维度,将生态科学与人文研究产生、发展、追求、目标及内在基本立论基础,转变为"人的自然化"生态拓展的科学理论资源是本节论证的关键。生态整体思想构成"人的自然化"时代的内涵并将随着这种文化的推移而使自然本身的蕴涵逐步敞开。生态的限度构成人类主动自然化的必然,在人类"自然化"的过程中外在的"自然化"与内在的"自然化"相互沟通,成为一个整体,外在自然进入人心的自然,铸造人心,使之"生态化",再让"生态化"的人心回归自然,实现生态环境美与生态文明的建设。

一、生态研究从科学到人文

作为人类实践达到一定的阶段的产物,生态危机的现实决定了"自然化"的生态转折。20世纪中期科技的片面发展所带来的弊端日益显著,局部生态灾害频繁发生,深深地切入损害了人们的现实生活。这一生存状况引起了生物学家和具有生态科学知识以及敏锐洞察力、自然审美力的学者们的高度重视。生态学问题及跨学科研究形成"生态内涵"由科学到人文的发展。大约在这一时期,西方生态人文研究以利奥波德的《沙乡年鉴》、蕾切尔·卡逊的《寂静的春天》为标志,形成生态人文研究富有实践意义的开始,并迅速发展、延伸开来,与同时期生态科学研究相互促进与借鉴,共同完成了由传统有机整体观到生态整体观的转变。

（一）生态科学的逐步深化

"生态"一词最初是一个生物学的概念。随着生物学研究的逐步深入,"生态"的内涵也随之逐步深入与扩大。自19世纪开始,拉马克、洪堡、华莱士、达尔文等科学家就将生物有机体与环境联系起来研究。1866年,德国生物学家海克尔(E. Hacekel)在《有机体普通形态学》一书中提出"生态学"这一概念,他将两个希腊词 Oikos(意思是"家"或"家用的")和 Logos(意思是"研究")组成 ecology 即研究生物体在其家或环境中的科学。并认为生态学是研究生物有机体与无机体环境之间相互关系的科学,这里讲的环境,不仅包括土壤和气候等无机环境,还包括生物个体组成的生物环境,另外他极富预见性地指出:生态学

"进一步可以把全部生存条件考虑在内"①。不过,19世纪中后期的生态学模型主要是以研究个体物种与环境关系的有机模型。20世纪初,有机模型为群落模型所取代。生物学家认识到物种之间、植物与动物之间、生物与非生物(包括土壤、气候)之间联系较之有机模型更为复杂与多变,美国生态学家亨利·考利斯和弗雷德里克·克莱门茨为这一时期的代表人物。此后,1935年,英国生态学家阿瑟·坦斯利提出了"生态系统"的概念,这一提法包括了动物学、植物学中的个体研究无法给出的生物学的全部。大到宇宙大整体,小到原子这样的小整体,生态系统模型解释了生态整体之间具有综合性、依赖性、联系性的不可分离的总和;并且生态系统将人类囊括其中,认为我们只有从根本上认识有机体,不将它们与环境分开,并将它们与我们放在一个自然生态系统来理解,它们才会引起我们的重视。自坦斯利之后,生态学家开始集中关注生态系统的结构与功能,提出"生态平衡"(威廉·福格特)、"整体论思想"(奥姆德),到20世纪中叶生态系统已成为生态科学的标准模式,其结构化的确定、整体统一的论证影响到了早期的环境主义者,关于生态的形而上探讨逐步展开。在同一时期,生态学也开始了与物理学、地理学研究的关联与渗透。

生态关系是生物与环境的关系,作为共存于地球上主体与环境,一定的气候条件、地理状态也与两者的相互关联紧密相关。生态学属于生物学的范围,同时也影响了地学的研究。20世纪60年代,地球科学中产生了一个分支前沿学科——地球生理学(Geophysiptogy),这一学科于1968年由美国海洋生物学家、生命科学家詹姆斯·拉伍洛克首次提出,这就是著名的该亚(GAIA)假说——地球女神:地球医学的实证科学。地球生理学用大气分析的方法探测行星是否存在着生命,通过分析,发现地球是完全不同于火星与金星的具有强大生命力的球体,是具有自我调整能力的活的体系,并认为人作为地球生命体系的一种,既不能成为中心,也不能成为主宰,人类的未来取决于与它的适当关系,而不是自身利益的无休止的满足。"该亚假说实际上已经在自然科学的基础上提升到科学哲学的高度,成为生态中心主义哲学思想的重要支撑。"②作为人类实践过程中对于自然的新认识与视阈及本质研究的扩大,"自然规律"呈现出从前未涉及的生态学与地学意义上的有限,自然不再是随心所欲片面摄取的对象,而是具有必须遵循生态之矩。生态为自然重新划定了范围,也洞开了新的本质。最近有些

---

① 转引自徐恒醇:《生态美学》,西安:陕西教育出版社2000年版,第133页。
② 曾繁仁:《生态存在论美学论稿》,长春:吉林人民出版社2003年版,第27页。

生态科学家又对生态平衡的观点提出质疑,认为生态系统没有方向性与提高,只是一种混沌的流动的状态。这一观点受到物理与数学混沌理论的影响,但这并不能成为人类单向征服与控制自然的理由,只是告诉我们在自然面前应该更加谨慎从事。

第二次世界大战以后,尤其是20世纪60年代以来,生态学研究从科学到人文形成了一种空前活跃的生态思潮,引导生态科学由技术的浅层向思想的深层发展。生态科学的研究为生态哲学、社会学、人文科学奠定了思想的基础,"可以毫不夸张地说,西方生态伦理思想之所以能产生和发展,更多的是由于生态科学家而不是哲学家的努力"①。不少生态思想家,如拉伍洛克、奥姆德、卡逊本身就是生态科学家,他们在对于"生态"这一特殊科学的研究中不约而同地走向社会科学、人文科学的领域;而生态哲学家、思想家则更多地在对生态科学的领悟中创新其理论,如梭罗、缪尔、施韦哲、奈斯、塞欣斯、罗尔斯顿等人无不受益于生态科学的发现。在他们的深层思考之下,促成了生态科学向哲学、社会学的提升与渗透。而这一现象表现了现代学科之间互动的加强,同时也表现出仅凭科学解决生态问题的有限。

(二)生态危机——科学无法单独解决的问题

从海克尔开始,科学家们就认为生态科学应与所有生存条件相关联。坦斯利的"生态系统"强调自然系统内所有存在物与人构成的互动。美国生物学家伯蒂·海德·贝利提出以生物为中心的生物中心论,主张人类应放弃无限膨胀的自私心,培养"地球正义","把我们的控制权扩展到道德领域"②。"整体论思想"的提出者、生态学家奥姆德认为生态学应提供"自然科学与社会科学之间的联系"③,并深入研究经济学、政治学与生态学的关联,其所提倡的生态整体研究方法,为其他领域的研究提供了认识论的基础。怀特·海以对机械论的批判,建构了自己的有机论自然观。利奥波德则首先推动了生态学规律向道德伦理的转换,认为人类对自然界没有特权。而蕾切尔·卡逊则直接指出:"'控制自然'一

---

① 曾建平:《自然之思:西方生态伦理思想探究》,北京:中国社会科学出版社2004年版,第110页。
② 转引自[美]纳什:《自然的权利:环境伦理学史》,青岛:青岛出版社1999年版,第68页。
③ Eugene P. Odum:*Ecology：The Link Between the Natural and Social Sciences*,Holt Rinehart & Winston,1975,p. vi.

词是人类妄自尊大的想象的产物,是生物学和哲学还处于低级幼稚阶段时的产物。"①其后,阿伦·奈斯的深层生态学,小约翰·B.科布和大卫·格里芬的建设性后现代有机自然观,罗尔斯顿的环境价值论以及当今中国与西方各类生态人文研究均关注人与自然内在联系的构成,并将相应的生态整体观延伸于政治学、经济学的研究,提炼到哲学、伦理学和美学的层面。

科技的片面应用与发展是造成生态问题的重要因素,但是造成科技片面发展的并非科学本身,科技不是生态困境的唯一原因。科技在解决环境问题的过程中仅仅是工具,它们能否应用于环境的保护,怎样应用于环境的保护,由社会的政治、经济、文化价值观念共同决定。"尽管科学家和技术员的工作对于解决最紧迫的环境问题是必不可少的。但是,难题自身是社会实践的结果,它们是典型的社会问题,其根植于文化倾向的长期稳定的发祥地上。"②生态环境问题随社会政治、经济活动的发展而变化,更与在此基础上形成的具有较经济关系更为深远,更为稳定持久的思想观念、社会伦理相关联。生态人文研究不仅以生态学、地学等自然科学的论证为依据,更需要通过社会政治、经济、文化、科技等综合因素的协调一致来共同解决。人类在生物学维度上的变化以及社会化了的人类生产过程将被社会整体调节和建构。从思想观念而言,人类社会实践活动与"自然"所呈现的"价值"与精神紧密相关。启蒙时代以来的机械世界观与"人类中心主义"生产与科技的实践影响,终于在 20 世纪中期使人类具有了毁灭与维护生态的双重能力,生态研究由自然科学的范围向人类思想意识领域渗透。在这一思想意识的层面上,生态向我们提出了一些较科学更为基本的问题,比如,我们的文明出现了何种问题?我们在自然中的位置如何?我们的生物本性是什么?基本价值是什么?在实践意义上我们决定怎样思考、怎样生活?这一系列的问题都将构成对传统哲学观与价值观基本范式的颠覆,构成思想层面上世界观的革命性探索与更新。生态人文研究正是以此为线索和开端,迅速向政治学、经济学、社会学、法学、以致伦理学、文化学、美学、文艺学、文学等领域扩展延伸,形成了当代(60 年代)以来,中外生态人文研究的共同繁荣。

(三)合于自然的生态人文研究

在这一世界观的更新中,人类主动合于生态的"自然化"转向已内涵其中。

---

① [美]蕾切尔·卡逊:《寂静的春天》,吕瑞兰、李长生译,长春:吉林人民出版社 1997 年版,第 236 页。

② Marx,Leo. "Postmodernism and the Environmental Crisis". *Philosophy and Pulic Policy*, 1999 (10), pp. 3-4.

在生态学、地学、物理学、海洋学研究的土壤之上,包含哲学、社会学、人文科学的生态人文研究同步发展。继施韦哲的《敬畏生命》、利奥波德的《沙乡年鉴》对于环境道德伦理研究之后,美国海洋生物学家、作家蕾切尔·卡逊开始了对现代生态危机哲理意义上的探讨。1962年《寂静的春天》一书出版。该书以严谨实证的科学态度,激情澎湃的艺术情怀,揭露了美国农业、商业为追逐利润而滥用杀虫剂并造成严重生态灾害的事实,并将笔触深入到环境的破坏对人与自然关系造成损害与异化的社会价值哲理的层面。该书在出版当时受到政界、化学界、农业界、企业界甚至科技界人士的猛烈攻击、大肆诋毁,但事实是它开拓了生态学以及生态人文研究的新纪元。以《寂静的春天》为开端,人们开始探索人与自然关系深层的世界观与生态伦理的内涵,并促成了社会科学领域深层生态学的产生。1973年挪威哲学家阿伦·奈斯在《探索》杂志上发表了《浅层生态运动和深层、长远的生态运动:一个概要》一文,对卡逊所展示的自然作出了更为深入的探讨,正式提出深层生态学概念,并主要包括哲学观和实践观两个方面,并建立起"生态智慧"的深层生态学思想体系。以此为线索,弱势人类中心论(诺顿)、现代人类中心论(默迪)、自然中心论、动物解放权利论(辛格)、生物中心论(泰勒)、生态中心论、自然价值论等生态自然观、世界观层出不穷;生态哲学(汉斯·萨克塞)、生态人类学、环境伦理学(罗尔斯顿)、环境美学(伯林特)、生态批评(劳伦斯·布依尔)等学科多侧重于环境生态的思想文化研究;与法兰克福学派人与自然研究一脉相承生态学马克思主义将生态问题与生产力、生产关系、经济发展的研究相关联,共同形成了西方侧重环境的生态人文研究的基本趋向,总体上以人类的实践为中心,极有借鉴意义,共同将生态学由自然科学研究引向人与自然关系社会的、价值的、伦理的哲学层面,实现了自然科学实证研究与人文科学世界观探索的结合,让生态学由浅层上升到深层,提出系统整体性世界观,为哲学层面的自然探讨作出了新范围的拟定、新本质的发挥,为人类精神领域(评估与意识)到物质领域的"自然化"奠定了生态哲学的思想基础。

中国生态人文研究始于20世纪90年代,尤其是2000年以来生态伦理学、生态人类学、环境伦理学、生态哲学、生态美学等方面的著作不断涌现。随着西方生态著作的大量地翻译和介绍,对西方生态哲学、伦理学、文艺学的研究蔚然成风。在这些研究成果中,对中国古代生态思想资源的挖掘与再阐释成为几乎每一部作品重点关注的内容。而与西方不同的是,在"天人合一"思想传统的启示下,中国生态美学的兴起。徐恒醇的《生态美学》、曾永成的《文艺的绿色之思——文艺生态学引论》、鲁枢元的《生态文艺学》,努力在生态法则、社会法则、审美法则的统一上,初步形成中国生态美学研究的一些范畴。目前的研究呈现出如下态势:从实践美学(李泽厚)经由生命美学(杨春时、潘知常、封孝伦)、审美人类学(王杰)走向偏重主体生态审美的生态美学;以元生态美学的进一步探讨为基础,建构体系化的生态美学学科(曾繁仁、聂振斌);分别从西方的生态文明(陈剑澜)、中国古代的生态文化(张皓、刘恒健)、中国少数民族(黄秉生、朱慧珍、张泽忠)的审美生存中去概括、升华生态思想;将自然与社会科学本身融入美学的建构,将中国侧重主体生态的美学研究与西方侧重环境生态的美学研究有机整合,在互补中形成完善系统的生态美学学科(袁鼎生)。生态美学成为生态人文研究中值得深究的中国现象。

　　当代生态人文研究是对解构性后现代的超越,直面新时代的矛盾,提出整体生存的宇宙生态观,将整个宇宙作为有生命的整体,由依附生存、竞争生存结晶出平衡生存之美,主体与客体相克相生,否定之否定走向肯定,形成共生的新质,实现新的共存与发展。正如拉兹洛所认为的:人类历史上继"农业革命"、"工业革命"后发生的"第三次革命",是"人类生态时代"的到来。①

二、"人的自然化"与生态整体结论

　　生态人文研究在思想意识领域构成了"人的自然化"倾向,而这一生态思潮的共同出发点是对生态作为生命整体的理解。从自然科学的奠定到人文科学的借鉴与升华,生态科学的深层提升的根本是生态整体观的确立。人类如何在生态整体的基础之上合于自然,成为生态人文研究的主要结论与追求目的。而从实践美学的角度而言,生态整体观将成为"人的自然化"中的自然基点与根据。而如何"自然化"将成为实践美学审美与生态人文研究共同探索的目标。

　　(一)生态整体观的三种来源

　　生态整体观是有机自然观、机械自然观、现代自然科学共同的创造。它们分别从历史传承、辩证转换、时代新质三个方面促成了生态整体观的形成。

　　首先,20世纪逐渐发展起来的新兴科学为科技整体的转向准备了条件,如生态学、地学、物理学、系统学、信息论、耗散结构论、协同论、控制论、复杂性理论、自组织进化理论等,都具有高度的综合性,不同程度地运用、坚持整体主义的

———————

① 参见[美]E.拉兹洛:《即将来临的人类生态学时代》,《国外社会科学》1985年第10期。

观点与方法,表明事物是以系统的方式存在于普遍联系之中,从不同的方向向人类证实了人类与自然有机整体的构成。生物学、地学、新物理学的研究表明,自然不仅仅具有运行的规律,而且具有自身发展的目的(整体的系统质),人有自己的价值尺度,自然也有自己的价值尺度(生态整体的发展取向),自然生态的自组织进化是价值发生的基础。而要摆脱生态困境,人类的目的必须服从自然的目的与尺度。生态科技所倡导的正是"人的自然化"的转向,由工具本身出发促进外在与内在、个体与人类共同"自然化"的实现,论证了自然生态作为生命的性质,成为臻于美的另一种通道。由此奠定的新的生态世界观将带来一个将美落实于自然、生态以及日常生活的整体性共同审美的时代。

其次,生态整体观是对传统有机自然观资源的时代彰显与发挥。有机自然观是中西自然观中共同具有、源远流长的传统观念。中国古老的太极图即是对有机整体的形象阐释,"平等的对立,同时每一部分在自己的中心都含有另一部分的核"①,人与自然的血脉关联构成东方哲学(包括儒道哲学与佛学)绵延至今的主题。西方传统的有机论自然观认为自然是生成着的活的充满理智的秩序。这一观念于古希腊时期形成并居支配的地位,经由德国自然哲学到后现代,对后世的思想发展史构成不可断绝的影响。直到今天,在有机自然观和生态自然观中还能找到诸多共同之处:第一,把自然视作生命体,要求道德地对待自然。第二,人类是自然的一部分,反对君临自然、自然为人类而存在。第三,关爱生命,从自然辩证法的视角提倡所有生物一律平等。第四,万物有机关联,在整体中共生。近代自黑格尔以来,自然观中又增加了辩证发展的观念,以及将理论与实践相结合的自然研究思想。以上思想与实践共同促成了 20 世纪生态自然观的诞生。"作为一种自然哲学,生态学扎根于有机论——认为宇宙是有机的整体,它的生长发源于其内部的力量,它是结构和功能的统一整体,……有机论思想提供了基本的哲学框架,生态科学和资源保护由此发展而来。"②从自然科学到人文社会科学,所有生态整体思想的创造者、倡导者无不受到有机论传统的滋养与启发,以其内在的相融建构了生态时代新的自然学说。然而 20 世纪以前的有机自然观并不能等同于生态整体思想,许多有机论科学家同样持有"控制自

---

① [德]汉斯·萨克塞:《生态哲学》,文韬等译,北京:东方出版社 1991 年版,第 154 页。

② [美]卡洛琳·麦茜特:《自然之死》,吴国盛等译,吉林人民出版社 1999 年版第 110—111 页。

然"的人类中心主义观念。

最后,机械自然观促成了生态整体观超越传统自然观的质的转变。机械自然观的影响与阻隔,其主客二分对立、单向征服自然的失败以及生态危机蔓延全球的威胁,给予了有机自然观于现实实践与科学实证基础上向现代生态整体观转变的契机,成为自然思想发展史上辩证的、有益的、不可或缺的一环。在近三百年来现代化的工业浪潮,以及科学理性发展初期对于自然机械式理解的验证与控制下,一时之间人与自然的整体关系被打破,在笛卡尔、牛顿的学说中,自然被看做是一架可以由人支配的钟表,人类能够凌驾自然之上征服自然,自然资源必须造福人类,取之不尽、用之不绝的观点深入人心。西方自苏格拉底以来人与自然分裂的思想传统被广泛深入地发扬光大。然而正是这一机械理性发扬光大的过程中,人类欲望与占有的一步步膨胀,给人类带来了自6500万年前恐龙灭绝之后的又一次威胁种族整体生存的生态灾害。在机械自然观与工具实践的共同演化下,自然再一次沉重地进入人们的视野,人与自然的有机关联从古代的直觉与信仰真实地落实到无处不在的人间。如果说地球整体自净能力还未破坏,人类尚有抛弃像楼兰古国这样的文明向它处迁移的空间,维护自然、倾慕自然某种程度上还可说是浪漫感伤、个人癖好,是只能抽象推演而无法实证的想象,那么在现代机械异化的时代,在南极企鹅的体内亦含有DDT的时代,人类已经无处可逃。而从前被作为笑料的杞人忧天原来是一个极富玄思与预见能力的哲学家。机械自然观建立了人们对于科学实证与真理的信仰,同时也自主开掘了其理论与现实辩证否定的另一面。在新的生存现实面前,生态整体观在对机械自然观的批判与反思的基础上必然形成新的时代内涵,这一时代内容将超越科学领域的限制,以及科学作为特定领域的真理的相对性,深入到生态涉及的各方面,促进人类思想观念、生存实践、生活方式的调整与改观。

(二)生态整体观的基本内涵

生态整体性是生态系统最重要的客观性质,反映这种性质的生态整体观是生态学的基本观点,同时也成为生态哲学的基本观点,成为生态思想中最为重要的基本原理。科学、人文与现实共同确定了生态整体观的基本内涵,自然先在性本源、生物链的生命存在以及人文科学的总结内涵其中。早在1923年,利奥波德率先从生态学的视角将自然作为生命整体来看待,并将人类的经济行为和道德伦理纳入"大地共同体"的总体完善当中,发展了一种生态中心主义的整体论,提出:"一件事,只有当它有助于保持生物共同体的完整性、稳定性和完美性时,才是正确的,否则就是错误的。"①埃里克·詹奇在其《自组织的宇宙观》(1980)一书中提出"自然自组织进化"的生态整体观,描绘了自然自组织进化生命系统,将人看做整体宇宙进化的一个层次,并显示出其人类与生态中心的矛盾倾向。② 物理学家卡普拉的"生态世界观"将环境的有机统一和人类整体的身心健康相联系。巴里·康芒纳在《封闭的循环》一书中概括了四条生态整体法则:第一,每一事物都与其他事物相关;第二,所有事物都必然有去向;第三,自然界最了解自己;第四,没有免费的午餐。③ 深层生态学的整体观则认为整个生物圈乃至整体宇宙都是一个生态系统,人类不在自然之上也不在自然之外,而在自然之中,每一存在物均有内在的价值。在国内的生态思想研究中,曾繁仁教授将生态整体观称为"生态中心"哲学观,并认为自然对于人类的本源性、人对自然的依存性、人与自然非对立的有机整体性是这一哲学观的重要内涵。④ 袁鼎生教授则将这一生态整体思想概括为"整体生成、整体生存、整体生长,是谓整生",并将其作为"生态哲学的原理态方法"⑤。以上生态整体观均以生态科学的研究为基础,将天然自然观扩大到包括人的生态大自然系统,让整体自然具有了不同以往的生态特性与哲理内涵,整体呈现出相对生态中心主义的思想倾向。以各位学者的研究为基础,生态整体观可以基本描述为:生态系统整体生发的本源性生命过程中,(以人类实践为本原性起点)人与自然有机关联,各具系统性与独立性并存的多元价值,共同构成生态网络关联性、有限性、目的性和开放性并存的整体统一。

首先,动态连贯的生态网络是一个时空合一的整体,其具体表现为纵向关联横向延伸,涵盖古今,整体周流,共同整合成为动态平衡的优先于个体的总体系统。从空间上看,环境中的每一部分、因素或层面都在整体的关联与互动的中存在,是原因同时又是结果,并以其关联性共在价值的发挥,维护自在价值的实现。这种自在与共在价值的整一共存与整体环境对这一共存的规范与制约,形成了生态系统多样开放、互补共生的网络化关联,并为各因素的继续存在与发展、新

① Leopold A. *A Sand County Almanac*. London: Oxford University Press, 1949. p. 206.

② 参见[奥地利]埃里克·詹奇:《自组织的宇宙观》,曾国屏等译,北京:中国社会科学出版社 1992 年版。

③ 参见[美]巴里·康芒纳:《封闭的循环——自然、人、和技术》,侯文蕙译,长春:吉林人民出版社 1997 年版,第 25—37 页。

④ 参见曾繁仁:《生态存在论美学论稿》,长春:吉林人民出版社 2003 年版,第 22—23 页。

⑤ 袁鼎生:《生态视阈中的比较美学》,北京:人民出版社 2005 年版,第 21 页。

因素的孕生与化育提供了相对稳定基础支撑。从时间上看,整体生态与世界运动的过去与未来中和连绵、流衍相接,宇宙诞生,天体演变,生物进化,人从动物中提升,在这个漫长的生成过程中,整体生态贯穿、囊括了整个流行不殆、循环不已的时间,以其生生之理,化育之机保存、发展,使整个网络动态运行,不断创生着天然纯真的规律与本质,促成环境各因素的更新与优化,以其精进向上的生长欲望、提升力量继续扩展着未来的时间与无限贯通,以可持续的发展促成整体生态向新的美质渐变攀升,所以时空的合一正是生态系统自律与他律、稳定与发展的统一,是整体大于部分之和的实现。

这一整体多极与共生的大自然观大大拓展了传统有机论的范围与内涵,传统的有机自然观以天然自然为对象,自然是科学领域客观分析的客体,而生态自然观则将人类及其社会不可分离地紧密地包含其中,决定了人类在生态面前作为整体的类的存在,决定了人类对于生态问题的共同的参与。作为一种感性的直观,泛神论、物活论或是20世纪初柏格森的生命哲学与夏尔丹的精神哲学等在生产力尚不发达的古代社会,或人类还不具备毁灭地球与自身的生态能力的前提之下,只是作为一种精神信仰、心灵家园、诗意的审美直觉而存在,缺乏科学的支撑。而生态整体观的现实土壤直接关系到生存还是毁灭这一人类全体的最根本的问题,它所涉及的将不再是科学"规律"领域的问题,而是天然自然、人工自然、人类社会共同的改变。在这一前提下,生态整体观将不仅涉及生态学、地学、新物理学最新的发展的基础,而必须向政治、经济、意识形态、文学艺术、日常生活各个领域延伸,警醒的将不再是少数具有科学知识、诗性思维、高尚生态道德与精神境界的精英,而必须是人类的绝大多数,共同参与到生态认识与调节中来,填平少数与多数、文化与科学、生存与审美的鸿沟,从不同的层次上(物质—精神)共同维护生态系统的稳定,将整个生存的领域沟通起来,真正实现包括人类在内的地球生态整体的特质。生态整体主义也将由此成为一门综合的大众科学与哲学。

其次,生态系统网络有限性。生态整体的有限性是生态整体观不同于有机自然观和机械自然观的显著特点。生态的整体性必然带来某种意义上的有限,系统的有限的尺度主要表现在以下几个方面:(1)总量与质量有限。人类社会的物质生产,尤其是工业社会所追求的经济增长,并没有增加物质的总量,只是改变了物质在整体系统中的天然状态,将物质自在价值中可为人类利用的千万分之一的工具价值通过生产扩大凸显出来,异化为人类必须或可有可无的商品,并迅速沦为自然无法及时纳入循环的废物,废品的量的增加达到极限必然引起系统质的变异与退化,所以以现代清贫思想,实践"低物质能量的高层次生活,将是人类有可能选择的最优越、最可行的生存方式"①。(2)生态整体中个体发展的有限性。环境中的个体有其实现自身的有限性与客观规定性,客观制约性和相对性,必须依赖适应环境才能得到最大的发展,对于人类而言,其行为的选择再大亦有限度,必须被自然整体动态结构和生态极限所束缚,保持在自然系统价值的限度内。(3)生态系统的有限还表现为整体的均衡。任何一个环节或关联的极端发展,无限膨胀都只能导致整体的灾难与自身的毁灭,地球生态危机的产生正是社会生态系统,尤其人工制造的生活环境这一层面畸形地膨胀,横亘于自然与人类之间,导致了三者之间联系比例的倾斜与失调,妨碍了整体功能的发挥。环境中的个体,要维持与外界的联系,必须在相互关联的系统部受到环境动态结构的生态极限的束缚,保持在其系统价值的限度内。过犹不及,如果超过某一点后继续上升,就如同不及一般成为衰颓的开始;个体与整体的关系可能就此断裂,最终被高于个体的生态系统所抛弃,成为自身极端优点或缺点的壮烈或遗憾的牺牲品。所以主动合于生态自然的"自然化"是人类必然的选择。

最后,在生态整体周流、网络有限的构成中,生态整体观集中体现为人类对于自然生命他者目的的确认。在机械自然观和工具理性的视阈中,目的属于人类,规律合于目的,自然是人类达到其目的无生命的利用工具。而在生态整体观中,"规律"不再只有僵硬的机械的分割性的内容,而是整体生成、整体生存、整体生长的整体自然生命。而对生态他者的确认正是人类对于自身实践理性的超越,站在自然之外清醒地面对生态生命与自身,以此摆脱对于自身万物中心、自然目的的虚妄幻想,主动确立其应有的生态责任,主动发挥生态平衡过程中的工具性,将"目的"的概念主动赋予生态的自然。

生态的"目的"具有不同以往的特定意义。"目的"一词来源于希腊词"telos",意思是终结、终点,指客体行为的必然趋向和最终要达到的状态,或某种需求的满足。自苏格拉底在人与自然的相分中首先用"目的"的概念来解释人与自然以来,关于自然目的的阐释基本呈现两种趋向:一种是内在目的论,认为目的来自事物自身,如亚里士多德的有机自然目的论、唯心主义的活力论目的论、唯物主义系统论、控制论、自组织理论中的目的论;另一种为外在目的论,认为世界的创造,有一个最后的目的,它不在世界之中而在世界之外,属神创论、宿

---

① 鲁枢元:《生态文艺学》,陕西人民教育出版社 2002 年版,第 388 页。

命论。1954年,主要承接唯物主义内在目的论而来,在扬弃外在目的论的基础上,为生物学研究发展的需要,C. S. Pittendrish 首次提出"目的性"一词,专指某一客体或系统指向目标的活动过程,"作为有效的因果原理,为了强调定向性目的的识别与描述,而又不含有信奉亚里士多德目的派的意味,如果一切指向目标的系统都由某个其他术语,如目的性(Teleonomy)来表示,那么生物学长期以来的混乱将会得到完全清除"。① 这一术语的创造,不同于康德所开创的人类目的,而是为了摆脱传统内在外在目的论在生物学中的影响,强调在生物学中生物指向目标活动的重要性,倾向于唯物的客观目的。生物体一方面合乎自身生存发展的目的,另一方面合乎自然整体的要求。这一"目的性"概念为大多数的生物学家、物理学家和哲学家所接受,他们将"目的性"概念与系统、结构、反馈、程序等概念有机结合,加以新的诠释(尽管各位科学目的论的倡导者在具体的研究中观点并不完全一致)。在这一意义上,自组织理论认为,目的性是自组织系统追求自身价值实现的动力,这一特性并非人类所独有;系统论认为,目的性概念是现代科学用以解释生命机体及有机系统的自组织规律的一个基本概念,目的性就是系统的"寻的性"、"预决性",是系统要达到的最后状态的预测和方向性:耗散结构理论认为物质依靠正反馈机制自动搜寻目标,自行产生和维持结构;协同学认为,目的就是在给定的环境中,系统只有在目的点和目的环上才是稳定的,离开了就不稳定,系统要拖到自己的目的环上才停止,目的性就是系统在走向有序结构的点的自组织过程;而在混沌学中,混沌吸引子是混沌背后的内在有序结构,是一种特殊的目的性结构。② 控制论认为:在运动过程中,一切系统均与外部环境密切相关,系统接受环境,又利用自己的输出影响环境,在反馈控制的影响下,人类只有积极配合生态平衡目的性,通过改变输入从而改变输出,才能使人类被控系统与外部环境达到良性循环,达到新水平的平衡稳定状态。在物理学、地学、生态学的研究中科学家论证了生态整体作为"整体大于部分之和"的生命存在。"多个部分组成的系统可能在整体上会有其单个部分没有的性质,或有一些放在单个部分上便无意义的性质。"③"在整体层面上显现的

---

① Pittendrish C. S. "Adaptation, Natural, Selection and Behavier". In: Roe A, Simpson G, ed. *Behavier and Evolution. New Haven*, Yale University Press, 1985. p. 391.
② 参见肖显静:《后现代生态科技观——从建设性的角度看》,北京:科学出版社2003年版,第167页。
③ [英]保罗·戴维斯:《上帝与新物理学》,徐培译,长沙:湖南科学技术出版社2003年版,第64页。

特性,如具有目的性行为、组织等是显而易见的。"①这一内涵在"盖亚假说"、地球生理学中得到进一步的发挥,与金星、火星相比较,地球是一个完全不同的具有强大生命力的球体,地球有机生物圈之所以能够存在,与生物、非生物的共同运作密切相关,构成一个活跃的生命系统。在生态思想中,泰勒认为,"在生物圈内,各种植物、动物微生物与自然环境编成目的与手段的立体交叉网络,保持着生物圈的生态平衡。它们具有内在目的性与不可替代的内在价值。"②"所有系统都有价值和内在价值,它们都是强烈追求秩序和调节的表现,是自然界目标定向、自我维持和自我创造的表现"③,具备自发甚至自觉趋向某一个目标或形成某种秩序的能力,是生物有机体或系统的一种过程性与活动性。这样自然"目的"概念就具有了一种不同以往的全新生态内涵,这一内涵就是:生态系统是一个开放的自组织、自调节、自创造的整体,这一整体由生态与非生态的协作共同完成,一方面外在于人类具备自我生成、活力反馈、目标指向的生命意义,并以此构成对于人类的客观主动性和客观反应性;同时,这一生命他者又将人类包含其中,构成目的与手段交叉的立体网络,并以此约束和促进人类物质与精神的发展,以生态平衡的反馈肯定人类实践对于其生命完善的积极的建设性的意义。如果用更为简练的语言,可将"自然生态目的"概括为:蕴涵生态系统质的生命(具有地球生命意义)整体或个体发展取向,即一种关联人类目的又具有特殊独立性的"客体目的"。而"生态他者目的"则强调自然独立特质的一面,即能与人类目的形成关联与暗合的基点意义。这一生物"目的性"既完全有别于传统外在目的论,更构成对于机械论、还原论自然科学的超越,具有哲学认识论的意义,这一建基于现代科学基础上的认识目的论,将打破旧的自然观对于人们的影响,并为新的人类实践目的提供自然哲学的基础。

"生态目的"所体现的是对自然整体作为生命的确认,不仅具有合于人类目的的合目的性,更具有合于自身生态目的的合目的性(一种与人类的沟通更为深远复杂、奇异凝重的生态合目的性)。作为独立纯粹、不同于人类意识的特质而言,自然他者不是工具,而是生态整体中的目的,是生态科学意义上自然客观的规律与主动性。生态是地球的生命所在,生态整体观是对自然生态的生命认识。在这一系统中,自然生态整体生命构成了属人的生命系统最基本、最重要的

---

①　[英]保罗·戴维斯:《上帝与新物理学》,徐培译,长沙:湖南科学技术出版社 2003 年版,第 67 页。

②　Taylor P. *Respect for Nature*,《自然辩证法研究》1993 年第 1 期。

③　[美]E. 拉兹洛:《用系统的观点看世界》,北京:中国社会科学出版社 1983 年版,第 109 页。

特征:生态系统是开放的,不是封闭或自足的,人们只能通过与其环境交换能量和物质才能活下去。"任何事物或者要素,是由它在与不同的要素的不同联系中构成的,……每个部分都从它与整体的其他部分的联系中获得它的意义。"①这一目的与人类目的既相区别又相关联,既融合又具有不可融合的特性,属人的本质关联生态客观的目的,生态目的是从生态学视野扩大了的自然生命"规律",含有生命指向的目的性和能被人类作为手段的工具性。就精神性而言,"生态目的"与蕴涵自我意识的人类目的迥异,各自形成能够相互沟通的相异的基点;而就人类与其他生物共同的生存本能(如饥饿、生殖、求生、趋利避害等)而言,生物目的性包含人类自然目的性,成为连接人与自然的中介桥梁,让人类能够在最为纯粹的根本意义上实现精神性目的与包括自身在内的所有生物和非生物目的的沟通,让"人的自然化"在自然本源与实践意义上均成为可能。这种共通的生物能力(目的性)从一个重要方面启示,促成了我们对于自然生态的感受,论证人就其本身不是自然界而言是自然界的一部分,成为生态美感、生态美提炼上升的自然性基础(美感是人类自然性、社会性、精神性共同的创造,在自然性共通的基础上,也能中介性的有保留地将某种层次的美感延伸至动物类)。同时,从人类的视角来看,在生态危机面前,人类所具有的自我意识和确证感,能够以自身为手段,实现生态工具性但尤其是目的性的统一:一方面是人类立足现实的生态功利实践,即"人的自然化"过程;另一方面是经生态功利手段而来的更为高远的追求,即与生态目的相统一的"人的自然化"(审美)目标;与生态功利相暗合,生态整体的目的必然构成人类与他者的关联和对于自身的超越,而自然生命、价值平等、多极共生等思想也将由此进入人类实践的视阈。在对他者的肯定与确认之中,人类目的和生态目的相统一,绝对遵循自然与相对遵循自然相结合,客观生态在与人类暗自关联的更为广阔的生态背景下呈现出从整体到个体独立特有的内在价值。在此意义上,生态整体的每一个部分与过程都将具有圆满独特的意义,其相关的个体都能在生态整体的构成中具备支撑系统的独立不依的美,显示出成为其自身的天放的自由。

　　生态整体的关联性、有限性、目的性,是自然作为他者生命目的存在的特征。面对生态整体的源流与特点,现代"人的自然化",首先体现为人类主动合于自然,维护、不打破生态整体的平衡,调整人文关怀的指向;而在这一基础上,"人

---

①　彭锋:《完美的自然——当代环境美学的哲学基础》,北京大学出版社2005年版,第22页。

的自然化"才不失其为人类造福的目的和自由理想的追求。"人的自然化"最终的目的正是在主客统一的基础上实现人与自然弹性关系的互动,发展生产力与科技,实现人类目的与自然目的的共进,让社会生活与生态共同向良性的方向发展。生态问题是人与自然共同的问题,"人的自然化"、"自然的人化"与生态生命目的基点息息相通。

三、"生态整体观"与主动"自然化"的必然

生态整体作为生物学生态研究的成果,科学论证了生态整体自身的客观规律与目的。而这一规律和目的一旦涉及人与人类社会及相关意识形态、价值观念,情况就有了新的变化,毕竟人类作为生态系统中具有自我意识与理性认知的特殊物种,具有与自然形成最为遥远的分离的特殊能力。人从自然中产生,但人类形成之后,在与自然的本源性关联之中又形成了系统性的关联,成为能主动与自然沟通的另一个基点。自然自此不再具有某种系统整一的绝对性,而是在生态整体的体系中具有了能够追求自身物质及至精神提升与完善的人类,对自身关系的自组织、自调节,对生态整体生命目的的主动遵循正是人类实践探索的成就与必然。实践美学的生态维度正是从生态多元中心中人类实践的视角出发探索人类"自然化"的自由走向。

"人的自然化"实现的途径是多元多层次的途径,不仅以自然科学的实证研究为基础,而是成为自然科学与社会科学的结合。传统的自然观点认为,人们只要认识了自然规律,并按这一规律科学地改造自然,就能获得正确理想的结果。但是环境问题仍然产生了,还愈演愈烈。这一方面体现了科学作为相对真理的局限,也体现了科技解决环境问题的有限,对自然的科学认识并不能带来对自然的正确改造,在生态整体视阈中人类主动的自然化必须关联实践基础上人与自然、人与社会整体的互动。正如肖显静所言:"对天然自然的改造过程是人类主体利用人工物对天然自然、人工自然及人类社会的改造过程。这一改造活动的正确性获得首先在于人类对天然自然、人工自然、人类社会的正确认识,以及对这三者组成的大自然系统的正确认识,然后在于按此正确认识对三者进行改造,……仅凭对天然自然的正确认识去改造大自然系统,注定会出现内在的阻碍——认识对象与实践对象的不一致。"[1]在整体生态之中,人类的"自然化"首

---

[1] 肖显静:《后现代生态科技观——从建设性的角度看》,北京:科学出版社 2003 年版,第155页。

先在于调整人类社会对于生态自然的影响,在与科学的互动中加深对于自然的认识,将人类的价值和意义包含的自然整体的自组织进化过程中,在新的高度和层次上同自然和谐共处。

对应于生态整体生命目的,"人的自然化"体现为对生态目的的细致发掘与遵循。自然生态作为生命整体,作为人类目前能力远不可逾越的界限,在人与生态的关系上决定了人类主动合于生态规律的实践限度。生态整体成为人类自然化的基点与方向,将以生态平衡的总体目的评估各类生物(包括人)对环境的行为,成为监督与判断人类行为的自然法官。这一外在于人类的生态他者在成为"人的自然化"与生态整体观相融的基点的同时,又成为人类超越自身的实践与道德的目标和参照。"从他者(other)中自然而然地能够引申出'另一个'(another)的观念,然后用'另一个'去反思'他者'或'他性',……互相推动生态的进程——人与其他实体通过彼此相互影响而发展、变化和学习的过程——就成为可能了。"[1]"关键不在于替自然说话,而是要使自然呈现给我们的意义变成以言说主体的身份进行的话语描述"[2]。"自然化"中人类主体将不再仅从自身立场,而是首先从自然的立场出发,真正让自然成为发言的主体,并尽量不经自身的过滤替自然发言,从而误传自然的信息。自然无法用我们的语言、我们的思维言说自身,但是自然能用其特有的方式向我们表达自己。按照信息论的观点,"信息"是比语言更为基本的概念,在人与自然的交流过程中,"自然与自然物无时不在透露着各种信息,信息就是它们的语言。它们在言说,倾听自然的言说,就是听取自然透露的信息,理解自然的秩序。"[3]尤其是在将生态功利放在第一位的超越前提下,人类必须也必然走出一己的私心,以类似科学研究的客观冷静态度,和更类似审美静观的空灵态度倾听自然的言说,找到最真实的自然,找到其自身在自然中的真实的反响,清醒地发现与面对自然生态的评价。这正是从前"立象以尽意"的艺术家"外师造化"的方式与源泉,这一方式从前必须以超功利的心态才能达到,而现在将成为以生态实践为基础的人类的类行为。以生态生命他者为目的,心无挂碍、体验自然、移情万物,这将是人类能够追求的生态审

---

① Murphy Patrick. "Ground, Pivot, Motion: Ecofeminist Theory, Dialogics and Literary Practice." *Hypatia 6.1*(1991)p. 149.

② Ibid. ,p. 152.

③ 卢风:《论科技的生态转向》,见《新发展观与环境哲学学术讨论会论文集》,云南昆明,2004年。

美的境界,而自由的境界也正是超越自身的境界。

　　生态整体观是人类"自然化"历程中以被动"自然化"为主导转向以主动"自然化"为主导的觉醒与转折。这一自然观让人类脱离了一直以来对于自然"人依附于天"或"天人相竞"的蒙昧。在生态整体观中,外部自然不再是冰冷的规律,而是与我们一样有活力的生命。面对自然他者,人类将在新的实践基础上与自然构成一种新型的张力关系,将自身求生存和发展的目的与自然整体生命紧密相连,将自然的活力纳入人类物质、意识与审美情感的领域。在人与自然的张力关系中,蕴涵了人类与自然合一和保持距离的两个方面。地球及太阳系(包括人类所能观察到的对人类有影响的宇宙范围)生态整体的运行,不以人类单一的主观愿望为转移。自然化育人类及万物为其客观主动的主要方面,这一动人面貌是全人类的财富;同时自然客观主动性也表现为生态自身调整不利于人类的一面,一是任何历史时期都存在的以自然灾害的方式对人类生活或动植物生存的介入,二是对人类破坏自然规律所产生的相应的主动的回应。第一个不利因素是"控制自然"的起因,第二个不利因素是人类可以主动避免的、生态问题集中探讨的焦点。客观主动性对整体生命而言确定了人类实践活动的矛盾统一,"自然化"的生态目的中又蕴涵人类的目的。在遵循自然生态大前提,同时在与自然界产生矛盾时,比如自然灾害,人类如何以自己的聪明才智、科学创造在自然不利于人类的生态运行中求生存、求发展,也是"人的自然化"必须面对的另一面,这就是绝对遵循自然与相对遵循自然、绝对的价值平等与相对的价值平等的统一。生态人文研究中的生态中心论强调生态位的平等,每一环节对于生物链必不可少的生态规则限定了人类必须将自身行为控制于生态位的整体平衡的基础上。在这一基础之上,每一自然物具有自身价值的同时,又都具有对他物的工具价值。在这一生物工具价值的层面上,人也可以是一些低级物种(如细菌)和动物(苍蝇,老鼠)、植物的生存工具。但与他者不同的是人类具有避免成为工具的能力和以自身的劳动智慧改善生存条件与环境的能力,能够凭借生产工具、医学的进步相对独立于自然,并与自然形成最为遥远的分离。人类科学认知、感性直觉、生命意志等能力能够全方位与自然沟通,再造自身生物链。这一再造的生物链必须是生态绝对价值与相对价值的统一,即自然生态宏观的绝对平等与掌握生态规律的人类和自然物相对平等的结合,共同结合为生态整体大前提下人类作为特殊物种与其他物种不同潜能的共同实现。

　　"我们关于自然的知识及对自然的理解,对我们的行为具有决定意义。……它不是我们制造出来的领域,而是我们要发现的领域。"①自然虽不是人类的创造,但必须在人类的参与中来理解,而通过对自然的了解我们知道了种种可能的范围。生态危机的全球化一方面证明了生态危机产生的人类实践根源;另一方面向人们昭示了自然作为他者的一极所具有的自我发展、自我调节的生动力量,向人们揭示了一个新的实践的契机,即主动"自然化",主动维护生态和谐的必然与可行。人与自然之和谐的重建,构成与当代生态整体观接榫并发扬的平台,正确认识自身在其中的价值与权利,确立生态整体中人类正确的生态位,发挥人类生态实践的能力,将生态科学、生态观念纳入我们与自然生态的协调,将最终实现人类超自然的美的创造。

第三节 追求生态新层次上的"自然人化"

在实践美学的视阈中"人的自然化"与"人化自然"是"自然的人化"这一命题辩证维度的两个不可分离的组成部分,在侧重面不同的同时又具有共同的内涵。如何从人文研究出发,在人类于自然生态面前的受动前提与能动转折的现实基础上,论证"人的自然化"与"自然人化"的辩证统一,论证"人的自然化"即为生态维度的"自然人化",将成为"人的自然化"之生态审美意义拓展的新的契机。"人的自然化"侧重人合于自然,以及自然参与人类的方向,以自然目的为重心,在实践本质的基础上,在生态整体观的视阈中,"人的自然化"即为生态新层次上的"自然人化"。

一、生态整体与"自然的人化"、"人的自然化"的辩证统一

生态维度是实践美学内在原理与原则隐而未发的部分,是实践内涵的扩展。从前的内涵并未消失,只是在原有意义上增加了新的意义。在生态人文研究的视阈之中人类实践主体与客体的内涵与范围共同扩大。首先,生态科学及生态人文研究将客体的范围扩大为包括人的生理性存在,而范围质的扩大在于确认这一包括人在内的生态他者具有整体生成、整体生长、整体生发的生命运动,并具有不以人类意志为转移的自然运行的方向与目的。人类生产活动、伦理活动、艺术创造在造福人类、满足人类的同时,必须服从整体这一大的目的。客体成为

---

① [德]汉斯·萨克塞:《生态哲学》,文韬等译,北京:东方出版社1991年版,第28—29页。

包含人类正确的物质精神活动在内的可调节、可持续发展的客体,成为自然演化人类的良性目的与人类实践目的的统一,自然真正成为一个吸收了人类灵性的生动的生态整体,成为拥有人类主体这一万物之枢、天地之心的"自然向人生成的"客体。与客体相呼应,人类主体内涵也由此扩展:由个体或人类向生态大我扩张,一方面是包含自然生态无机身体的人类主体性的扩展;同时,人类也由从前的物质上的无所不能被如今的生态物质限度所规定,而且正是这一物质的限定反而促成了主体精神内涵更为合理更有目标的扩展。人类在认识到自己有限性的同时,以自身科技生产力的发展成为能够主动调节、改善生态平衡,"辅助万物而不争"的真善美的主体。所以主体与客体生态内涵的拓展,实现了主客体新的靠近与融合,实现人与自然的实践内涵于生态维度的新的扩展。而人类的自由同时也拓展为生态系统整体中的人与自然共同的自由,是人类以自然生态他者目的认识为基点的向自由的一进步靠近。

生态问题终需人类自身来解决,人类主动的自然化,追求生态整体中的自然化即追求新层次上的"自然人化",更新"人的人化"。在社会关系方面既肯定人与人之间平等民主的关系,肯定个体价值,又肯定人与人之间合于生态的价值,将人与人、人与自然两方面关系结合起来,强调主体之间在对客体认识、实践上的协作。在与自身的关系方面,强调肉体与精神的统一、认知理性和价值理性的统一、社会性与自然本性的统一。作为具有生态整体意识的人类在对自然生态的协调、创造中,将实现自然生态和自身生态相对与绝对独立最大限度的一致,形成最为生动完善的张力关系。自然生态对于人类将成为真正为己与属己的存在,构成生态与实践意义上新的"人化自然"。作为为己的存在,人类生命潜能与相关事物的整合在自然生态系统中进行,受生态环境的规范与制约,不仅生命的自由度受生态环境的影响,而且生命潜能与相关事物潜能共生新质的效果与环境关联,在人类认知并掌握这一规律的基础上,生态将会为生命体系的自由存在与发展提供最为适宜的条件,成为一种宜于人类的综合性整体。作为属己存在,生态客体扮演着内在关联而又本质不同的两种角色,自然生态首先作为客体与主体对应,在人化自然的生态互动之中,二者本质相互内化、相互共生,使生态客体品质逐步提升,最终在这种范塑合力的推动下,主客体潜能在相适宜的基础上整一实现,形成具有创造性新本质的生态和谐。生态系统成为"自然人化"中人与自然所共生的实践与理想,形成野与文统一的具有审美魅力、高尚品位的生态美质,孕生新的审美范畴。

人类作为自然进化发展的最高成就,以其独有的理性智慧与道德良知成为生态系统中最有能动性的物种,能够与环境形成不同于其他物种的最为清晰、大致稳定的主客体关系,"自然的人化"与"人的自然化"即存在于这一趋向和谐理想的动态关系之中,在这一双向交流之中,人与自然共同参与生态美的创造,在这一创造之中,"自然化的人"将成为生态美当然的调节者、共生者,成为具有时代新内涵的"人化的人",自然生态也就成为包含着主体新质,客体新质的新自然,共同达到"和而不同"(《论语》)的应有关联。

二、如何自然化——人与自然的互动

"人的自然化"对于人类而言是一个具有不同历史意义的命题。在生态科技的现实支持中,生态社会学的整体协调中,以及生态新质的自然观念下,人与生态他者目的更深更广的关联,将成为我们时代"人的自然化"不同于以往的本质、途径与方向。

(一)"人的自然化"传统途径的借鉴

自然对于人类客观主动的影响,人类在其中被动"自然化"的受动性状况亘古存在,但人类对于自然客观影响的主动应对却大为不同,顺应与征服是同一问题的两个方面。总体来讲,除盲目自大、压倒一切的片面征服之外,顺应是为了征服,征服是为了更高层次的顺应。人类在思想观念中尊崇自然,主动合于自然的一面由来已久,对于人类目的合于生态规律的"自然化"提供了历史的借鉴。

人类早期,面对强大的生存压力,对自然的依附与崇拜成为人与自然关系中最为主导的方面,人类以巫术、魔法等方式以期与自然沟通,而且将自然力幻化想象为法力无边的神祇的形象加以崇拜与信奉,成为中西原始社会普遍存在的自然化现象。随着社会实践、自然实践的发展,生产力的进步,人类应对自然的能力逐步增强,人类开始意识到自身的智慧与能力,意识到自己不同于其他自然物的思想意志、理性智慧的力量,开始与自然分离,但对自然的敬畏与依附仍然保留。在以后的时代及工业化时期,尽管人类对于工业文明、征服自然的追逐日益高涨,合于自然的思想脉流及其社会群体的自然化意识却从未消失,在历代思想家的论述、艺术家的表现,以及一般群众认为的"人造物再发达也比不上天然"的朴素而普遍的认识中,"人的自然化"倾向始终或隐或显地存在。中国儒家的"天人合一"、道家的"道法自然"、佛教的"众生平等"都主张以顺应自然来获得良好生存状态。我国的古人很早就懂得对自然资源要取之以道,采之以时,按自然节律和万物生长的规律获取自然资源。医学家和养生家则发展出一套把握天道、顺应物理的生存方式,"法于阴阳,和于术数"(《黄帝内经》),按照自然

规律调节自身。在艺术的创造中更是"外师造化,中得心源"(张璪),体悟自然的方式成为艺术人生不可缺少的全方位素养。而在民间传统的生产和生活方式中"自然化"习惯与文化广为渗透。以整个东方为重点,从哲理思维的方式、艺术作品的创造、直到个体的练气功,栽花种草,打太极拳无不深蓄着"自然化"的机理,并且形成了一套具体可行的"自然化"的途径与方法。可以说在环境生存的智慧方面,现代人远逊于靠天吃饭的古人。但是不可否认的是这一未经过"如何合一"追问的、未经过工业化物质诱惑与人性考验的"天人合一",在现代化的经济增长和消费浪潮面前最容易走向分离的极端。中国在现代化发展中环境问题的急剧凸显就是典型的例证。新的生态危机向我们展示了自然与历史辩证的两面,传统的、深植于我们文化血脉中的"自然化"的生存资源将在重新的发掘、清理以及现实基础的论证中更新历史延伸的力量,转化为"人的自然生态化"中从个体到整体、从物质到精神的具体而有效的途径与方法。

(二)"人的自然化"与生态于自然、社会科学层面的融合

"无论是庄子还是禅宗,都只成功地解决了如何将事物从前后左右四方上下的关系中孤立出来以便让事物成为事物本身的问题,它们都没有成功地解决如何平等地对待与自身全然不同的事物的问题。"①生态意义中的"人的自然化"与以往"自然化"有量与质的不同,首先,"人的自然化"具有了人类全体与自然共存的意义,由以往的选择成为人类整体必须遵守的生存法则;其次,由从前的生存态度,精神追求转变为以物质为根基的物质与精神共同的追求,并由精神境界落实于日常消费的现实生活;再次,从前由人类感性直觉与哲学推理构成的"人的自然化"思想基础将由自然科学充分论证,并由政治、经济、法律等社会科学的合理规划来支撑,其中生态感性结合于理性,玄想成为结合美学的新理念。

在这一特性基础之上,"人的自然化"中的自然他者目的将与社会法则、科技提炼的原则层面相结合,形成新的途径与方法,将自然生态的调控由自发转向自觉。自然走向自觉、走向有序,需要很长的时间,并牺牲了许多物种,有了人类自觉的调控,社会、自然走向共同有序的代价将相对减少。人类以社会生态、自然生态以及自然——社会生态的稳定、繁荣、协调、美丽,可持续发展为预定目的,作为生态美的蓝图,深入探究社会发展、自然进化的规律,并遵循这些规律自组织、自控制、自调节,以高度的科学性、真理性自觉调适人际关系、天人关系,超

---

① 彭锋:《完美的自然》,北京:北京大学出版社 2005 年版,第 5 页。

越动物自发调适的自然选择与盲目,真正达到主客体潜能对应性实现的自主与自由。首先在社会科学与自然科学领域探索人类自身发展、自然发展以及二者协同发展的奥秘。生态哲学通过对自然、社会纷纭现象的深入研究、探索主客体存在与发展的至深规律与目的,作出最高的总结与归纳,引导人类正确有效地发挥主体能动性,实现自觉调控与合理的创造。生态科学一方面以工具理性确证生态规律的客观,另一方面以其先进的技术手段为人类与自然整体造福,拯救失衡的自然生态,维护正常的自然生态,让整体生态系统重现美好,永葆青春。在社会政治领域则以强制或半强制的方式推行生态保护与协同发展的全球发展战略,启动媒体宣传机制推广生态环境保护观念,促进生态伦理的建立。在艺术文化审美领域,调动各种艺术表现手段,以生态之美的深广魅力对人心灵的吸引与精神的愉悦开启人们生态的良知,让人们在不知不觉、潜移默化中趋向生态美的目的,心甘情愿将自身的本质力量融入生态目的的实现。社会生态学认为,生态的重建与社会的重建是不可分割的,"如果不对人类("社会"、"经济")本身的社会关系进行彻底的研究,如果不对存在于自然界本身之中的生物的、化学的和物理的联系做很好的研究,就无法对人类与其周围环境之间的关系作真正的解读,⋯⋯环境史就是对政治、经济、社会与文化历史的兼容(和扬弃)"①。生态美的建设将在以人类为能动的生态共同体中设置的种种生态调节机制,寻求经济、政治和精神文化观念的生态化,以生态学的方式重建社会,从根本上阻止生态环境的恶化,在对整体生态利益与自由的捍卫中,促进自然生态环境美的恢复与提升,实现真正的自由的自然。

(三)"自然化"由生态实践向审美的提升

认识自然对于我们的生存意义深刻,并要求我们对全部的生活条件与生存承担责任。生态生存状况的改变在对制度和法律提出要求的同时,也对美学、文学艺术提出了必然的要求。审美是一种发自内心的情感力量,是人类自觉自愿的内在要求,具有其他领域不可替代的独特作用。由实践向审美的提升,是在美学视阈中探索"自然化"最为关键的内容。如何将"人的自然化"由生态实践向审美提升,是实践美学的生态维度探讨的重点。人是生态危机的中心,生态问题的解决,生态审美观的建立最终要在实践的基础上,促进人与自然动态的和谐,实现人类精神与美感理想的更新与提升,让主体按照生态美的规律生存与实践。

---

① [美]詹姆斯·奥康纳:《自然的理由——生态学马克思主义研究》,唐正东、臧佩洪译,南京:南京大学出版社 2003 年版,第 92 页。

首先,主体生态理性的培养与发扬,即合于生态规律地生存与实践,追求生态之真。生态美的实现不仅依靠主体的道德自觉,实际上还需要以精确的理性认识为前提,这种科学知识不仅包括哲学、社会学、人类学、心理学等研究成果,更包括地质学、生物学、医学、化学,等等,以及它们之中一些最前沿的分支如分子生物学的探索,由此揭示人与人之间、生物与生物之间不同层次性与复杂性之下的共同行为规则。作为主体,人类在生存与实践中必须遵循建立在充分科学认知的基础上的生态规律,尤其是许多缺乏商业价值,但对整体运行与长期发展不可少的生态规律。同时重视将理论与实践相结合,在具体实践过程中反映生态立场的具体行动方案,最终由一个地方的社会经济发展水平、生态环境状况,以及外部的支持性和干涉性因素所决定。只有对方案的科学合理性与现实可行性有了充分的认识和准备才可在激进的或科学的研究成果中作出最优的选择,降低自然由自发走向有序所付出的代价与时间,发挥科学理性深刻正确的良性作用,造福整体的人类与自然。

其次,主体生态道德的培养与发扬,在文化、艺术、科学、哲学、伦理各个方面趋向于生态系统善的目的。生态道德不仅仅是人实现生态目的的手段,它也部分地是这种目的本身。它不仅仅是人的行为的一种规范,也部分地是人的完善的一个内在要素。对道德的追求与人对自身完善的追求、人的潜能的全面而彻底的实现密不可分,生态整体境界为主体道德追求的最高境界,在生态总体的"大生之德"的道德要求中,人类应以其优越的道德感将自己定为一个"天民",关心其他生命的生存,超越"物种中心视界",成为大自然的"良知",担负起对其他存在物负有的直接道德义务。"天地本无心,以人为心",人类应当成为地球的守护人而非占有者,让人的价值与尊严在护卫地球家园的行动中、爱惜他人和其他物种的"大慈大悲"中体现出来,不仅保卫自然生态的整体生存,同时使人类自身变得更为完善,以"与天地合其德,与四时合其序,与鬼神合其吉凶"的抱负和气概,充分发挥道德潜能,合于生态整体境界,力求成为人性臻于尽善尽美的君子,成就生态系统最高的善。

在主体对自然关系、人际关系、天人关系的自发调控中,对生态美的规律与目的的遵守终于融入主体的血液、机体,一言一行,所思所想均暗合指生态规律与目的,忘记生态戒条的存在,在自然生态美的建设中实现真善美的同步发展,创造出合于主客体目的的美的心灵和一个可持续发展、循环、优化的自然天堂。在这一境界中生态美才得以攀登自律的无目的而合目的的高峰,最终达到整体生态美自觉调控与自发调控的统一,共同创造主客体无限美好的未来。

当代社会对整体生态系统之美的追求不仅是一场对自然生命改善与维护的革命,更是一场"人的革命","人的自然化"使主体融为生态之美的一部分,按照生态美的规律生存与实践。所谓人法地,地法天,天地自然是最高的人格原形与范式,生态美的精髓正在于生态整体趋于真善美的目的中生成的主体灵魂之美,它是整个生态系统高度发展的产物,是主客体潜能相互优化中创造性地实现,是丰富的人性魅力、健全的审美人格形成之源。正如马克思在评价古希腊艺术永久魅力时所推崇的"正常儿童",又如康德设想的作为自然系统运动"目的"的"文化——道德的人",以及道教尊崇的"真人",席勒所谓"审美的人"均为暗合生态目的全面发展的自由生命境地。在这一自由真境中,主体在生态灵魂的引导下,按照生态美真的规律、善的目的生存与实践,主体、客体以及主客整体在实践所构成的相互关系中自主发展,共赢共生。

三、"人的自然化"与生态整体自由

生态人文研究以自然他者目的的实现为共同赞成的目标。艺术的视点侧重人的领域内精神与精神的交流,而以自然本身为对象,将真正沟通精神与物质、人与世界的交往与理解。实践美学的生态维度将主要从人的视点出发,并超越这一视点,探索"人的自然化"与生态整体共同自由的实现。"人的自然化"是包括人在内的生态整体走向自由的关键,面对生态整体中的自然他者目的,人类将在生态整体的层次上探索自由新的内涵。立足科学基础上的自然整体生命目的,将成为实践美学广阔包容的维度,人类对于生态整体规律与目的的内化将对人类与自然带来新的意义。

美的本质与人类在生活实践的创造中所获得的自由息息相关,生态现实的需要必将改变人类审美中自我愉悦的局限,而将范围拓展到社会、自然与人生,实现开阔创化的生态整体系统中审美的共生。首先,是整体限度内的融合。人类将自身纳入这一上下周流的整体循环,确定自身在生态关系中最为适度的态度与位置,在大致适度的生存区域中承担自身应有的生态使命与责任,在与其血缘相通的立体联系中以谦卑的心境尊重他者的存在。以物观物,以我之自然合物之自然,超越人类自身达到一种包括非人类世界的整体认同。其次,共生的融合是有限度有距离的融合,并非将自身完全依附、绝对屈从生态整体的束缚与演变,而是与整体生态保持弹性的间距,既顺应又跳出来观察,既融合又超越,以其自在价值——理性科研成果、道德与良知促进系统共在价值的实现,把对生活环境(自然与社会)和生活方式的生态塑造和追求作为实现人与自然和谐统一的

现实途径,并发挥其"天地之心"的能动优势,成为大自然的神经与良知,既维护已有生态,又自觉恢复、救助被破坏的环境,以天人助生的生态道德,促进环境系统良性发展,向善更新。再次,在整体生态的动态流衍当中,人类必须将所有因素纳入生态整体的研究当中,尤其是将自然环境史的内容加入人类历史的编撰当中,才可寻求所有因素在生态历史中整体中和的规律与效果,得到无偏颇的完整结论。以往的史学家,仅把生产力、阶级、社会制度的产生与更替作为历史推进的动力与标志,其实自人类诞生以来,历史的发展往往与环境自然的演变密切相关,所有文明均在自然环境中产生、存在。环境系统动态的时间推进,以及自然与社会环境的作用与反作用必然对人类历史的发展产生深刻的影响。在历史的编辑总结中,自然环境史的内容应该中和纳入以时间连接过去与未来的历史当中,真正揭示人类历史在整个自然史中演变发展的规律、范围与前途,实现人类活动区域在生态中的均衡。

在这一物质层面的"自然化"过程中,生态整体才能恢复与保证其正常存在与运行的自由。在生态环境呈现危机的当今,这一层面自由的重建与保卫将成为"人的自然化"首先应达到的最基础境界。在这一境界中,实践美学对人类的研究将确立起自然维度的重心,从而与人与人、人与社会的重心形成立体稳定的交流体系,而"人的自然化"将以生态系统整体为基点,将现代哲学中主体无限膨胀的理论和个人主义观点加以整合,并纳入到与他者、他物的平等关系中,以生态总体的视角,可持续发展的观点消除个体的封闭与孤立状态,将人本主义与自然主义精神有机结合。而对自然而言,"人的自然化"将让自然以新的客观能动性的人类"大我"的姿态重新进入人——自然——社会的整体之中,为人类的文化、艺术、和美的发展提供新的方向与生长的空间,重新启示人类"以改造的实践实现生命境界的整体跃迁"①。在人与自然生态的互动之中,生态整体观将进一步向人类精神与审美的方向发展,重构人类精神观念,以生态整体观念的确立将解构的后现代重新弥和分离为建设性后现代,并向生态审美的新领域延伸。在对审美及其生态意义的全面深入的研究中,实践美学将继续发挥面向生活介入审美创造的历史传统,在生态意义上再次贴近生命本原与生命存在,实现人本主义与自然主义的有机整合。

整体环境动态连贯、时空合一、显隐交替、聚散变易构成囊括天地、迷蒙混茫

---

① 曾永成:《文艺的绿色之思——文艺生态学引论》,人民文学出版社 2001 年版,第 25 页。

的总体生态之网,其规律从内部、外部与我们相关联,约束并启示着人类共同维护生态环境美得以生存的最初秩序。"正确就是与人类心灵所知的自然律协调一致。"①自然生态的权利比法律更强硬,能够凌驾于人类法规之上,独立发挥约束功能。在科技相对高度发展的当今,人类在已具备毁灭整个地球生态的能力,似乎成为可以自杀式攻击胁迫万物的破坏之王,却仍旧逃不出自然律死亡惩罚的追踪,古老的《周易》借自然界阴阳交流的理论,向人类暗示着理性的希望,"柔上而刚下,二气感应以相与,止而说"(《周易》),刚性的强者应自处其下,才能完成总体中和的循环与交流;反之则是停滞与渐灭的开始,作为具有最大内在价值,最大外在影响力的人类,只有明智地自处其下,主动适应无所不在的整体,才能成就宜物与宜人共存的完美。

实践美学从 19 世纪中期奠基直到现在,已经经过了一个半世纪的时间,随着全球化和现代化的历史进程,自然生态的问题日益凸显出来,成为直接影响人类生存和发展的重大问题,对生态问题的研究成为许多人文科学和社会科学以及哲学的重要研究课题。在这种世界潮流的推动下,美学界和美学家们呼吁建构一门生态美学,同时也促进实践美学中不可或缺的一个潜隐的学科的解蔽和彰显。新的生态实践现实,是进一步丰富马克思主义的实践美学系统、进一步阐发实践美学的学理精华的时代条件。实践美学,从马克思、恩格斯的相关论述,中国代表人物的学科建构,以及其最终目标的追求,都内在蕴涵着生态美的维度。随着关于"双向对象化"、"人的自然化"等人与自然互动作用探讨的日渐展开,在人与自然这一新型复合结构、弹性关系中,实践美学的生态维度研究将走出"人类中心主义"和"反人类中心"、信仰与科学等的矛盾,以对人存在的更为深切的理解,以准自由的超越改良人与自然以及人与社会、人与自身的关系,以物质层面的自由进入生态伦理的自由,最终走向人道与自然相统一的审美的自由。

---

① [美]爱默生:《日记》,(麻省剑桥 1910)第 3 卷,第 208 页。

第三章 "人的自然化"由生态 实践到生态审美

在实践美学的视阈中,"人的自然化"是历史发展的实践过程,同时又是一个由物质向精神的审美提高深化的过程,在美的本质的大前提下,自然审美经历着从神话幻想阶段到本色自然阶段,直到现代生态整体的阶段的不同的变迁发展过程。现代自然审美是蕴涵以往阶段的新阶段。"现代毕竟是人进入征服宇宙怀抱宇宙的历史时期。所谓'自然的人化'是极大地扩展了。一种无限辽阔的时空感受所带来的哲理特征,将标志着一种新的自然美形态的出现。"①李泽厚这段话,正是从实践美学的马克思主义科学机理出发,对生态审美时代之到来的科学预测。如果人对事物的评价突破了其自身的局限,那么人类的生命就应该向其应该达到的境界攀升。对新环境的适应,可以是进化,也可以是退化②,不适应环境人类难以生存,但如果由环境任意塑造自己(尤其是消极的远离自然的塑造),没有比生存更高的追求,失去创生的意识与行动,也只能是退化,辜负了自然对有头脑的人所赋予的使命。从人类实践本体的内在起点而言,在生态环境美的建构中,同构的整体性、宜人宜物的共存是人与环境对应的第一步。人类对于生态美的建构既要顺应主客体大系统潜能的可持续终极发展,同时又要寻求自身潜能的最优实现。人类具有整体环境中最为得天独厚的自由,既具有提高自身臻于完美的天赋动力与品质,又具有促进生态再优化的审美心理能力与审美实践能力。在生态环境美的建构中,人类将发扬这一天赋潜能,以艺术为参照,以科学为途径,以二者共同合成的精神的美化为目标与动力,按照美的理想,建立合于生态规律与目的的新兴文化,实现生态环境整体美化的现实提升,最终趋向于审美化生存的自由境界。本章将由实践逐层循环的构成,讨论人和自然生态整体审美关系的形成,论证"人的自然化"对于生态整体观的融合,

---

① 李泽厚:《美学四讲》,天津:天津社会科学院出版社2001年版,第112页。
② 参见[德]恩格斯:《自然辩证法》,于光远等译编,北京:人民出版社1984年版,第290页。

由内至外拓展生态审美的意义。

第一节　实践的构成与"人的自然化"向度

通常而论,不同的社会生活、制度、观念、信仰、文化传统、意识形态等都影响、制约甚至决定着自然是否和如何成为特定人们(不同的社会、时代、民族、阶级、集团)的审美对象和美学客体。但是产生于历史与当下的全球生态危机,让生态整体成为全世界人民所共同关注的问题,"没有人能单独获救,除非我们都得救"①,生态观念成为跨越以上各种条件的最大审美基础。实践美学中实践的功能、实践的过程、实践的结构共同构成内在动力与外在表现的活态整体,"人的自然化"作为实践美学命题与这一内在动力与外在表现密切相关,并由这一实践整体构成延伸生态思想的维度。

一、"人的自然化"与实践的构成

实践作为人的生命活动是人的现实存在方式。它的内容和结构实际决定和表现着人的本质。在实践的结构中,实践作为审美的基础成为构成人类从物质生存到自由理想的延伸核心与首要环节,规定着人类审美的特质。

中国实践美学的代表人物,对于实践的构成作出了完整而系统的划分。早在20世纪50年代的"美学大讨论"时期,李泽厚在普列汉诺夫文艺理论思想的启发下就提出:"尽管要真正揭发任何一个美感艺术与实用价值的联系,都要经过一连串的中间环节的极为复杂的过程(就像普列汉诺夫在分析法兰西18世纪的戏剧绘画一样,但它却是确然存在的)。"②的确,在实践与审美之间、审美与自由之间存在着错综复杂的关系、层面与过渡,实践不等同于自由,自由不等同于审美,审美自由与实践自由属于不同的层面。从这一时期开始,实践美学的各位代表人物开始从实践这一中心范畴入手寻找实践本身所蕴藏的审美发生与飞跃,深入追寻实践由物质生产的根源向审美层面转化的内在机制,并以此为焦点建立了实践美学作为美学系统完整、有机运行的逻辑框架。澄清实践审美超越

---

① Devall B, Sessions G. *Deep Ecology: Living as if Nature Mattered*. Salt Lake City: Peregrine Smith Book. 1985. p. 67.

② 李泽厚:《论美感、美和艺术——兼论朱光潜的唯心主义美学思想》,《哲学研究》1956年第2期。

的内在机制和原理,成为实践美学最主要的成就和优势,成为中国马克思主义美学研究对于世界马克思美学研究的重要贡献。刘纲纪认为"美只有在人类物质生活需要获得了满足的基础上才能产生出来,但美的领域又已经超出了满足物质生活需要的领域,而进入了一个以人的个性、才能的全面发展为其目的的领域。前一个领域,就是马克思所说的'必然王国'的领域。在这个领域中,人类的一切活动的根本目的在于通过物质生产'维持和再生产自己的生命',因此它是由'需要'和'自然必然性'所决定的领域。在这个领域内也有自由,但这种自由还只表现为社会的人的物质生产中如何合理地控制、支配盲目的自然力,使之最好地为满足人类的生存需要服务。后一个领域,即我们上面所说的超出了物质生活需要满足的领域,就是马克思所说的'自由王国'的领域。在这个领域中,物质生活需要的满足,人类生命的维持和再生产不再是根本目的,人类能力的全面自由的发展开始成了目的本身。人类生活的这两个不同领域的区分对于了解美的本质有着极为重要的关系。所谓美,就是在超出了'必然王国'的'自由王国'的领域中,人的个性、才能自由发展的种种感性具体的表现。"①这两个领域相互联系,构成实践从物质到审美的双重结构,物质层面有人类应该追求的基本的自由,而美的发生正在扬弃必然的自由王国中,是物质与精神共同的理想的完善。在《美学四讲》中李泽厚从实践的根源出发,依次提出工具本体、心理本体、情感本体,实践的结构由此呈现物质、意识、审美的三个层次。李先生着重从心理、情感本体出发,奠定了美学的实践认识论基础。蒋孔阳认为,"无论作为关系主体的人,或是作为关系客体的现实,以及它们所构成的关系,既不是简单的,也不是固定不变的,各自具有多层次的结构,多方面的变化。"②蒋先生从美的多样性和复杂性出发,将美划分为四个层面:(1)自然物质层。这一层为审美对象各种物质属性的复合,为形成和创造美的基础,并认为物质属性是形成和创造美的一个重要层次。(2)知觉表象层。知觉表象是客观事物各种属性,各个部分及其相互关系的整体反映,使客观的、本来只具有自然物质属性的感觉形象,转化为人化了的感觉形象。(3)社会历史层。审美活动是以往全部文化遗产的积累,并与社会物质生活与精神生活紧密相连。(4)心理意识层。意识指的是人在客观现实的基础上,所展开的主观方面心理活动,结合意识与无意

---

① 刘纲纪:《艺术哲学》,武汉:湖北人民出版社1986年版,第407页。
② 蒋孔阳:《美学新论》,见《蒋孔阳全集》第3卷,合肥:安徽教育出版社1999年版,第5页。

识。①"自然物质层,决定了美的客观性质和感性形式;知觉表象层,决定了美的整体形象和情感色彩;社会历史层,决定了美的社会内容和文化深度;而心理意识层,决定了美的主观性质和丰富复杂的心理特征。"②既划分了实践物质与精神的构成,又论证了二者之间的复杂的相互沟通、中介关联。实践美学由此呈现出由实践基础到审美提升的清晰过程与结构,以及其内在的纵横交融的逻辑构成。

新实践美学的代表人物邓晓芒、易中天在《黄与蓝的交响》中从实践的本原出发,论证了早期艺术如何在人类知、情、意的混合中逐步分化、独立出来的过程,将审美的情感特质和超越性从人类生产劳动的一般超越性中逻辑地引申出来。③张玉能在前人研究的基础上系统论证了实践内在与外在的构成与运行系统,将实践大致分为:结构、类型、过程、功能几个内外相连的部分,并分别论证了各部分与美的关系。张教授继承了蒋先生的"美是多层累的突创"、"美是恒新恒异的创造"的马克思主义实践观,并将其多层累性与开放性进行发挥,认为美是"多层累的突变性创造(实践),是恒新恒异的创造(实践)"④。这一美的特征又内含与实践的结构、类型、过程与功能的阐发,构成一个系统而灵魂统一的整体,张教授将实践的结构分为三个层面:物质交换层、意识作用层、价值评估层,三个层面既具有层递累积关系,也具有相互交错作用关系,正是这些根深源远、错综复杂的关系构成了美的问题的复杂性。在这一以物质生产实践为本体的主客互动及发展的整体交流的结构中,张教授以实践的类型与过程两个纵向与横向的构成为重点,从横的方向,将实践划分为物质生产、精神生产、话语实践三大实践类型,分别从客体、主体,以及主客体语言思维中介三个方面论证了实践向美生成的主体、客体、主客体立体共生的类别组成,构成了以物质生产为核心,话语实践为中介,精神生产为显像的交互作用的主体网络系统。从实践的纵向创造过程看,实践是人类受动和主动的统一、物质与精神的统一、历时性与共时性的统一。这三种统一内在地合规律与合目的地逐步推动实践向审美自由的目的发展,最后以实现人类全面自由发展的目的指向为标准,并以实践功能的整体运行过程与辩证发展前进的总体趋向,对实践作出价值论的规定与划分,将实践的

---

① 参见蒋孔阳:《美学新论》,合肥:安徽教育出版社 1999 年版,第 150 页。
② 蒋孔阳:《美学新论》,见《蒋孔阳全集》第 3 卷,合肥:安徽教育出版社 1999 年版,第 156 页。
③ 邓晓芒、易中天:《黄与蓝的交响》,北京:人民文学出版社 1999 年版,第 404 页
④ 张玉能:《实践的结构与美的特征》,人大复印资料《美学》2001 年第 5 期。

功能划分为肯定性的建构功能、转换性的转化功能,否定性的解构功能,并以此对应实践美学各范畴,全面规范与廓清了实践结构、类型、过程、运行与发展的生成、转换与发展的整体过程,以此确证理清了实践所应指向的人类本质力量自由发展的人道主义方向,将实践美学各项内在与外在内容立体周流、内外互动地结合为一体,形成实践美学于当今发展的最新理论框架,建构了新实践美学活态运行与发展的系统整体。

生态问题,是必然王国对自由王国的新的制约。在实践美学关于实践的整体框架中,生态内容在实践过程中由必然走向自由,生态观成为生态美,将成为实践整体结构的兼容与发展由认知到理性到情感的人类自由实现的一部分。如不能解决与兼容生态的问题,这一问题将成为走向自由王国的不可逾越的障碍。"人的自然化"作为实践美学命题,内在地蕴涵实践功能、过程与结构的关联,而实践视阈中的生态问题,也将随"人的自然化"这一焦点内化于实践运行的整体之中,成为启动与贯穿实践过程的时代资源与动力,并从新的维度实现实践审美的充实与提升。

(一)实践的"自然化"结构与生态

在实践的多层累结构中,人与自然关系的失衡首先由价值评估层进入人类的视野。"自然的人化"与"人的自然化"双向互动带动了人类对自身实践结果的再评价,使生态的实际存在得以凸显,生态整体的观念由此进入"人的自然化"的实践命题,并将触动实践结构整体的调整,带动实践的"人的自然化"的转向,在人类主动合于自然的"自然化"过程中,生态问题由实践结构的整体运行渗透于物质交换层面与意识作用层面,并构成了审美层面的提升。"从相互交错作用的关系来看,实践的物质交换层既是实践的意识作用层和实践的价值评估层的基础,又要受它们二者的指导与制约。也就是说,一旦意识作用层和价值评估层在物质交换层的基础上产生出来,它们就不再是消极、被动、受制约的层面,而是要反作用于,甚至在一定条件下决定着物质交换层的。"①生态问题以物质层面的生产劳动为基础,并以由相应的意识层面所共同促成,在人们为这两个层面的自由而自豪的同时,价值评估层由以上两个层面导致的生态失衡的结果、片面的自然人化,让一些严重威胁人类求生存与发展的现象出现于人类价值评估的视野之中。生态的科学认识与"人的自然化"反向要求互动发展,生态平衡

---

① 张玉能:《实践的结构与美的特征》,人大复印资料 2001 年第 5 期。

的追求成为人类自然化的首要重点。在价值评估层的反作用下,首先开始了人类意识层面的转变。环境保护、可持续发展、生态经济、生态立法、生态人文研究等呼声日益高涨,并由此逐步落实于人们日常的物质实践当中。对生态生产效应的追求、对环境的治理、对人口的控制、对自然的认同与向往、对日常高消费行为的改变,都将从物质层面促进生态问题的步步解决。在实践三个层面的相互作用下,生态整体观才会全方位地逐步落实于现实社会与自然,构成时代思想观念与精神氛围,并向审美创造的高度提升,经由"人的自然化"多层面的更新与丰富最终实现人与自然生态整体的平衡。

　　(二)实践的"自然化"过程与生态

　　生态问题进入人们价值评估,由实践内在运行的过程所决定,生态问题是由"自然的人化"到"人的自然化"转向的起始原因,并构成"人的自然化"时代的内涵,成为自然化追求的直接目标。实践作为人类现实生活生存的多层次活动,不仅具有诸多要素组成的立体交叉、多层次积累的结构,而且是一个不断矛盾运动、变化发展的恒新恒异的创造过程,这个过程是受动与主动的统一,也是物质与精神的统一,又是历时性与共时性的统一。[①] "人的自然化"首先是一个受动的过程,在物质生产不发达、自然力量强大的古代即是如此,而人类主动的适应自然力发展的主动性也同时存在。但是在工业社会发展至20世纪,受动的性质发生了质变,即由天灾转变为全球性的天灾与人祸并存,而人祸的重要内容就是人类掌握了破坏整个地球生态,使其突破自净能力极限的物质能力,生态灾害的发生让"人的自然化"性质随之发生突变,成为人类自救救它的必不可少的重要命题。如何避免人类毁灭于自身物质生产的失衡与精神的失衡成为人类主动自然化生态化的生存动力。

　　在对生态人为危机受动感觉与科学证据的基础之上,人类主动的实践被激发出来,在生态内涵(整体与限度)的范围之中,受动又成为不同于工业社会所倡导的绝对主动性的一种蕴含受动性的主动性。这一人与自然辩证力量激发下的主动性,将生态结合为"人的自然化"思想与行为,从物质、意识与评估的层面弥补修正自身所造成的生态危机,将追求生存发展的环境与生态代价降到最低,限定于生态循环的规律范围之内,并以此为基础促进生态环境更为优良的建设,实现"人的自然化"生态时代的目标。完成我们及未来时代实践的合规律性与

---

① 参见张玉能:《新实践美学论》,北京:人民出版社2007年版,第19页。

合目的性的矛盾统一、良性调节的过程，由必然状态逐步探索自由状态的实现。

在"人的自然化"过程中，生态问题的介入，生态整体观的形成与渗透必然表现为物质与精神的统一。与实践的结构相似，实践的过程也展开为一个从物质到精神，再由精神到物质的不断往复的活动的序列。在"人的自然化"过程中，生态问题、内涵及意义在实践活动本身之中发展，并呈现错综复杂、全面渗透的态势。生态问题首先产生于理性认知的意识层面，作为生死攸关的人类问题迅速向生产实践的物质、感性的活动层面蔓延，同时，这一解构的否定由精神理性的活动向审美的层面迈进。在生态环保观念在现实物质层面渗透的同时，生态人文研究作出了更为敏感与浩大的反应，从思想宣传、理论建构、伦理论证、审美提升的层面大力影响了物质层面的落实，并融入时代最高理想的树立之中，形成一种前所未有、迅速伸展的物质的感性的直接功利活动与精神的、理性的、非功利(审美)的活动全方位的结合，并在进一步的介入与磨合中形成多元化的"自然化"统一，而与此相关的生态审美也逐步形成一种前所未有的，即功利与非功利分离、审美与生活分离的新现象、新本质，即直接功利目的的生存实践与超功利的统一、感性与理性的统一、日常生活与审美的生态建构意义的统一。

正如前面所论证的"人的自然化"生态内涵的形成与拓展有一个历史发展的过程。同时，在这一历时性过程中生态整体观及其影响也将在"人的自然化"的共时性统一中积淀下来成为时代精神现象与审美风尚。由于生态困境对人们生存与意识的影响，生态整体观念在人们的实践过程中逐步形成，并在现实生活中逐渐实现，贯穿实践功能的运行、实践结构的层面。在生态整体观生成的基础之上，一方面与其他各种活动一起构成人类社会生活的内容；另一方面在实践中保存其个体差异性，形成不同地区、不同发展阶段人群的生态实践的具体内容与细则，这一生态实践不似某些发达国家以生态为借口，以西方为标准、整齐划一地干预不发达地区生态与生存的现实矛盾，而是在共同的生态准则下从不同的实践状况出发，在不同个体差异(不确定性)的基础上，不断地在实践的过程中，融合阶级的、民族的、地域的实际差异，成为一种个体与群体相统一的自由实践的目标，实现权利与义务统一的共同的生态化。

实践的自由形成于实践过程中共时性与历时性、确定性与不确定性、个体性与群体性之间的矛盾运动和统一。在历时发展与共时磨砺积淀的基础之上，生态实践从物质、观念、技术方面共同进步，生态整体观将被人们广泛采纳，确定为实践有史以来范围最广大、贯通最一致的确定的形式，从社会、自然到艺术浑然一体，真正走进"人的自然化"过程，形成实践与审美的时代完善的标准。

（三）实践的"自然化"功能与生态运行的过程

"人的自然化"是实践得以运行并走向自由的重要侧重面。在以上实践的"自然化"结构与过程的基础之上，实践的"自然化"功能必然向良性的方向循环、延伸。时代生态危机由自然的片面人化而产生，而这一危机的解决则取决于"人的自然化"的平衡，"人的自然化"以生态重建为主题，成为我们时代"自然化"的关键内容，而生态内在的动力，将推动"自然化"功能新意义的运行。在人与自然的矛盾调节中，生态源自实践的否定性解构功能，在工业社会片面追求社会经济效益、社会财富量的积累中，对自然的盲目占有与攫取，人与自然关系被异化、扭曲，环境污染、物种灭绝、水土流失、全球变暖、疫病流行、资源短缺、人口爆炸严重影响人类最基本的生存，现实世界对富足与自由生活的追求，由于忽视客体存在的一面、人依附于自然的一面而转向了否定的违背自由初衷的反面，生态现实的失衡具体显现为现实世界及外观形象上的丑。

而在主体受动与能动的辩证调节中，在实践认知的基础之上，自然人化的一面向人的自然化倾斜，由解构的否定转向对否定的否定，向实践的转化功能或者建构功能转换，生态整体成为"人的自然化"指向的方向与确立的基础，让实践呈现朝向积极的准自由的转换，在确认复杂的客观与主观条件限制的基础之上，以生态重建的社会实践由物质层面经由意识层面调和人与自然的关系，恢复人与自然的失衡状态，从积极的方面使自然客体对象在矛盾冲突中显现出人类重建平衡、持续发展的崇高实践行为与意志，最终达到实践肯定性的建构，创造出有利于人类生存和发展的生态条件，促进全面、自由、可持续地发展。对生态问题的积极与肯定性的面对，是生存作为人类第一需要的原动力的表现。在实践的循环功能之中，必定会在人类理性的共同作用之下向良性循环的方向转化，不仅在物质层面，而且渗透提升于人类意识实践与审美实践的领域当中。

"对象性与主体性的统一，受动性和自觉的能动性的统一，目的性和工具性亦即马克思说的'为了人'和'通过人'的统一，最终形成了生产者、消费者和分解者的三位一体并自觉协调，这就是人在地球生态系统中的生态位。"[1]在实践的受动与主动、物质与精神、共时与历时相统一的矛盾过程中，实践的合规律与合目的逐步完善整一，人的自然化逐步向生态全美的领域拓展，共同实现功利与审美、感性与理性、自然与人道的统一。在实践的结构、层次、功能内外运行机制

---

① 曾永成：《人本生态美学的思维路向和学理框架》，《江汉大学学报》2005 年第 5 期。

的共同作用下,人的自然生态化由物质功利向审美提升,在主体生态审美观形成的同时,落实于生态环境美的客体建设。生态整体审美观由此蔓延到实践的多种类型,从物质生产、精神生产到主客体相沟通的话语实践,各个方面共同形成稳定的生态审美氛围、生态审美风尚、生态审美理念、生态审美效应,共同落实于时代生态美的全面建设。

二、生态维度与"自然化"活态整体

作为马克思主义实践美学的核心范畴,实践以其辩证的发展的内在的动力将实践的多层次结构、整体运行的过程、与多种功能的统一组织、联系、融合、带动起来,构成实践美学生动运行的活态生命整体。对于实践的"自然化"而言,生态作为实践功能的内在动力与生态实践运行的过程共同构成了"自然化"内在运行的机制,而实践"自然化"的结构则成为蕴涵这一内在机制的外在表现。对于"自然化"的生态内容的研究基于生态整体生存观的科学思维模式,作为实践美学的内在命题,"人的自然化"与生态整生原理对生、互化、整合并逐级提升,而实践的整体结构正是其启动、关联、一体化运行的基础,实践的整体结构中的"自然化"活态整体揭示并规范了生态整体纵横扩张的生发原理、生发路线与研究的模式,实践美学的内涵及方法由此融入研究对象的生态构成,实现研究方法向理论逻辑的内化,构成"人的自然生态化"各级立体推进的网络整生的"活"态结构,构成实践美学生态维度研究逻辑生态与历史生态统一的整体生命历程。

实践美学的这一整体生命历程,这一生动的具有兼容他者、更新自身的开放形态必将拓展为内外互动的创造,并具体表现为对现实世界的能动改造与探索。在实践美学的生命整体结构中,生态危机对实践视阈中人与自然关系的新的切入,为实践美学人与自然理论内涵新的彰显与充实提供了契机,并将构成"自然化"活态整体新的生动内容。在实践美学的理论框架内,在自然生态规律与目的的确认前提下,人类将从物质、精神尤其是审美三个层面改变自己的自由观念,实现精神与审美的自然生态化。实践的结构、功能、过程,在"人的自然化"时代倾向中与自然生态关系系统逐步融合,在相互影响渗透中,共同推进网络整生的活态结构的形成与发展。形成生态视阈中从物质到意识再到审美,即从真到善再到美的"自然化"生命整体,在人类与自然的整个发展流程中,最终达到真善美的统一。

就具体的结构与内涵共同的"生态化"延伸而言,首先,在实践趋向自由的整体运行中,"自然化"的生态整体构成真善美各个层面的历史性统一。在生态运动的历史进程中,环境的真善美呈现出不同层次的构成形态。古代社会,人类潜能尚未充分发展,在与环境的对应中处于弱势,为在环境中讨生活、求发展,必须依从、依同环境,对人类而言,环境的美必须为真善,特别是为生存的善的目的服务,自然美与真的客观存在与人类真与善的主观存在在较低的类似巧合的层次上达到了真善美的相符相宜的和谐发展。到近代人类力量高涨,通过对环境规律的探索征服环境,造福自身,为真的规律与片面的善而解构了环境的美,环境被排斥到善的目的之外,真、善、美的统一分离瓦解,人的异化与环境的异化同时产生,人类以自身规定的水平有限的并信以为真、以为"有用"的"真"与"善"背离,嘲笑生命直觉中不可量化的"无用"的美。现今对生态环境美化与审美化的探讨,正是要超越这一过程,在生产发展、文明进步的基础上,重建人类与环境整体共生的生态观,自觉地追求生存状态真善美的统一,让真与善向美提升,让美向真与善同化、渗透,以人类主体审美性存在实现与环境审美价值的共生共荣,实现环境真善美同形共象的可持续发展。

真善美的同形共象是审美化生态自然最大的特征。在实践的多层结构与内在动力的生动运行之中,审美化的生态环境对应着人类主体与自然客体自由实现这一生态美的内涵,成为其中水乳交融的组成部分。一是生态真,是主客体二者的规律为整体的存在发展的目的相互协调、适构、融合从而结晶形成的新的生态环境规律,是主客体潜能合规律的耦合共生的新本质,并趋向、暗含最终生态善与美的目的与自由。生态善是"主客体的意志潜能及主客体需要与功能的对应性实现,是主客体目的的耦合实现。"①审美化生态的目的在于主体与客体自身价值与整体价值的共同实现、协调而持续地发展,个体自由与总体自由在自律中最充分实现,而这一实现又以生态真的实现为前提、为过程、为内容。生态美的自然作为生命自由的表现与提升又必须合于或暗合于生态真与善的规律和目的,主体与客体自由对应,所以生态环境的审美化中真善美是真中有善美,善中有真美,美中有真善,是由自然形象所显现的真与善在宇宙整体中的美的融通。

实践美学的整体构成当中,实践的自由首先具有物质生产实践的现实基础,包含物质层面的自由经由意识层面的自由走向审美层面的自由的过程与三个层面,是在主客辩证张力结构中形成的一个逐步发展的现实的能动生命整体,并指向实践之完善的审美的理想,成为实践美学具有开放性发展功能的重要概念,具

---

① 袁鼎生,《审美生态学》,北京:中国大百科全书出版社 2000 年版,第 182 页。

有立足现实、吐故纳新,不断更新的丰富内涵与张力。"人的自然化"内涵着实践内在构成的机理,穿越物质、意识、审美三个层面,是实践走向自由不可或缺的重要方面,以其合于自然的方向内涵生态意义的拓展。作为实践美学命题,"人的自然化"沟通实践的功能、过程、结构与生态的关联,并将生态问题内化于实践运行的整体,成为"人的自然化"由生态实践到生态审美的理论依据与内在动力。

第二节　生态维度中"自然化"的物质层面

"人对现实的一切关系中,最根本的不是审美关系,而是实用关系。"①物质层面的"人的自然化"体现为人类对于生态生命(规律与目的)的主动探索与契合。从实践本体的生存起点开始,探讨人与自然生态物质层面的沟通。

一、劳动(物质生产)——人类沟通自然万物的起点

在"人的自然化"历史过程中,生态问题具有其历史潜在的渊源,而这一渊源就在于,在人与自然的关系中,劳动首先使人分离为能与万物沟通的另一个基点。物质生产劳动产生了人本身,使人得以从自然的混沌中分离,开始了社会化的文明进程,也开始了与自然构成辩证交流关系的过程。劳动构成文化与自然之间的中介力量。"劳动是人类最基本的实践活动,而劳动正是人与自然之间的物质变换,它当然必须以肯定自然物质的客观存在为前提。"②"对象化的含义,来自劳动。劳动使人和自然分开,自然成为劳动的对象;同时劳动又使人和自然结合,经过劳动,人按照自己的目的,在不违反自然的前提下,改造自然,使自然成为'人化了的自然界'。"③在实践过程中人类与自然的分离和与自然属人意义上的沟通同时发生,一方面,劳动必须符合客观事物也就是自然本身的规律;另一方面,人类要实现主观目的,按照内在固有的尺度来衡量对象。"人的劳动生产,是主观的目的性与客观规律性的结合。"④劳动让人类相对独立于自

---

① 蒋孔阳:《美学新论》,见《蒋孔阳全集》第3卷,合肥:安徽教育出版社1999年版,第8页。
② 刘纲纪:《传统文化哲学与美学》,桂林:广西师范大学出版社1997年版,第147页。
③ 蒋孔阳:《美学新论》,见《蒋孔阳全集》第3卷,合肥:安徽教育出版社1999年版,第196页。
④ 同上书,第19页。

然,构成人类区分自身尺度与万物尺度并在实践中直观自身的前提,但是在与自然的斗争中人类领悟、感受到的却是与自然更为紧密的关联。自然作为他者与人类的生产关系自然也应进入这种关联之中,成为研究的对象,形成主观的目的性与客观规律性更高层次的结合。

在实践美学的视阈中,劳动造就独立的人,人因此具有了不同于自然物的社会性的一面,但独立始终又是辩证的相对的,人类仍旧拥有与自然血脉相通的天赋的一面,在以劳动与自然进行物质交换的过程中,劳动在人类历史与自然界历史之间起着调节的作用,构成一种物质性的临界面,人与自然的关联逐步深化,并在与社会性的交融中实现创造性的发展,让生态问题建立在"利益"而非"权利"和"愿望"的方面。人类与自然属己而为己,某些生态人文研究否定"利益"、批判工业文明与自然的分离,认为技术让人与自然的距离加大,造成了生态失衡等巨大的负面影响,而忽视了生产劳动与自然辩证关系的另外一面,即人类越是远离自然,越能更为深入而广泛地沟通自然、重新回到自然,能从更高的视点,以更为独立的力量参与生态平衡的重建。而人与自然基于劳动起点的这一辩证关系,正是马克思主义实践美学所应阐发的题中之义。

在这种结合中,作为能够兼容"任何物种的尺度"的人类,在人与自然的沟通之中,其生产劳动必然能够超越动物那种片面的直接的肉体需要的支配,对可预测的未来进行合于规律与目的的创造。生态整体所内涵的客观规律,以自然物质的客观存在前提重新规定了物质生产劳动增长的极限、生态的极限,成为人与自然关系中新的内容。而在这一极限之中,人与自然的沟通必然能达到新的创造性的实现,即整体自由的实现。整体中的自由创造,比那种单纯为了生存需要而克服外部障碍所取得的自由更进了一步,在更深刻的意义上表现了人的劳动的自由本质。

恩格斯指出:"人离开狭义的动物越远,就越有意识地创造自己的历史,未能预见的作用、未能控制的力量,对这一历史的影响就越小,历史的结果和预期的目的就越加符合。"①在人类能力与自然物质的劳动结合中,从古代人依附于天、到近代天人相竞,到当代追求天人共生,人类文明从劳动中产生,人类对自然的影响取决于社会劳动的组织方式、产品的分配和使用,以及由此而来的人类对自然的态度和知识水平。随着生产力的发展,劳动对人与物的沟通将创造更高

---

① [德]恩格斯:《自然辩证法》,于光远等译编,北京:人民出版社1984年版,第18页。

程度的平衡与和谐,将主体自身的发展与自然客体的发展相一致,从不合之合的历史发展法中,以自身物质与精神全方位的劳动张扬天人合一的主客体共同的美质。

二、生存的自然他者基础

劳动、生产力(科技)的发展是人类与自然他者矛盾沟通的过程。同时是一个对自然他者的认识逐步深化的过程,只有通过与他者的物质、精神的交流与参照,人类才能保存自身、才能在认识自然的同时认识自身、发展自身。在人类工业化进程之中,生态系统对人类片面发展的制约,作为第一生产力的科技的发展,在这一时代促进了生态整体知性的形成,工业化与自然化的矛盾与调和,物质生产自我设置障碍及其克服,都将趋向于对人类生存的自然他者基础的确认与改善。

生态他者基础对于人类文明的工业化发展意义重大,"生产力和生产关系跟地球上物质与能量的热力学原理、化学循环的运作以及动植物的生态分布等问题是紧密地联系在一起的"[1]。就人类目前科技水平而言,自然界整体动态结构的极限——自然生态阈限决定了人类能做什么或不能做什么。在整个生物圈多质多层次、谨严而又完备的生命结构系统中,各种生物之间、生物与非生物之间互相依存、互相制约、共同组成了一个有机整体,保持着动态的平衡。这种平衡状态使各种生物不仅都各得其所,而且能各展其性,参与到生生不息的自然生命的循环与进化过程中去,共同维系着地球生命的可持续发展。系统内部的自我调节能力,保持着物质与能量的动态平衡与循环。这一相互依赖、相互交流的整体成为个体生存的必要条件,而其中任何一个因素遭到人为的破坏或灭绝都会对另一因素产生影响,引起大的生态变动甚至生态灾难,而只有保持这种动态平衡,才能使物种之间、生物与环境之间协调共生,使整个自然生态保持持久的生命活力之美。这也是人类劳动起点中人与自然生态维度所必须面对的能做什么和怎样做的自然生态规律基础。

汤因比说:"文明的起源与生长的法则是人类对各种挑战的成功的应战,挑战和应战之间的交互作用是超乎其他一切因素之上的决定因素。一个文明社会如果能成百地应付来自环境的挑战,那么它就可能走向繁荣和发展,反之会导致

---

① [美]詹姆斯·奥康纳:《自然的理由——生态学马克思主义研究》,唐正东、臧佩洪译,南京:南京大学出版社2003年版,第63页。

衰落和灭亡。"①只有在与自然生态的协同进化中,人类才能作为一个自我决定的物种,而将自然生态他者规律与目的内化为人类生命不可或缺的有机组成部分,成为人类生存与发展的关键及主体性实现的时代方式,是主体性不断增强和发展的必然趋向。正如老子《道德经》所言:"不知常,妄作,凶。知常容,容乃公,公乃全,全乃天,天乃道,道乃久,没身不殆"(《道德经》第十六章),工业社会空间解放了人类被自然禁锢的生命潜力,提高了人类对于自然物质的生态认知,在生态物质认知的基础之上,人类以其所已获得并逐步提高的与自然交流的能力,对自然物质由浅入深、由表及里地探索与改造,由生物肌体层到原子、分子的化学物质层面再到场及基本粒子的物理层面进入宇宙规律特质的探究。随着对自然生态全方位的认知,工业化与自然化的调和由集中于对生存环境压力的抗争进而涉及社会内部的平衡,推动着人类在物质生产层面及不断转换的生存模式中的理性成长。

三、"人的自然化"与生态之物质层面的自由

"人的本质不是先天的,而是在劳动实践过程中创造出来的,劳动没有止境,永远在创造中,因此人的本质也没有止境,永远在创造之中。"②生态时代的"人的自然化",即人类在新的物质层面上合于自然,以生态利益的长远规划和行动为基础,兼容"自然化"他者目的,转化由人为生态灾害带来的生态之丑,将人类实践真正落实于蕴涵生态他者目的的统一,实现生态整体中人与自然的共赢共生。

(一)自然基点、客体自由的确立与兼容

"人的自然化"实践中心对于自然客体自由的兼容是一个多层次提升的过程,但最为根本的层次首先建立于生态功利之上,保护生态即是保护劳动力自身,包括人类智力的、体力的、审美的以及其他一些可能性的拓展。"人的自然化"物质实践对于生态环境的实践的改善,人类自身生产与物质生产的协调,将为人类提供更为健康、合理、美化的生存与生存环境。洁净的空气、壮美的自然、森林中的城市,多样而丰富的生命物种,优越的物质生活条件将极大地充实与提高人类生命质量,弥和工业社会造成的主客分离、灵肉分离,以生态智慧的发挥,

---

① 转引自袁鼎生:《生态审美学》,北京:中国文史出版社2002年版,第163页。
② 蒋孔阳:《美学新论》,见《蒋孔阳全集》第3卷,合肥:安徽教育出版社1999年版,第183页。

实现人类自身直面受动、力求主动，在有限的资源中获取最大物质幸福的"自然生态化"目的。在这一物质富足的基础上，人类利用其生态科学认知，参与到生态物质循环的积极建设当中。生态自然运行的过程往往以牺牲许多物种的残酷为代价，有了人类的辅助，生态走向和谐的进程将更为顺利。人类灭虫、防兽、减灾、供水、饲养家畜，控制一些物种的再生率，培养更多更新优良品种，淘汰一些于生态不利的物种，运用生态智慧与实践力量保护、培育自然物种，遵循其生态价值，开发其利用价值，在对物质结构的纵深细微的认识中开发出更大的时空尺度，不断创造与开拓文明——生态圈。

在人类生态平衡的生存空间的基础上，人类才能不断揭示自然界普遍关联的奥秘，开启自然更为深刻的自由，把握人与其他种群群体形态在宇宙空间占有尺度的辩证法，在维护生态他者目的的同时，相对突破自然限定的地球生存局限，在太空建立开发更大的生存发展时空，在实践创造中生成新的生存智慧，在遥远的未来（甚至是自然为新层次的生成要将人类淘汰出局的时代）一定意义上突破生态整体的现时代观念，开掘更深层的认知与实践能力。

生态物质层面的功利是其他层面的基础，功利层面的生态整体自由是生态观念深入最大多数的人心，得以最广泛推广的有利凭据；也是生态危机得以解决、生态平衡得以落实的最普遍与最稳定的基础，大众生态观、大众生态运动形成的生态物质自由的支柱与底线，是从实际出发，推动生态环保事业最为根本的不可逾越的一步，是人类自由理想的根本，也是作为实践美学的生态维度研究最为优越的理论根源与逻辑起点。

(二)"人的自然化"与生态之律

生态整体观是由生物学及其中的生态学发展为的深层生态学及生态人文科学研究的共同结论与基础。生态整体具有诸多机械的传统的整体观所未提出的特征，在这一整体的基础之上，能够形成人与自然别具特色的新的生态对应，构成人的自然生态化所从未面对的物质层面的新现象，共同支撑生态整体的"人化"内涵，为生态意识、生态审美的形成提供上升的依据，指向自然万物的生态价值的平等。

首先，生态整体具有超出人类社会之上的法则。在动态关联、相对有限的整体网络特征之中，生态系统首先体现为已知与未知规律的结合。生态网络，一方面是显态规律的存在；另一方面更是隐态的无序的未知的存在。这些隐在的秩序、自由的规律构成了整体生态系统生生不息、自由无限的生命力量之所在。这一弥漫于整个方位、立体化的网络形成人与物、物与物之间纵横交错、迷茫混沌的境遇性价值。各因素相互之间呈现一种直接的固定的明确的单纯的或约定俗成的显态秩序,然而隐态秩序不存在于对立两极或多极的任何一极,而是产生于两者或多者之间的相互关系,个体与生态的关系不是对立的并相互交流的两极,而是整个地被环境包围,构成间接隐秘的意义生成之网。在这一生态立体网络中,人类"自然化"、"生态化"的原则将调整为生态他者提供共赢空间与意义生成的"较适者生存","物竞天择、适者生存"是一种竞争性的强者逻辑,是以漠视甚至毁灭弱势群体为代价的孤立征服观,而随着生态学的进步,生物学家科学论证了较适者的合理与优越,较适者更具有在生态网络中向各个方向发展,与环境中隐态变化、发展的多种可能性相联系的功能。"最适者"可能与某一时段的生态系统实现完美无缺的同构,但一旦事易时移、环境改变,"最适者"因远离了整体的范畴而来不及或者根本无法调节自身与弱势的或隐态的环境形成新的同构,从而迅速衰败、瓦解,而"较适者"能够最大限度地维护生态网络极限,不为任何单一环境的附庸,却又与之保持一定的距离,保持生态整体运行的自由以及与各类环境沟通的可能性,在与总体环境的复杂立体交流中更新自身,形成以自我为中心的松散网络型生态联系,最久远地捍卫自然辩证的活力。

其次,在生态学与混沌科学的最新发展中,生态系统更为突出更应彰显的是其松散、无序、无中心的特征,并保证了弱者在整体系统中存在的力量。无边无垠,无始无终的无序是真实的有序产生的源泉,是生态规律更深刻更高远的层面,是偶然的奇迹得以产生、自由的野性得以伸展的最先条件。与传统的一元中心论不同,总体环境生态网络没有固定不变,超然网外,统辖一切的绝对中心,而是一个多元的、多元相互作用的世界。生态系统中的所有生物均是生命目的的中心,拥有自己的善,并以他者为环境,从自身角度评价、选择、利用其环境,作为独一无二的自主中心,保护其生命秩序的自发意义上的自我。但是"缺乏神经中枢或明确的边界,并不意味着缺乏复杂的相互联系。"①无中心的个体并非彼此冷漠、胡乱拼凑的一堆,而是以其开放的潜能,创造力的推动形成相互联系的纽带;而松散的秩序却并非低质量的秩序,相反,它比某些高度集中的秩序更为恢弘、复杂、充满活力,具备更多客观的合理性。表面上它"漫不经心、反复无常、松松垮垮,但其结果总是令人惊异不已。"②它以偶然性为各种机遇的发生器,使系统内各种可能性有机会真实显现,以新的选择促进生命向着更为多样繁

①　[美]罗尔斯顿:《环境伦理学》,北京:中国社会科学出版社 2000 年版,第 231 页。
②　同上书,第 252 页。

荣的方向发展,成为一个远不完美却又抽象完美的野性生命的摇篮,形成一种脆弱而又最为雍容大度的有机整体,是中等层次乃至逻辑严密的高等层次规律产生的混沌基础,更是生命的形式、能量、信量及快乐的自由创造和交换。

这种弱的力量从一个新的视角论证了"自然化"中人类对环境多样性的重视与维护。多样性不仅保证生态网络的稳定与更快的修复,使之达到系统结构的高级水平,同时更为系统的进一步发展提供丰富的基因与机遇,以及新的潜能和隐秩序。对于生态整体脆弱的奇迹的认识、尊重与保护,将是人类与环境更为博大的融合。对于人类自身而言,环境的无中心,否定着人类的霸权,标志着多极化环境世界的合规律性,并提示人类去关注人类中心之外的价值,作为考虑自身经济利益的重要前提;环境松散的偶然,提供了人类外向实现的差异性、偶然性与无限性,并在与环境复杂难测的对应中,强化内在复杂性与生存能力,以优异的个性潜能在最大可能的环境机遇中最为充分地实现自己;环境脆弱的力量,让人类把握强与弱的尺度,以及二者之间动态的辩证的关系,避免忽视那些能被多数人分享的、非明显的价值,在维护弱势的联系中与生态共同创造别具一格的奇迹。唯有如此,人类才能在生态整体中真正实现其高于集体的价值品级,在最根本的意义上实现人类物质与精神自由程度的扩大。保护生物共同体的丰富性,不是人类唯一的义务,而是根本意义上的终极性义务。"人类对自由和个性解放的追求,以及民主的真正含义,都是为了使个体的发展愈来愈多样化,使社会和文化的生态在丰富多样中稳定和优化提供创新的基因和机遇。当今世界对多样化或多元化的重视,正是自然生态科学中多样性开放观念所具有的普遍意义的明证。"①

最后,"人的自然化"与生态发展的功能。"自然化"的内涵并不是僵化不变的,而是在与环境的交流中丰富与发展。它既不完全迁就外部环境的要求,也不固守自身不变的构成,而是在内部与外部环境的交流中丰富与优化自身潜能,加大与更多环境沟通的可能。

生态整体的发展首先表现为环境网络聚力与张力的结合与循环。环境生态网络的同构并非契合无间,完全牺牲自身规律与个性实现的空间,而是聚力与张力结合的若即若离的同构。共性、同一性、统一性、稳定性形成聚力、个性、差异性、多样性、变化性产生张力,构成了动态平衡的理性结构、弹性结构。在张力的作用下,环境整体无限开往、发散延伸,环境个体在其拓展的空间中扩展渗透吐

---

① 曾永成:《文艺的绿色之思——文艺生态学引论》,北京:人民文学出版社 2001 年版,第123—124 页。

故纳新,吸收新的基因,捕获新的机遇,保持生命的活力,促进生命潜能的优化更新,在聚力的要求下,环境整体及时将最优秀的最能与对方同构的因素综合到整一的大系统中,在大系统的再次择优选中实现生命新质的结晶。这两种力量的动态平衡作用,构成了整个系统的捭阖循环,让生态万物在开启与闭藏中自控自调节,"融质而不失己质,质与质态日益丰富。"①共同促进整体的生机与进展。现代环境危机,很大程度上是人类对自然环境物质的人为转化,改变了其自然化合的状态,使之无法或不能及时回到张力与聚力的循环调控当中。自认为爱清洁的人类,往往把消费前期的生产看做重要的、高尚的、正常的,其产品也被认为是清洁的有价值的,而将消费后期的生产及产品看做是低级的、肮脏的、无法正视的。被斥为"污染"的物质,其实是被人类异化的无辜的自然物,所以改变人类成为思维定式的偏见,将"生产——消费"的半截断裂的观念转变为"生产——消费——还原"的完整过程,让受到藐视与漠视的"垃圾"返璞归真。生态工业与技术模拟自然界张力与聚力动态循环,正是对自然界张力与聚力的积极应和,正是人类"观阴阳之开阖以命物,知存亡之门户,筹策万物始终"②,帮助物质进入循环,让人类物质生产融入自然生产的应有之举,更是人类将自身纳入自然开阖、万物始终的终极的神圣。

生态系统另一重要功能的化丑为美的机制。宜人与宜物共存的生态网络整体之所以生生不息、广纳万物向真善美一体化的目的发展,其中必然存在一个化丑为美,化腐朽为神奇的机制,也正因为这一化丑为美的客观趋向,同时也让人类认为的丑的事物与事物之间的缺憾在生态环境中具有了自身特殊的意义。丑是生态环境一种特殊的基础载体,环境与它所承载的价值之间所遵循的是某种程度的相容性。环境中自发发生的一切在人类看来并非都是美的,某些价值必须由人类认为丑陋或中性载体来承载,有机物、无机物连同它的杂乱、残酷与缺陷都有存在的意义,在整个环境网络中具有生态意义上的必需。正是这些鱼目混珠的多样价值载体捍卫着自然的高深莫测,促成了系统中种种意想不到的奇迹发生,成为美得以实现的丑的但却完美的支撑。除此之外,丑对于系统中的破坏力量也是一种承载,而这种丑的破坏力量在整体环境中也正是一种不和之和的建设力量,构成了生命总体美丽的消极的一半。整体自然内在的完整目的常常是以无规则无目的的现实状态来表现的,这一无规则无目的的状态并非都能

①　袁鼎生:《审美生态学》,北京:中国大百科全书出版社 2000 年版,第 104 页。
②　鬼谷子:《鬼谷子》,太原:山西古籍出版社 1999 年版,第 3 页。

符合善的目的、美的标准。没有任何生物能够完全自立地活着,一个善总要损坏另一个善。在与环境不相宜的对应中,在各生命体的竞争中,在各生命体的竞争中时时显现的是生命的失败与挫折、痛苦与消灭,以及消极力量对积极力量的暂时的局部的战胜。然而,自然中虽然存在着丑,但是更重要的是,在这永恒的毁灭里,还存在着把丑转化为美的恒常的转化力量。个体的美并不要求永恒,快乐也不是唯一的价值的体验,在更大的整体主义价值王国中,各种体验均有价值,个体所涉及的恶如果在环境系统的演变过程中发挥了工具性的作用,对于其所属的物种或生态系统的繁荣就成为必要的善。"一个没有腐烂现象或没有雨水的系统很快就会停滞或枯歇,没有捕食现象,系统就进化不出高级生命。"①在这一意义上,"人的自然化"所维护的不是人类主观的道德,而是一种超越了个体主义和人本主义的视角,展现着将丑动态地融入其中的共生的崇高。而对于人类和整个生态系统而言,正是基于这种伟大崇高的死亡之美,生命个体的生态美超越了自身存在的时空局限,延续至新生代的生态美中,延续至生命群体和总体的生态美整体历程中,生命个体才能打破自身不复存在的局限,整体消除或弥合生命与死亡的对立,转化为整体存在的美。整体的自由进步必将带来个体生存质量的优化,而自然化的人类由此积极地完善自身顺应生命的必然要求与自然趋向,在对"善"的趋求中达到整体潜能的自由实现。

从宇宙生态整体的高度俯瞰,人类和其他物种一样是自然进化的产物。在生态系统中,每一个有机体无机体都具有其存在的目的,以其不可代替的独特性在整体复杂的生态网络中具有与人类的存在均等的价值。在这一系统中较适者生存、维护物种多样性、对系统整体平衡的不干预成为"人的自然化"生态意义的准则。在生态整体面前,人类"弱化"自身、维护生态之律的"自然化"将以最大可能地偶然与几率参与编织最宏伟的生命故事,让整体系统以最多的机遇、选择向着最为神妙最有创意的方向发展;相反,强硬的有机整体或个体强者,往往因其单向的力量,僵硬的秩序脱离了弱势力量的联系,往往在奇特的自然选择中沦为失败者。

(三)物质层面的自由的真正开始

实践的生态视阈中人与自然的统一不是一种自满的统一、囿于人类自身的统一,而是蕴涵他者目的统一,是自然在人类深化的实践认识中对于人类的统一

---

① [美]罗尔斯顿:《环境伦理学》,北京:中国社会科学出版社 2000 年版,第 325 页。

（即"人的自然化"），是本质力量与自然生态共赢共生的对象化，是物质与精神的共同愉悦。

在生态整体的辩证网络系统中，物质层面的自由并非毫无差别地把所有生命置于中心地位，而是体现于绝对平等与相对平等的结合。对于系统价值而言，细菌对于环境生态系统的稳定比人类更重要，但从个体价值而言，人类是生态系统中具有最强大内在价值的生命，在个体中心中首屈一指，与其他事物差异明显，拥有其他生物不具备的理性和以观念为基础的情感。对于人类而言"自然化"的实践行为——实现绝对与相对平等的整合，首先体现于以自身主体性的发挥主动捍卫与保护生态秩序。"毁灭物种就如同一页页地撕毁一本尚未阅读的书，这本书是用人们很难读懂的语言写成的，它记载的是人们所居住的这个星球的历史。例如，我们并不知道地球上是有 500 万个还是 1000 万个物种，生态系统的进货过程不仅仅是有机体的进化过程的总和，……我们不知道自然选择在生态系统层面是否起作用，起着怎样的作用；关于物种间的竞争在进化中起极小作用还是起极大作用。生物学家们仍众说纷纭；而那些完整保存了其所有物种的大型自然生态系统则为解决这些争论提供了最大地可能性。"①人类自身也拥有较其他物种最大地可能性，即最大地丰富开发自然潜能，探索潜在规律，洞察自然历史，最大限度提高与环境潜秩序的对应度，使之由隐到显自由发挥，以最为合理与充分的对应，实现人类与物种多样性的共存。人类在为自身谋福利求发展的同时，更能够以生态经济、生态科技、生态政治、生态立法参与到生态系统的整体平衡中去，促进整体有机协调。保护生态秩序就是保护人类自身具有无限发展可能性的未来，就是以自然的奇迹来创造人类的奇迹。

在与生态的具体外向对应中，做到绝对遵循自然与相对遵循自然相结合。自然环境是一个非人类所建构的价值王国，绝对意义上遵循在于正视人与其他生物相同的与自然物理、化学、生化、心理过程的联系，以及自然律由内而外全方位的影响，并以此作为人与自然环境息息相通的核心；而相对意义上的遵循，在于发挥人类能动主体的智慧，有区别地对待不同品级生命的痛苦与快乐，恰当地关心环境中各种丰富多彩的价值，并以技术为工具按自身与环境的需要改变自然原貌，一定程度上摆脱自然自发控制的宿命。但是，对于自然的改造以及相应的文化行为，不管走得多远都必须谦卑地约束在与自然规律协调一致的极限内，将人类的

---

① [美]罗尔斯顿：《环境伦理学》，北京：中国社会科学出版社 2000 年版，第 176 页。

创造力转化为更好地遵循自然,真正为人类谋福利的能动性,是人类对应自然的最佳选择,并合于自然生态的根本规律,让自然与社会科学向有利于生态的方向迈进。这一自然道德的生态精神的遵循与不断探索,正是中华民族延续千年的奥秘。

作为物质层面自由的开端,生态利益与人类生存利益、社会经济利益内在一致,符合多数人的当下利益与长远利益,符合生态利益的实践必然是可持续发展的实践,构成"对生态的异化状态的一种否定,其目标显然在于重构生态新陈代谢的平衡,即'一种能够作为社会生产之管理规则的系统性的重构,它采取的是同人的全面发展相适应的形式'——正如马克思在《资本论》中所说的"。①就人类实践已涉及的生态范围而言,自然已经成为物质生产自主的合作者,成为调节劳动与文化的因素。"人的自然化"物质层面的自由正在于以人类能动的实践精神,追求可持续生存发展与生存质量的内在动力,创造性地链接、推动生态系统关联的纽带,让生命体对环境的适应,以及环境中各存在物的适应均在生态系统中枢的共生过程中完成,形成人类与他者共享生产与发展、相互依存与开放的整体生存链。"人的自然化"由物质的愉快、需要的满足为理想的确立、精神的欣悦奠定了现实可信的真的基础,然而对真的把握不是目的本身,它最终是为了人的发展,为了可持续未来的生成和丰富。

第三节　生态维度中"自然化"的意识层面

"自然化"的意识层面是与生态物质层面的实践相应的主体层面。实践美学中的意识,包括认知、理性、意志、情感、审美多个层次,是知、情、意的统一。物质层面的行动是否能够及时和有力,在很大程度上取决于行动者的心态,取决于他们的认识、理性、意志和信念,涉及最深沉最根本的价值追求。"人的行为和生活方式的根本改变,应该说最终将依赖于人的心灵的转变,依赖于建立那种恰当地看待人与自然关系的人的灵性,这种灵性将提供对环境保护的强大的行为动力和自觉意识。"②并由此构成比较广泛的环境自觉和行动共识。在人类意识

①　瓦尔特·希比斯:《颠倒的世界:卡尔·马克思论自然与社会的异化》,转引自[美]詹姆斯·奥康纳:《自然的理由——生态学马克思主义研究》,唐正东、臧佩洪译,南京:南京大学出版社 2003 年版,第 513 页。

②　何怀宏主编:《生态伦理——精神资源与哲学基础》,保定:河北大学出版社 2002 年版,第 7 页。

的综合构成中,理性与意志是人类思维最为本质的特征,具有辩证的能动性、过程性、统一性,是揭示必然的能力,进行自我评价的基础,标志着知性基础上人类精神的成熟。本节对于意识层面的探讨主要集中于认知理性的方面,即生态整体观如何由生态律令上升为生态道德伦理的层次,由生存律令上升为道德律令,是"人的自然化"由生态之真到生态之善并向生态审美提升的过渡。

一、意识与"人的自然化"

恩格斯将人类的精神说成是"宇宙的花朵",是自然进化与人类劳动共同的产物。自然生成为人,自然孕育人类,意识有其不可脱离的自然性,人与自然的本源性关联确立了人类"自然化"的物的基础。而另一方面由于实践的能动作用,人脑的意识活动形成,有意识的生命活动把人同动物的活动直接区别开来,人类从自然界分化出来。人类以自然界作为自己意识行为的对象,产生了主体与客体的对立;但脱离并不等于孤立,人类始终在自然之中与自然辩证相关,与自然构成合分合的辩证关系。在生态实践过程中,生态存在同人类生命的自由活动发生了密切联系,自然界的各种带有普遍性的形式、规律反映在人的意识中。在"人的自然化"中,生态观念向主体的渗透、生态伦理道德之自律形成,构成意识与"自然化"结合的点:精神的向善的超越。

（一）意识的"生态化"能力

"人脑"是人类主观意识、精神及能动性发挥的物质基础,是确立人类的本性,扬弃其兽性的基础条件。人类这种思维着的精神的出现,是自然物质世界的进化发展的辩证力量的体现,是从动物的活动到人的劳动产生的重大飞跃。宇宙自然孕育了一个异己的主体意识,主体意识的出现,成为客体存在的真正的对立面。这一奇特的主体意识的"客观的非客观表现,……否定性把它们连为一个整体",同时又具有"物质的非物质功能,……人类的可贵之处,优异于禽兽之处,就贵乎这样一点精神,就优于有主体性的自觉"①。蕴涵认知、理性、意志的人类自我意识是"人的自然化"得以实现的重要主体能力。这一主体世界的有无和丰满与否,是人类发展是否完全的标尺。

就人类认知能力而言,在决定自我意识形成的人类基因所确定的内容、作用方式以及在反映规范的不确定性方面,在语言文字所涵载的记忆容量的持久性、

---

① 萧焜焘:《自然哲学》,南京:江苏人民出版社 2004 年版,第 220—221 页。

准确性方面,较之自然因素具有无比的优越性。人类在劳动实践过程中,一方面发现了自然的某些秘密,懂得客观物质的各学科的规律等特征;另一方面也学会了按照实用的需要,调节自己生理上的物质力量,有目的、有计划、有组织地展开活动。"鉴于生存危险处境,有一种思想可以鼓舞:我们具有大脑这个学习器官的人是自然中唯一能够重新学习的生命体。……从根源上讲,脑的适应能力可以与发展变化同步。"①人类生态意识将创造性地提高人类与他类的群集化性质,在文化加速积累中更新与反作用于人类能力的生产与运作,促进了人的智能基因的进一步开发,实现生态整体的更新,不仅在直接联系中认识其意义,进而又能在间接联系中发现其意义,充分实现人在生物进化过程中利用文化,使人类及生态系统的其他成员的本体潜能朝着新的方向持续而迅捷的表达与进化。

认知的基础、意志的发扬根植于人类理性的引导。在"人的生态化"过程中,生态法则规定了对于人类的约束和限制,以此形成知性与理性相结合的生态自律。生态自律是人类不同于物的生态反思的成就,是"人的生态化"作用于人类意识的核心。在"人的生态化"过程中,生态自律将构成人们社会行为个体与整体的内在基本动机和内在基础,此约束人们的社会行为,使自己欲望和需要的满足限制在生态之真的范围之内,让社会规律最大限度地符合自然规律,在超越个体生存的意义基础上成为生活在社会关系中的个人必须遵守的东西,成为一种绝对命令,并将这种要求表现为伦理道德、政治、法律等。对生态关系及其所提出要求的认识,渗透重构着对社会关系的认识,更为强有力地加强了人的理性意识,使之进一步脱出了动物性的自然冲动的支配,在成为自然存在物和感性存在物的同时成为理性的人,一方面,以精确的理性认识作为主体的道德自觉的前提,合于生态规律地生存与实践;另一方面,将理性的自觉落实于现实的行为,倡导适度消费,反对把物质生活看做人的生活的唯一追求,强调生活目标的多样性、精神生活的高度充实,在现实生存与提升的意义上把真和善的内容转化为美。

此外,意识的生态化能力是受动性与能动意志的统一。意识是沟通实践过程中人类受动与能动的中介。"马克思主义的反映论不但不否认,而且充分承认反映的能动性。这和它承认反映的被动性并不是互不相容的,而且是辩证地统一着的。反映的被动性来源于人对物质世界的依存性和依赖性,反映的能动性来源于人对物质世界的反映是一种自觉的有意识有目的的活动。"②生态问题

① [德]汉斯·萨克塞:《生态哲学》,文韬等译,北京:东方出版社1991年版,第195页。
② 刘纲纪:《艺术哲学》,武汉:湖北人民出版社1986年版,第33页。

的解决强调二者的结合,依赖性与能动性的结合。生态问题产生是能动性的片面发展,然而正是对于生态受动的感觉与认知,必将带来人类对于生态环境的净化和审美化能动的创造。正如人既是自然的存在物,又是有意识有目的的存在物,人对客观物质世界的反映也是被动与能动的统一。在对于自然的理性认识之上,发挥自身强烈地实现自我愿望和目的的意志力量,从现象到本质,从不甚深刻的本质到更加深刻的本质,构成人与自然、生态与实践能动的永无止境的发展。

(二)意识与生态的辩证关联

意识的产生构成了人与自然的相对分离,同时又实现了人与自然实践意义上辩证统一的沟通。在人与自然交流的基础之上,感性认知向理性认知过渡,并趋向意志与情感,实现了生态整体观最为广泛的渗透。"尽管人的意识、目的终究是从外部客观世界得来的,但它又能动积极地参与了人类历史的创造。"①

人对客观物质世界的反映,归根到底是为了认识客观世界的本质规律,并根据这种认识去改造和支配客观物质世界。在意识的参与中,人类不再是本能地按照环境所给予他的命运来生活,而是要把周围的环境,把整个时间,都当成对象来加以改造。在对于自然的认知过程中,意识让外在自然的杂多、混乱通过意识的探索活动,获得整理和澄清,使自然界的生态规律性、秩序性最终呈现出来,而成为人的意识的对象,并在内化这一规律的基础上建立生态秩序的基本形式,并启动新的辩证交流的能力。在与自然物质系统双向交流的过程中,人类主体受动性、能动性交替更新、辩证发展,人与自然新的关联向人类意识渗透,受动在先,蕴涵受动性的生态主动性能力逐步形成。生态不仅是意识的移入,而且是综合各方面条件的能动的创造。这种以认识、掌握、遵循规律为基础的能动性构成沟通主客的辩证能力。在人类与自然的交流中,人类活动的有意识、有目的这一特性,没有造成对人类活动对物质的客观活动的否定;相反,实践的生长的力量构成了两者完全的一致。

"人的思维是否具有客观的真理性,这并不是一个理论的问题,而是一个实践的问题。人应该在实践中证明自己思维的真理性,即自己思维的现实性和力量,亦即自己思维的此岸性。"②实践是启动与延续意识与生态关系的本原性力

---

① 刘纲纪:《传统文化、哲学与美学》,桂林:广西师范大学出版社1997年版,第150页。
② [德]马克思:《关于费尔巴哈的提纲》,见恩格斯:《费尔巴哈与德国古典哲学的终结》,张仲实译,北京:人民出版社1962年版,第50页。

量。人的实践活动是对象性的、自然存在物的活动,主体意识反映客观世界的本
质,具有客观真理性,而这一真理又必须经过实践的检验,方可获得现实的向善
生长的力量。在人类生态思维能力的作用下,人类在与自然的交往中不是被损
耗、被锁闭限定,而是被赋予与天地自然同等的价值与权利,使自然社会在人类
能动的组合中,始于合规律性、臻于合目的性,通过提升自然境界而生成新的智
慧从而拥有崭新的意识形态,这一生态意识将人类破坏自然的能力逐步调整为
改善自然的能力。人类生态科学技术活动的持续进行与进步,使人类不断揭开
自然界的奥秘及万物的普遍联系,赋予自然界以全新的生态意义,不断使人的本
质力量对象化,不断从对自然的有效正义的技术运作与自然的技术物化及控制
中获得自由。在生态意识由理论向实践的改造中,作为具有道德调节与更新能
力的物种,人类将自我的道德创化与文化创生扩展到整个生态体系之中,突破传
统的人类中心主义道德局限,向现实生活渗透,制定新的生态道德规范,并将其
落实于洁净生产、合理消费、适度人口等政治、经济、文化伦理等社会规范当中,
全面实现生态意识与能力的双向互动。

意识是人脑及其感官的产物,而人脑及其感官本身又是自然界的产物,因此
意识和自然界必然相互适应。在人类理性智慧的推动下,对环境客体的关怀将
成为人类生存需要与科学理性的一部分,不仅考虑自身潜能实现的规律,更考虑
合于主客体对应的大系统以及大系统局部小系统的规律与目的,在多重规律的
协调对应中,实现生态整体的自由品质,让人类掌握"机械""机事"的智慧与才
能和心灵的清洁,精神的平衡,信仰的纯真相结合,让自发的欲望、热情与理性的
深化和规范在精神领域中相互调节,以科学理性深刻而正确的良性作用造福整
体的人类与自然,将质实的环境点化为生机活跃,与心灵妙然相通的对象。

二、他者目的与生态道德——人类沟通万物的精神(理性)基点

生态视阈中道德是自我意识的理性重点,是人类走出纯粹自我使生态平衡
得以实现的关键。人类如何能超越自己是"人的自然化"道德思考的中心内容。
从前的自由强调感性的个体对于必然与社会的精神上的脱离,而在生态的视阈
中超越的凭据即是对外在于自身的他者目的与生命必然性的肯定。良心即是心目
中的别人(他者),内在的他者目的成为人类沟通万物的精神基点。随着生态系
统整体观对人类眼界的扩大,超越一己,对生态他者目的的理性兼容成为生态道
德的重要内容。

在实践美学的生态维度中,道德即为交流关系中的他者(客体)。生态伦理

就是在争取自我独立的同时,如何尊重他者的问题,也就是如何真正接受多元的问题。建立于实践物质层面之上的人类意识是人类超越自然,从自然生活上升到社会生活、自由理想生活的关键。人类一方面通过生产劳动自我生成独立于自然,另一方面必须为继续生存与更高的发展而与自然发生多种多样循环往复的实践关系。实践的过程首先是一个立足于物质交换的("自然的人化"和"人的自然化")双向交流过程,而在具体交流过程中,物质的交换必然渗透到人与人、人与自然、人与自身的各个角落与关系中,构成多层面有机联系的整体,形成一种错综复杂的网络结构,这一网络结构的大致动态的确定形成了人类生存的条件,构成了人类与自然具体而微的物质变换,"即人类生活得以实现的永恒的自然性"①。整体交流的网络结构反过来确证实践的可能性与实践必然关联万物的客观性,对于人类这一实践主体提出了某种建立于客观物质交换基础上的要求,即必须关注自身以外他者(包括他人与自然的客体)的存在。这种自身以外的他者成为道德与良心产生的物质起点,并与"同情"心理能力相互引导,是实践、生存得以实现的必然要求,也是实践指向自由的最根本要求,所以人类生态理性作为道德的自律最基本体现于对于他者的重视,体现包含他者目的甚至是超越自身目的利于他者的联系。生态道德的超越首先是对于一己利益的超越,以"一种超出我们自身之外的与某物相连的感觉"。② 探求整体交流的立体网络中所有存在物共同的自由,真正达到兼善万物、指向无限的境界。个人的道德由他人确证,人类的道德在自然中确证,生态理性中必须有自然的他者,无他者(客体)联系的道德必然退到自身孤立的目的,得不到外在他者目的与交流之延伸的最终求证,最终排除在实践的自由之外,成为道德的假象。

　　黑格尔认为,人是"能思考的意识"③。主张从对象中认识自己,从唯心主义立场甚至将意识提升为人的本质的高度。实践美学认为"人之所以能够不断地超越和提高自己,那是因为他有心灵和意识"④,"实践总是为达到某个目的而进行的实践。正是从实践及其结果是否符合目的的意识中产生了'善'的意识。……最根本的善,是整个人类社会的生存和发展。……提升到了伦理道德

---

① 张玉能:《实践美学:超越传统美学的开放体系》,《云梦学刊》2000 年第 2 期。
② 马克瑞尔语,转引自姚君喜:《崇高美学》,文化研究网(http://www.culstudies.com),2003 年 12 月 18 日。
③ [德]黑格尔:《美学》第 1 卷,朱光潜译,北京:商务印书馆 1997 年版,第 38 页。
④ 蒋孔阳:《美学新论》,见《蒋孔阳全集》第 3 卷,合肥:安徽教育出版社 1999 年版,第 185 页。

的'善',是人的本体的社会性的集中强烈的表现,是个体利益与社会利益、眼前利益与长远利益的矛盾统一的表现。因此,这种'善'超越了个体的、有限的生存需要,而成为对人的本体的社会性的充分肯定。"①在生态危机对生存之真的约束与思考中,生态真的意识向与人类社会相关的善的意识渗透。理性发展并不断渗入到感性中去的过程,最后使普遍的理性要求直接成为个体感性要求的结果,形成扩展了的生态道德。作为精神性主体,人类将以主体生态理性的培养与发扬容纳自然他者目的,不仅容纳超出人类之上的自然法则,更容纳非社会性的部分,让自我同情地开放到他者之中,将他者视为自我完善的一个方面。经过实践的转换,让他者成为自我向往的奇迹。特别是当他者不具有直接的个人性的回报能力,只具有对于整体的弱势回报能力时,尤其需要并能充分衡量人类道德的高尚。

生态整体对于人类道德构成了新的促进与提升,自然他者目的与生态道德构成了人类沟通万物的精神基点,成为蕴涵个体或类的生存目的却又与他者目的融为一体的生态自由的共生。生态道德观是对物质标准的重新调整和某种制约,是建立在生态基础上的物质与精神的双向交流。在生态道德的视阈中,进步再不能以技术和生活的物质标准来衡量,而是以环境、自然的他者来评判。在全面理解进步的生态时代,道德、美学、政治、环境、自然等将成为社会进步的新的尺度。

三、"人的自然化"与生态之理性层面的自由

在生态视阈中,"人的自然化"是主动生存的生态整体理性的表现。"使自己的生命活动本身变成自己的意志和意识的对象。……有意识的生命活动把人同动物的生命活动直接区别开来。正是由于这一点,人才是类的存在物,也就是说,他自己的生活对他是对象。仅仅由于这一点,他的活动才是自由的活动。"②生态限制中的自由,自由的意识,是人不同于动物的精神根本。在对自身意识对象的观照中,生态新理性与新感性的交流互渗中,人的感性存在与自然规律的辩证统一,由生态目的的理性兼容,融合于生态伦理观的建立,并向生态情操与审美提升。

---

① 刘纲纪:《传统文化、哲学与美学》,桂林:广西师范大学出版社 1997 年版,第 84—85 页。
② 《马克思恩格斯全集》第 42 卷,北京:人民出版社 1979 年版,第 96 页。

（一）"自然化"是对生态目的的理性兼容

在生态的视阈中,自由意识是一种反思,参照他物、反观自身,可以包括生存功利又超越功利,同时又兼善他者,是人能超越自己而达到崇高的根本。合于生态"自然化"的主体如果没有外在目的的兼容就没有真正的精神自由,就无法意识到自己的自由与验证自己的自由,而"人的自然化"正体现于人类对一己目的与中心的突破,而趋向外在目的的兼容。个体再高峰的体验瞬间即逝,而包含他者关联与目的的体验却能完成深远而永久的链接。

"人的自然化"即对生态目的的理性兼容,让自身目的合于生态整体目的,追求最高的善。生态整体的包容与价值的均等并不否定人类主体价值的独特性。正如老鹰善飞、羚羊善跑,人类的独特性在于其相对优越的理性与道德感,能从道德的角度考虑问题,设身处地为他物着想,能以理性的智慧一定程度上测到生态系统的规律与目的,这一独特优势如加以科学、合理的运用将促进生态系统的繁荣与稳定与主体潜能的进一步丰富与提升。人类在求生存求发展的活动中必须清醒认识到对非人类的自然物应负有的道德责任与义务,将对物的爱护,对其内在的价值的尊重视为人的生活意义的一部分,突破自身物种的局限把自己的发展放到自然界生生不息的大环境中,放到自然整体中去理解,并以科学的态度探求宇宙生态的规律与目的,将自身目的融于生态整体的大目的,确保生命大家庭的美丽、和睦与繁荣,而生态整体价值的实现将促成主体自我潜能充分发展,优化提升,最终作为生态真善美之最高目的的一部分,真正达到人的境界,显示出与日月同晖,与天地同久的伟大与崇高。《荀子·王制》中说"水火有气而无生,草木有生而无知,禽曾有知而无义,人有气有生有知亦且有义。"作为集天地灵气于一身的人类,终能与天地之气相感相适,与自然万物在生成的本原意义上普遍联系,周流感发,实现对生态运动本质的整体把握。

（二）"自然化"与生态伦理意志的自由

"人的自然生态化"既是对人类视阈的理性的拓展,同时,又是人类道德边界的扩大。人类之外的生物个体及种群具有生态系统平等生存的权利,但是只有人能够成为道德自律的主体,具有道德意识,进行道德选择,作出道德安排。生态道德伦理扩大了道德的对象,将道德这一传统社会对象的范畴扩大到"人——自然"系统,在这一系统中,人类主体的道德关心将关联生态及自然万物的道德收益,达到共同利益及人类生存与发展根本利益的实现。

生态视阈中,伦理意志的自由、人类意识领域的自然化,体现于生态伦理的内外:生态教育、生态立法、生态教育、生态经济和消费的观念深入人心,自觉限制欲望的无限膨胀,将思想理性的张扬与深化限定于生态伦理的范围之内,以立法与行政行为合理分配地球空间、管理基本资源,关注代内与代际公平,实现人文关怀的生态系统化,人自身的生产、经济利益的追逐、有价值的事业以生态共同资源的保护、生态平衡的正常运行为底线。另外,作为精神意识领域的革新,生态伦理更应深入到心理的深层,做到以"理"导"欲",以"理"节"欲",将生态伦理纳入人类社会伦理的重构之中,重新评价成功的标准、理想的意义、生活的品质,打破对物的量的占有的拜金观,以物质生态和精神生态的共同平衡,对生态维护的综合贡献为标准,以地球可容纳的整体平衡、自身的平衡、发展的平衡为正当价值与幸福的伦理基础。

生态伦理意志自由的核心正在于"生态人格"的培养与塑造,树立正确的生存和发展意识,"越来越被看做是社会灵魂的一种觉醒"①,真正的人道主义即是对自身视阈的超越、他者目的的兼容。在生态他者目的的意识中"人类生活的自然环境将更多地被看做是被养育和维持的生态系统而不是随意加以利用的开放环境……物质上满足和节俭的品质将取代消费主义文化"②。生态伦理意志将以生态人格的确立促进可持续社会的转变,实现"人的自然化"由意识到实践的自由,以欣赏式的尊重他者的伦理生活,真正领略到自然的多元之美。

(三)"人的自然化"与生态精神的提升

生态视阈中人的意识层面的自然化在于将真实的自然秩序内化为人自身的秩序,成为人自觉与自发不可分辨的行为,成为人适应、改造自然也依此内在规律改造人自身的建立最高目的与标准,并以此上升形成主体的内在要求与外在追求,形成稳定而持久的融入血液的个人选择和生存理想,成为马克思所讲的感性功利性的消失或者说自觉的非功利的实现,即一种道德理性融入主体情感的"自由自觉"的生命存在升华而成的生态情操,真正来自生命深处的情感律令。这一"无为而为"的生态之善才真正臻于美的范畴达到审美的自由。庄子讲"至人无己,神人无功,圣人无名",康德认为,"谁人孤独地(并且无意于把他所注意的一切说给别人听)观察一朵花、一只鸟、一个草虫的美丽形体,以便去惊赞它,

---

① 转引自中国社会科学院可持续发展研究组:《1999 年中国可持续发展战略报告》,北京:科学出版社 1999 年版,第 120 页。

② [美]查尔斯·哈柏:《环境与社会:环境问题中的人文视野》,肖晨阳等译,天津:天津人民出版社 1998 年版,第 328 页。

不愿意在大自然里缺少了它"①,便是真正的道德之善,而意识层面的"自然化"正是主体由自觉到自发融会万物尺度的境界,实现客体的充分发挥自己的社会作用又遵从固有的物性规律的真正的自由。在这一人的道德"自然化"过程中,自然才真正由生态整体中的衣食之源上升为精神之源——生态共生意识,在新的层面上自然合于人,人合于自然,成为一种内涵审美意义的生态道德情操。

"所谓'超道德'并非否定道德,而是一种不受规律的束缚,却又符合规则(包括道德规则和自然规则)的自由感受。"②是在道德的基础上达到某种超道德的人生感悟境界,由对合目的性的道德理念的追求和满足达到一种超道德的而与无限相同一的精神感受。"人的自然化"中,对于环境中自然客体之美直接的兴趣,时时对应着善良而睿智的灵魂,是良好的道德、性格的标志,至少也具有潜在的道德意志的禀赋,而这种道德意志仅靠自身无法达到,只有在其生存的目的合于整体系统的大目的联系中,其人格的存在才真正具有了价值。生态道德不仅仅是人类实现生态目的的手段,它也部分地是这种目的本身。它不仅仅是人的行为的一种规范,也部分地是人的完善的一个内在要素。孔子说"仁者乐山,智者乐水"。只有将心情与一种类似道德的情调相调和,才能接纳环境客体积极于人或消极于人的整体生态规律,将自然赋予人类的生态审美潜能自由地推向人类最后的美德目的。一方面,生态的联系与人对自身完善的追求,人的潜能的全面实现密不可分,"是生命的必然要求与自然趋向,是情之所至,性之所发,意之所成、趣之所适。"③另一方面,生态整体境界为主体道德追求的最高境界。在生态总体的"大生之德"的道德要求中,人类应以其优越的道德感关心环境中其他生命的生存,成为大自然的良知,担负起对其他存在物负有的道德义务,成为生态的守护人,而非占有者,让自身的尊严与价值在保护环境的行动中,在爱护他人和其他物种的大慈大悲中体现出来,在保卫整体生态和谐发展中,"与天地合其德,与日月合其明,与四时合其序,与鬼神合其吉凶"(《易》),在对整体人类与环境生态大目的追求中达到"天地之平而道德之至"(《庄子》)的人性水平。生态的道德是大自然"生意"之内在精神和外在形态高度统一的产物,在宇宙永恒的一体相通的创化之伟大力流中拓展心胸、净化性灵、亲证"仁"的境界。

---

① [德]康德:《判断力批判》,宗白华译,北京:商务印书馆2002年版,第143页。
② 李泽厚:《美学四讲》,天津:天津社会科学院出版社2001年版,第211页。
③ 袁鼎生:《审美生态学》,北京:中国大百科全书出版社2000年版,第185页。

第四节 生态维度中"自然化"的审美层面

物质层面的自由、意识层面的自由均内涵审美的自由,生态维度中"人的自然化"的审美层面正是人类生存发展的物质与意识循环交流的永恒性中整体功利与审美的兼容,而审美层面则是在他者目的与主体自发的基础上人与自然和谐关系肯定性价值的集中阐发,在实践美学视阈之中,探讨"人的自然化"之生态审美意义拓展的可能。

一、"人的自然化"与实践之完善的理想标准(自由)

在实践美学视阈中,为满足自身需求而进行的物质生产劳动成为美之起源的最初本源,而关于美的形成正在于实践之自由完善的理想标准。随着劳动中人的本质力量的双向对象化的进一步发展,在实践的历时性与共时性、物质与精神的矛盾统一过程中,逐步形成对于实践之完善标准(包括主客体理想形态)的尝试与预测,形成这一理想性的预测与表达,逐步成为一个个体与群体(社会)相统一的自由实践的目标。这一合于规律与目的的自由实践,促成美的艺术最终的形成。

"人的自然化"是实践臻于完善的理想标准的重要组成部分,是这一理想标准中侧重于自然的人类主体理想的重要方面,也是形成人与自然和谐关系最终的关键,促进了生态层面的"自然人化"的形成。人自身的完善必须内涵自然他者的完善,这一完善根源于实践物质层面的有关人类生存的根本并由此扩展为道德伦理的意识层面,指向人与自然辩证和谐发展以及生态美建构的最终审美图式与目标。只有人类自身主动"自然化"的"人化"行为才能达到建立人与自然完善关系的理想标准。而"人的自然化"正是在达到这一标准的过程之中人的本质的丰富性的进一步发展,并从人类自身所创造的世界中吸取经验,探索、试错、调整人与自然发展应有的历史方向。生态整体观的渗透与提升正是"人的自然化"当代实践臻于完美的探索与调整,是实践本体于人的本质力量双向对象化动力机制中达到生态美的表现。在生态实践的过程中,生态整体观由价值评估向物质交换的根源处渗透,在新的意识层面上沟通劳动本体的创造。在劳动中,即人与自然的物质交换之中,人类不再以分离的方式处理主客关系,而是将人与自然共同体的观念深入到实践本体的对象化过程之中,即人的蕴涵生态整体观的本质理论合于自然规律与目的的生态对象化。生态限度的制约,符合生态功利的生产生活习惯,将被广泛采用,形成带有基本内涵的性质,正如张玉能所说:"体现了人类本质力量的实现的这种审美图式的审美活动也就从实践过程中生成出来"。生态成为一种标准,被用来衡量其完善的程度,逐渐定型的生态形式在实践过程中,逐步形成为一种理想的审美图式与目标,在生态需求共同体中被广泛采纳与运用,并逐渐显示出美学的感染力。这一具有广泛社会实践基础的审美观念一方面将容易为大众所广泛采纳,形成良好的接受、反馈环境;另一方面在相关技术逐步完善的条件下,生态美将进入时代现实的创造,让人类以美的环境、生存的质量沟通生活与艺术,让审美由从前的非功利高空落实于功利的创造和有基础的表达。

就目前状况而言,生态美作为技术尚不完善条件下的理想创造与审美预测,作为立足于生态实践基础之上的进一步希冀完善的构想成为时代确定的图式,为生态文艺的表达提供了广泛的空间。在技术实践尚不完善的情况下,艺术将力争取得理想的形式,成为艺术家在实践中提高了的生态创作标准,并可能成为原有标准图式富于想象力的发展。人的本质力量的对象化将在与物质实践共进的同时,得到超过目前生态物质能力的艺术审美的表达,(此部分将于第五章自然化与生态文艺部分进一步展开。)共同满足人的生态审美的需要及生存与审美统一于现实的需要,真正做到以美启真。"由于人的本质客观地展开的丰富性,主体的、人的感性的丰富性,如有音乐感的耳朵、能感觉形式美的眼睛,才一部分发展起来,一部分产生出来。……五官感觉的形成是迄今为止全部世界历史的产物。"[1]在人与自然审美层面之中,"人的自然化"正是能够涵纳自然美、生态美的眼睛和耳朵、理性意志和感性心灵形成与发展的过程,而生态感官的形成正是人与自然、"人的自然化"进程全部历史的产物。在生态文艺的启迪感染、生态实践的逐步展开过程中,生态的感官与人类理性、意志相互渗透,主观直觉性和客观功利性相互统一,共同升华为大众整体的生态的美感与向往,构成时代生态审美的氛围,指向实践之生态整体自由的实现。由此而来,生态视阈中"人的自然化"审美实现的标准正是生态完善的自由理想的标准。

二、生态维度中的自由意识——人类沟通万物的审美基点

在生态审美视野中,人类作为"懂得按照任何一个种的尺度来进行生产"[2]

---

① ［德］马克思:《1844 年经济学哲学手稿》,北京:人民出版社 2000 年版,第 87 页。
② 同上书,第 58 页。

的物种,具有融合他者尺度的精神能力。而人类要具备这一能力,必须拥有一个不同于其他自然物,相对独立于自然的能力基点,才能够在分离于自然的基础上实现与自然的新的实践的合一。是什么能力能让人类真正超越自己与自然审美地沟通? 由实践之自由的审美理想而来,生态的维度中这一人类沟通万物的审美基点正是人类对于自由的意识。"自由是人的本性并且也是美的本性"①,自由的意识作为精神与审美存在为人类所独有,是人类能够达到的精神超越的最终的起点,也是能将这一超越引向实践的最终向导。

人类如何超越自己与他者实现最为内在的审美的沟通是历代哲人探讨的对象。康德认为超越起于内心的道德律令,席勒将理性的严峻要求上升到自由审美的愉悦,认为超越的源泉不是宗教、不是理性,而是"我们的理性的优越性和精神的内在自由"②,是人类"能够意识到它自己的自由"③,对自由的意识是最根本的真正属人的东西,真正能沟通万物最为纯粹的根本,并将这一超越融合为与情感统一的自由的行为选择。在席勒对自由所作的精神极致的探索基础上,马克思为这朵飘逸的精神之花找到了现实生长的根基,为这一理性与感性的精神欢愉奠定了物质生产实践的真实基础,论证了使其成为现实并兼善所有人的最大可能性,为席勒思想建立了一条通向未来历史现实的桥梁,以立足人类生存之根本与自由追求的广阔关怀,让自由的意识真正成为人类在受动与能动的实践发展中能够不断超越自己而与万物相沟通的审美的基点。在当前人类所面临的生态生存实践的大背景下,这一以物质生产实践为本源的精神自由,不仅构成实践与审美更新的基础,而且构成新的时代条件下形成的自然生态审美与审美观念的基础。对于生态审美主体而言,这一超拔于自然而又内涵自然的审美属性将成为人类沟通生态万物与自然重建和谐的精神基点。让人类跳到自身之外,从精神最为纯粹的高度俯视人类与自然整体,重建人与自然的审美关联。生态审美观的建立,不是仅仅因为人类的绝对优越性或自然的绝对优越性、道德安全感、本能的满足、逻辑的分析、上帝的意志……,而是来自人类生存第一需要,并经过以上层层的精神淘洗所达到的兼善自然生态他者的内在审美的自由,达到与自然最优美最本真层次的沟通。

生态自由意识即探索如何与生态自然在弹性关系的基础之上实现最美最广

---

① 彭富春:《哲学美学导论》,北京:人民出版社 2005 年版,第 109 页。

② [德]席勒:《席勒散文选》,张玉能译,天津:百花文艺出版社 1997 年版,第 71 页。

③ 同上书,第 81 页。

阔的沟通,即使有与自然最恶劣对立的局部情景、最孤绝的情况下,作为具有意识、理性、美感的人如何自由超越,如何在精神上更新与自然的沟通;如何保有心灵对自然整体、人类整体长远目的的爱的自由。这正是实践领域生态精神探索中更为基本、宏大的问题,看似脱离物质存在的非普遍状态,却是最为纯粹辽阔的感性——理性审美的超越。这一超越正是实践本原中审美修养与精神崇高能够具备的根本,是人类自由能力与自然精神本质生态审美的沟通。

　　"出于个人内心一种自觉强烈的要求,不但从理智上,而且从情感上感到不遵守就会给社会国家造成危害,同时使自己成为一个卑鄙可耻的人,失去了自己作为人所应有的尊严和价值,因而不顾一切去维护国家的法律和社会的道德规范,以此作为最大的快乐,……遵守已经变成了出自个人的个性的自觉要求,并且被看做是个人的自由、幸福、价值的圆满实现。这后一种情况,就是我们所说的属于美的领域的自由。"①生态审美自由从物质生产的社会实践出发,一方面与现实物质生产层面和社会关系层面根本相关;另一方面,尤其在主体精神领域绝不能缺少"自由意识"的根基。内在精神的自由,内涵生态整体生命存在的精神自由是生态审美认知态度(包括对主客体的认知、生态平等、多极价值等)、情感意志态度,以及生态审美感官形成的心灵基础,是生态审美主体应该达到的方向与评价标准。在对于当代生态问题的阐释中,只有对感性与自由的珍视以及在这一基础上的崇高超越,才不会将人的自由能力从与自然的相对对立中孤立出来,狭隘化为征服自然、扭曲自己的异己工具;也正是在这一基础上生态美才能成为人类欣赏,并以其建设与敬畏自然的能力,在审美之丰富内涵的基础上超越自身盲目超越的欲望,最终达到在最为真挚平常的状态中人类与自然共同未来的自由捍卫。

三、"人的自然化"与生态情感

　　生态的时代,生态维度的自由成为人类沟通万物的生态审美的基点。在实践物质层面向审美的转换中,情感作为主体心理的构成是达到自由的审美的关键,是实践美学新旧代表共同关注并论证的重点,融合生态情感是人类情感层面"自然化"的内容,而融合理性的生态情感(人如何自由地超越),成为生态美感形成、生态实践达到完善的内在必然。

---

　　①　刘纲纪:《艺术哲学》,武汉:湖北人民出版社 1986 年版,第 422 页。

(一)情感是实践向美的桥梁

实践美学认为情感是实践由物质到艺术的里程碑,是实践由物质走向审美的自由不可或缺的关键元素,美由情感与自由共同诞生。首先,情感是审美的动因,居于审美心理本体的地位。实践美学借鉴康德与苏珊·朗格的学说,认为在人类知、情、意的心理构成中情感是审美发生的起点。而实践美学的情感在实践美学的内在机制中,和实践美学的其他层级和原理相关联,实践功利与理性只有融合上升为情感才能实现符合人自身本性的自由超越。"审美不过是这个人性总结构中有关人性情感的某种子结构。"①"从主体性实践哲学或人类学本体论来看美感,这是一个'建立新感性'的问题,所谓建立新感性也就是建立起人类心理本体,又特别是其中的情感本体。"②而狭义的积淀则是指审美的心理情感的构造。认为情感的审美发生关系主体与客体的互动,"人与现实的审美关系特别是一种情感关系"③,并认为审美教育即是感情的教育。④ 只有当客体的形式显现为主体的情感的表现,客观存在的美才能为主体所感知,成为主体情感的现象形态。邓晓芒则从本质力量对象化的角度揭示了情感所具有的"同情性",并认为它能够自由超越具体情感还原为形式化的"情调"与"情格",形成艺术品"有意味的形式"⑤。其次,情感是蕴涵理性的感性升华。"作为心理结构的审美情感,已经不同于作为这种心理结构因素之一的一般情感,它使这种一般情感在理解、想象诸因素的渗透制约下得到了处理,也就是所谓'情感的表现'(COLLINGWOOD)、'情感的逻辑形式'(S. LANGER)。"⑥情感虽然是主观的,但同时又具有客观的内容,是主体对客体世界的反映形式。再次,情感关联自由的本质。"美感虽然包含着许多复杂的心理因素,但它在根本上是从对象上感知体验到人的个性才能的自由发展获得了肯定而产生出来的一种愉快的情感,也就是自由的愉快,而所谓美,就是引起这种情感的对象所具有的种种属性规律。"⑦"对人的自由本质的感性直观认识总是伴随着情感上的激动和体验;反过来说,

①　李泽厚:《美学四讲》,天津:天津社会科学院出版社2001年版,第141页。
②　同上书,第138页。
③　蒋孔阳:《美学新论》,见《蒋孔阳全集》第3卷,合肥:安徽教育出版社1999年版,第317页。
④　参见上书,第710页。
⑤　邓晓芒、易中天:《黄与蓝的交响》,北京:人民文学出版社1999年版,第465页。
⑥　李泽厚:《美学四讲》,天津:天津社会科学院出版社2001年版,第186页。
⑦　刘纲纪:《艺术哲学》,武汉:湖北人民出版社1986年版,第448页。

由于直观到人的自由本质获得实现而产生的情感上的激动和体验,也必然伴随着对人的自由本质的感性直观的认识。"①而从美形式而言,美的形式必然的蕴涵情感的形式。人的个性才能的自由发展与对象感性形式的感情呈现密切相关。"从我们对美的本质的理解来看,美也可以说是'情感的形式',但它是由于人类个性才能的自由发展在人类改造世界的实践中获得了肯定而产生出来的情感的形式。"②

　　情感是理性走向自由不可或缺的中介,是审美构成的基质元素。生态理性只有融合上升为生态情感,才能实现"自然化"符合人自身本性的自由超越,由生态实践上升为生态审美,成就生态艺术落实于环境与日常生活的美的创造,实现功利与非功利,合于以至于暗合目的与规律的美的创造。同时,生态情感是超越的情感,生态美的产生,人与自然共生的自由,不仅是对人类的个性才能的自由发展的现实的肯定,不仅是主体完全具体现实地把握了的美,还有对于自然的未知与自由的肯定。不仅从对象中体验自身的本质,而且移情于自然的本质。在生态的客体视野中,可引发自由意识的对象,一定具有不同于人类的未知的特有的本质与元素,能够启迪人类新的自由。重视与放纵自然引发情感与自由的特有属性和规律,将是生态情感特有的属性与终极的关怀。只有兼容、蕴涵他者规律才能在与自然客观对象的生命对应中产生美感。自然生态自由的感性形式,将是对于人类审美情感的最高肯定。

　　(二)"人的自然化"与生态情感的更新

　　在实践美学的视阈中,人的本质力量对象化以往多侧重于人的需要在情感形成中的关键作用。生态实践的介入必然带来对自然新的认识,形成情感范围的扩大与质的更新。在人类与自然交流的"自然化"生态维度之中,生态的需要成为与人类需要密不可分的重要前提,人的本质力量必须内化生态的力量才能实现良性的交流、可持续发展的对象化。自然对人类走出自我而"自然化"的律令将成为情感新的内容。在人与自然情感的辩证更新中,情感将由其形成的功利根基生发既合人类需要又合自然需要的生态意蕴。认知理性具有区分性,却不具有融合性。情感将理智划分的主客体界限融合起来,成为将自然对象的特性与形式转化为主体审美感受的中介,使主客双方共同具有审美的本质。

　　这一生态审美的意蕴首先表现为对于自然之自由的情感认同,对自然作为

---

① 刘纲纪:《艺术哲学》,武汉:湖北人民出版社 1986 年版,第 307 页。

② 同上书,第 449 页。

本源和外在他者的谦卑、感激与敬慕。劳动并不能创造一切,自然诞生人类,自然的形成进化早于人类数十亿年,其目的性似某种"神意"的安排深奥难测,人类只是整体体系中的一个分支,可谓"寄浮蝣于天地,渺沧海之一粟"(苏轼:《前赤壁赋》),有其不可超越的客观限定,只能窥见从自身角度所窥见的,洞测自身智慧水平所能洞测的,在这种创化与局限面前,人类在情感上所能奉献的是对导师、对父母的感谢与谦卑。劳动是属于人类自身的奋斗,但自然提供了这一奋斗的条件,劳动是人类与自然沟通的中介。感激自然的赐予、寄情自由的生态将有助于冲淡人们对个人利益的过分关注,超越自身,甚至超越整个人类达到一种包括非人类世界的整体认识,深潜于自然的核心体验之冥合中,将"小我"融入"大我",在"大我"中实现所有生物最大的潜在生命价值,发扬而为普遍的爱,而生态这种永恒的价值与可融合的伟大博爱,就是生命的生生不息和绵延不绝,就是大自然的生动、健全与美好。生态的未知与自由正是人类自由与情感发扬的基础。

　　生态的情感不仅体现为符合生态需要的美的欣悦,也体现为丑的宽容与怜悯。正是生态时代的实践与体验,让人类拥有了正视与包容自然之丑的胸襟与气魄,能够将生态之丑纳入"自然化"情感体验的范围。从前从人类的局部需要出发认为丑的事物,在对生态循环的支撑中也将进入生态整体的情感范围。生态整体中对生命的破坏、群体的或个体的失败与毁灭处处可见,而从单一局部来看对于人类具有危害的事物大量存在。在各类物种的相互竞争与否定中,整体结构也时时扭曲变形、颠倒错乱,呈现非平衡的紊乱状态。"大自然不是一个寻欢作乐的场所,不是迪斯尼乐园,而是一个争斗不止,充满忧郁的美的地方。"[1]而作为生态平衡的载体,这类价值为整体健康运行必不可少。人类生态情感必将容纳生态整体中能够化丑为美的丑的存在物,以整体包容的胸怀宽容怜惜丑的生态存在,以独立审视生态整体的眼光,生发美丑兼容的情感。在生态审美的情感关照之中,人类以整体情感的眼光融合人与自然的分离,单纯孤立的丑也闪现出维系整体的生态美感,"具有立体思维的现实主义者,不仅看到丑的空间上展开,还能看到美在时间上的延续;他们知道在自然的生生不息中,一定能从丑中创造出美来"[2]。我们时时同情甚至崇敬伤残、凋敝的动植物,忧郁凄美的生

---

① [美]罗尔斯顿:《环境伦理学》,杨通进译,北京:中国社会科学出版社2000年版,第325页。

② 同上书,第327页。

存境遇,残暴壮丽的自然破坏力,正是将自身摆在生态整体的位置对这一生命大善的生态角度的推重。从生存的根基到视阈的拓展到具体的内容,生态情感更新着"自然化"主体的内容,以对自然他者自由的感知、敬畏与激赏,以其包含终极关怀的情怀和悲悯同情的博爱,成为生态审美构成的精神根源。

(三)生态整体融入自由情感进入审美超功利

人作为马克思所说的双重存在物,一方面是自然的存在;另一方面又是超自然的社会存在。这种既分且合的关系使自然较之艺术具有更为模糊的功利与非功利界限,而生态环境尤其如此。然而正是这一点又决定了生态作为整体审美对象的新的特质,即在功利与非功利之间自由地行走,更为生动地诠释实践美学中超功利必然以功利为基础,超功利是对功利辩证的扬弃的审美内涵,将这一分与合的关系共同纳入审美的范围。在人以审美的态度与情感与自然生态发生关系时,一方面,深刻体悟人与自然的密不可分、物我为一;另一方面,又深刻感悟自然的超越与神圣,人类的不可绝对的占有,以一种非功利的情感热爱它、拥有它、赞美它,在保持应有的生态距离的同时形成与自然生态一体化的关系、达到真正的审美的和谐。

"对生态环境美的审美不是单纯的非功利性质,而是无功利目的的有功利目的性。"①生态审美以生态环境满足人类需要与自由发展的方式进行审美,并通过生态环境美评估人类理性、情感与自由可达到的超越尺度。它不同于单纯的艺术审美的较纯粹的心理与精神的满足,而是对人觉醒了的生态意识、审美生存、生命自由的现实肯定。在生态整体实践的基础上,人类对生态整体规律将不仅仅是功利的利用,也不仅仅是伦理义务和责任,而是将包括人本身的生态生命整体进入情感的再构之中,以人的内在的情感为底蕴,成为人生的根本目的。以"人的自然化"实现"自然人化"的综合自然与人道的审美的内涵。在由必然向自由的追求中,生态整体积淀为更为深远的人与自然自由的合目的性。人类生命个体情感由此超越自身存在的物质局限,延续至新生代的生态美中,延续至生命整体和生命总体的生态美整体历程中,生命个体打破自身时空的局限,转化为整体存在的美,进入生态审美超功利。整体的自由进步必将带来个体生存质量的优化,整个生态圈由此积极地完善自身顺应生命的必然要求与自然趋向,在对"善"的趋求中达到整体潜能的自由实现。

①　栾贻信:《论生态环境美》,见范跃进主编:《生态文化研究》第一辑,北京:文化艺术出版社2004年版,第133页。

这一根植于生态整体利益而升华为自由审美超功利的生态情感正是人与自然共同的生命精神的体现。"人的自然化"之生态审美意义由此确立,成为主客体生命自由的共同体现,在生态情感所渗透的自然社会和人的生命活动的各种形态之中,其基本秩序多样联合,互补共生,综合超越,达到了对具体生命存在的有限性的突破,跃升到宇宙生命意识和人性的本质这一无限的境界,切入了生命原态的整体性、丰富性、隐秘性。在生态之美的境界中,主客体得以回到至真至纯、无挂无碍的自由状态,实现生命整体的生存平衡和协调。而人类主体对自由和个性解放的追求,以及民主和平等的真正含义,正是为了整体生态发展的多样化,使生态文明在丰富中、稳定中优化,在对生命自由的体验与发扬中,真正实现在自然家园中"诗意的栖居"。(荷尔德林《追忆》)

"人的自然化"由生态实践到生态审美,经由物质交换层面到意识作用层面到其中最为内在的制高点精神审美的层面。这一过程正是人与自然主客体潜能在生态审美创造中自由对应发挥的结晶。人类主体的生成源自整体生态的发展,由于这一进化的规律,主客体有着本质的生态关联,也是主体能从客体对象中发现审美意蕴、相互沟通的渊源,是生态理想有可能在主体发展中得以贯彻的本原基础。生态审美创造正在于主体在实践的新层次上,以其与生俱来的生态感悟参透人类作为自然一员的本原内涵,并生成改造现实的热情,以生命整体的实践投入,赢得主客体整体生命合于生态生长目的的跃进。

第四章 "人的自然化"之生态审美意义的拓展

　　自然生态美的形成在于对自然生命规律的掌握,建立于人类对于生态环境可控制和掌握程度提高的基础上,其内在实践基础是人类已具有影响整个生态系统的生产力,以及可预设的生态良性发展的未来趋向,这样,生态自然才不再仅仅被作为满足生存需要的物质手段来看待,才可能越出人类生存需要的联系,并以此为基础与人类自身自由发展为目的的种种活动相联系,成为我们时代审美的对象。"自然人化",人亦"自然化",在这一过程中人类主动合于自然,内化外在的规律,由外在规律改变自身,以生态整体观的建立,观念情感的改变,集中于艺术的表达,落实实际的创造,捍卫生态整体生命的独立和有益、神奇和赐予,从自然到艺术到生命本身,延伸人类审美愉悦的可能,以及与自然共同自由发展的可能性。

第一节　生态整体观的审美内化与外化

　　蒋孔阳先生在《美学新论》中认为:"美的创造,是多层次的积累所造成的一个开放的系统:在空间上,它有无限的排列与组合;在时间上,它则生生不已,处于永不停息的革新与创造之中。而审美主体与审美客体,则像坐标中两条垂直相交的直线,他们在哪里相交,美就在哪里诞生。"①在当今"人的自然生态化"过程中,作为纵向的主体能力,与生态问题的横向现实多层次交汇,生态问题从实践价值评估进入人类意识与物质功利的视野,同时也与此关联地进入人类审美构想的视野。主体与客体范畴的共同扩大,促进生态美的产生。在时代生态整体观的突创中,"人的自然化"在生态审美的领域首先表现为审美主体对生态

━━━━━━━━━

① 蒋孔阳:《美学新论》,见《蒋孔阳全集》第 3 卷,合肥:安徽教育出版社 1999 年版,第 156 页。

整体观的审美内化与外在表达,而这一审美创造又将表现为主客体审美潜能与显能合于生态规律与目的的对应性自由实现,在内化与外化辩证统一的循环共进中促进生态美感的形成,以及整体生态美的实现。

一、"人的自然化"与生态审美主体

对于生态审美主体而言,"人的自然化"是生态自由观对于人的内心和人格修养的审美渗透与建构,将我们的行为约束在生态规律的阈值之内,将主体的自由建立在自我约束之上。在实践美学的视阈中,生态审美主体是心理的主观目的性与生态自由规律的统一,是主观直觉性和客观功利性最大限度的和谐。从人类主体的这一方面看,"人的自然化"即生态层面中"人的人化",一方面,人具有了自然生态的性质,成为"自然化的人"、"生态的人";另一方面,人也更新了自身属人的性质,成为了"天人合一的人",或者说是真正的人——自由全面发展的人。因此,所谓"人的自然化"也就是"人的人化",在生态的视阈中,也就是创造大自然之中与自然和谐协调发展的"属自然的人"。

(一)"人的自然化"与生态整体观的审美内化

作为人的本质力量对象化的感性与理性的融合,实践不仅仅是人类认识的基础,而且能将外在对象移植到人的意识之中,内化为实践检验评估的标准,并以实践之自由完善的构想,实现美之蓝图的预设。在生态实践之中,人不仅使大自然由威胁人类生存与人关系不密切的"自在自然"转化为与人融为一体的"生态化"的自然,而且不断改变自身内在与外在的性状,使自己不断全面丰富地发展,成长为"自然生态化的人",即"人化的人"。实践是一个自然对象化为人的内在尺度的过程,即"人的自然化"或"人的人化"的过程,因为人只按自己的物种尺度来建造就仍然是动物,只有当人能够按照自然界任何物种的尺度来建造时,他才是真正的人。① 对于生态尺度而言,"自然化"对于生态审美主体即生态整体观的审美内化,也是人类主体对于自身内在完善与美化,即进一步的"人化",而生态美的主体创造,将仅具有一己物种的尺度转化为当代可把握的生态的尺度,并将已内化为自己意识结构的生态尺度运用到审美对象中去,这时在"人化的自然"与"自然化的人"之间就形成了一种超越实用的、认知的、伦理的、巫术宗教的功利目的的关系:生态审美的关系。

---

① 参见张玉能:《实践创造的自由与美和审美》,《汕头大学学报》2003 年第 5 期。

　　生态美的形成,是实践主客体多层累融合的过程。首先,生态整体观的主体审美内化,必将形成"自然化"主客体在原有潜能的基础上新的更新。在生态实践的基础上,生态审美的眼光将穿越历史上的直觉性生态审美,与工业社会祛魅之后的生态审美,将从前的前生态美理想落实于当代的现实,形成当代生态审美主体的实践的特色。从客观功利性的实质、基础、内容,提升或直接融合于主观性形式、外貌,在生态审美需要的基础之上,人在与自然的物的交流中,作为具有自由意识的人,人对物的需要向审美的境界上升。其次,生态整体观的审美内化强调生态存在物多元平等、多极共生的原则,而在生态危机加剧的当下,生态尺度的内化即要求将外在尺度放在一个较人类维度相对重要的位置,正视问题与矛盾,强调人类主动符合自然的规则,超越人与自然工具理性的孤立,恢复自然的神奇性、自由性、和潜在的审美性,突出其生态自由的维度。最后,审美主体内化外在尺度应为一种全面的内化,包括暂时和局部于人不利的自然物,也就是外在于人的自然整体规律与目的。同时这一内化并非僵硬的一味服从所有不利的自然因素,一味地物我为一,而是按照生态尺度与人类生态位规则,与自然保持相对的距离,在新的历史条件下促发主客体潜能,与自然建立一种弹性的审美关系:确立自己的空间,尊重、遵循自然的空间,在生态科学与物质力量臻于美的基础上,辅助万物而不争,实现主客体动态平衡辩证和谐的生态审美关联。

　　(二)生态审美能力

　　在"人的自然化"生态审美的内涵中,生态审美能力是审美主体与客体自由的对应性中,人类主体作为具有理性智慧和道德自觉的独特物种在与其他物种和整体生态系统的交流互进中发掘形成的独特审美能力。它既是社会文化的产物,更是整体自然进化发展的产物,在实践美学视阈中生态审美能力建立于自然审美历史积淀的基础之上。历代自然美的感动及其文化遗留为生态审美能力的形成奠定了审美心理的基础,而其不同于以往自然审美能力的进展正在于生态审美观的介入,即生态感知心意和内在精神的塑造和建立。从个体能力的方面看,它以生命存在与发展的欲能为驱动,并内在地具有创造性的情感感知、理性思维以及充分个性化的表现形式。从生态系统整体角度看,生态审美能力成为人类作为宇宙大和谐系统中与自然息息相关的一部分,主动趋向自然整体的生命目的。

　　首先,生态审美能力是审美主体兼及万物的能力,不仅包括审美知性、理性、情感,更是知、情、意落实于实际的兼容创造。这一能力不是智力结构(认识)或意志结构(道德)所能替代或等同,却可以帮助着两种心理结构的发展。如果缺乏审美能力的同构,审美对象也只作为可能而存在。

就生态审美认知而言,近代流行的科学理性往往将人的利益作为一切事物的尺度,而非人类的客体往往作为改善人类生活和审美欣赏的对象,从这一认知出发的征服活动直接地明显地导致了生态的失衡。而生态审美认知中,整体自然法则以其关联性、目的性、有限性是成为先于人类高于人类的存在,是众美之源、一切美的参照,不以人的单方好恶、意志为转移。人类不能创造它,只可以其生态感官、理性智慧、审美直觉,"妙手偶得之"(杜甫),即潜入自然万物的核心去体验、认识、理解并一定程度上掌握它、顺应它,促成其优化与美化,为生态动态发展注入新的活力。就生态伦理价值而言,生态价值是一种系统价值,弥漫于整个生态系统,每一种内在价值都从中产生,与其发展目标有着千丝万缕的联系。从这一认识出发,我们将换一种思维方式,用新的情感、意志对待这个世界,不再满足于为主体利益而机械地操纵世界,而会对它怀有发自心底的直接的、深刻的谦卑与敬爱。中国古人说"高山仰止,景行行止,虽不能至,心向往之"(《诗经·小雅·车辖》)。犹太法典说"不可为自己雕刻偶像,也不可作甚甚形象来比拟上天、下地和地底下、水中的百物"①。这种谦逊、崇敬、深思的自然审美态度促成了主客体关系中最美的情愫,在新的现实基础上,这一兼容认知与理智的生态审美情感,再次促进主体超越自身,甚至超越整个人类达到一种包括非人类世界在内的整体认识,真正培养出利他主义精神。在主体与客体的关系上,这种利他即表现为尊重客体自身的内在价值,维护其内在目的的完整,外在形式的自由,正如康德所言:"不需要一个感性的刺激参加到这里面,也不用结合任何一个目的。"②又如庄子所说"君子之交淡如水"、"相濡以沫,不如相忘于江湖"(《庄子》)。在谦卑的敬畏中给予客体自由的空间,实现"淡以久"的共存,达到更高层次的生态统一,在这一统一的"大我"中实现所有生物非生物最大的潜在生命的价值,实现整体生态系统的生动与健全。

其次,生态审美能力是优化生态建构人文色彩较强的生态环境的一种自然功能。"自然向人生成"是马克思在《1844年经济学哲学手稿》中提出的著名观点,这一观点以自然的存在与运动的物质为前提,提示了世界由无生命到人类生命,由自发运动到自觉实践,直到人类生命中超越性精神本体的生成过程。"伟

---

① 转引自[德]康德:《判断力批判》,宗白华译,北京:商务印书馆2002年版,第163页。
② [德]康德:《判断力批判》,宗白华译,北京:商务印书馆2002年版,第144页。

大的对象产生伟大的心灵。"①古希腊时期毕达哥拉斯学派即注意到外物的形式
与人的内心具有数学上的同构关系。李泽厚对自然形式与人的身心结构形式的
同构反应也十分重视。就人的自然属性而言,人类心灵具有属于自然的本质,自
然中的每一种景观,每一种素质与规律都能对应于心灵的某种状态,以其本身的
性能为基础与人类的潜能相通,成为塑造人类最本真性格的终极因素。自
然——社会环境形成之后,整体环境的统一与多样更是大大增加,复杂的精神世
界之所以产生,正在于与难以应付的环境多样性的接触,人类的理性、道德、感性
的活力,精神的自由正与宇宙的无限智慧相沟通。"自然作为象征符号向人展
示它的精神,以自己的生态秩序和生命精神向它启迪生存的智慧,使人的精神得
到超拔、提升。"②感性的活力与精神的自由,推动宇宙运行的普遍的力应和着人
类感性的活力,创造的渴求。整体环境无序的偶然启发与强化着人类精神的自
由与灵性,最终凝聚为一种高标超逸的实践功能——审美能力。这一独特的心
理能力成为人类在变化万千的环境中生存时理性所无法应付与完成的重要引导
与补充,一方面保卫并张扬人造物所不能具备的生命的野性,并使相反的冲动调
和融洽,并行不悖;另一方面让人类以较动物的有限选择更大的自由追求自身的
完善,实现更高的自然使命。

　　生态审美能力由伟大的生态对象产生,而反过来审美能力又成为是优化生
态的一种自然功能,实现人类回归自然的"生态化"。好比生命体通过自我调节
以适应暗合生态环境的规律与目的,人类自觉的审美调适则是一种主动地改变
与环境的关系的更合规律的自觉。自觉的审美调适以人性生态的优化,优化
环境生态,实现内在生命主体健全与外部环境改善的同步发展,审美能力由此
向生态审美的意义提升,最本质地疏通天人关系,形成人类内在自然与外在自
然的整体循环,向人类指示自身生命和总体生态发展的流向。自然无目的而
暗合目的的状态与人类心灵中蕴藏的美的素质相互启迪,共同追求最为高远
的自由极境。人类获得了智慧、灵魂与心灵正是自然获得了智慧、灵魂与心
灵。审美能力是自然为自身设定美好未来的预想性的虚拟而与人类共同实现
的中介,"从某种精神的自由,即按美的规律完成他的自然使命。"③从自然的
创作里和它们的特性所引申出法则,发现并重构新的自然理论,作为生命体

---

①　[德]荣格:《夜思偶得》,爱丁堡 1853 年版,第 286—287 页。

②　曾永成:《文艺的绿色之思——文艺生态学引论》,北京:人民文学出版社 2001 年版,第 304
　　页。

③　[德]席勒:《美育书简》,徐恒醇译,北京:中国文联出版公司 1984 年版,第 119 页。

验、整合的中介,调适天人关系,维护和优化生存环境与整体生态存在的质量,成为其向美发展的唯一可依靠的自觉的动力,将有限的环境点化为无限的诗意的美境。在与环境的相互交流契合中,人类的能动感悟与被动感悟共同作用,弥合现实生命存在的矛盾与缺失,满足生命力自由张扬与无限发展的渴望。整体的交流共生成为人类主体自身人性生态的精神调节器,更为辽阔地提升着人类生命的质量。从这一意义上,高高在上,仿佛悬浮于现实之上的审美能力由此进步为慰贴现实、人生与环境的生态审美能力,具有了更为深广与超越的意义。

最后,生态审美能力较之一般审美能力更具超越性。从生态系统整体角度看,生态审美能力是人类作为宇宙大和谐系统中的一部分而与自然息息相关,主动趋向自然整体目的的基础。一般审美中主体将美的事物与艺术作为高于现实世界的理想来仰望,将美的状态与现实功利分开,停留于审美的时间较为短暂,而生态审美作为一种新的生态世界观与生存境界,力图消除现实功利与审美的主体分裂状态,淡化实践活动与审美的距离,审美将不再是虚幻的精神漫游,而成为人类主体贯彻一生的生存态度,将生存的每一个时段,每一种行为,看成审美的一个部分,按生态美的标准塑造自身与环境,将功利与世俗行为纳入生存之美的内容,成为审美生存理想得以贯彻的组成部分。这一能力与"道主内,儒主外"的人生观相类似,一方面以一般审美的静照、空灵、不计得失作为内在的心境态度,一方面发挥自身潜能,激扬进取,以实际奋斗为手段实现合于生态目的的人生目标,将生产、生活实践与审美合而为一,上升到生态艺术的境界。在美的规律的作用下,社会环境与自然环境影响互动自由实现,把自然界的生成规律与人的价值目的统一起来,把自然界生态智慧和人类实践统一起来,共同达到完整圆融、气韵生动的审美境界。

此外,生态审美能力的发展,也是对人类审美感官的丰富与开启,在自然的帮助下,从生理上充实"人的人化"。马克思曾强调指出美感的人类历史性质,人类在改造世界的同时也就改造了自己,人类灵敏的五官感觉是在这个社会生活的实践斗争中不断地发展、精细起来,使它们由一种生理的器官发展而为一种人类所独有的"文化器官"。生态视阈构成对审美感官的扩大与深化。一般认为视觉、听觉是主要的审美感官,而生态审美是所有感官共同的审美。是包括味觉、嗅觉、触觉的共同的运用,正如许多乐山乐水的人们所共同感受到的,自然生态的审美是开启所有感官的全方位的立体的流动的审美。这也正是历来艺术美无法超越自然美的方面所在。正因为如此,宗白华在《美学散步》中写道,"美的真泉在自然"①。尤其是生态审美更是深入与熨帖生活与感官的每一个角落。此外,合于一般理性化、文化化、科学化的感官由于被长久普遍的使用而形成了某种相对驯顺的模式,生态美感以及与此相关的超常感官让人摒弃已被经验熟练化的感觉方式,关闭所谓正常的合于集体意识、普遍赞同的感官而开启超越平常思维的潜在灵性,尤其是直觉、顿悟、灵感、幻觉等超常思维直接沟通着宇宙神奇的未知,能突破惯常的思维定式以人类自身不能掌握和理解的方式,从新的角度、新的高度跨越万殊直悟玄机,实现人类主体与外在环境最大限度的对应。由此而来,生态审美正是从人的精神到整个身体的最为现实而诗意的解放,是历史所建构的文化心理最大限度的天放的自由。

人类是自然精华的会聚,一方面与自然有着生存根源与本体存在的生态关联;另一方面又以其精神上美感的生成成为生命发展的最高点与独特意义所在。这种内在的关联他者的能力,也就是达到自由的能力,也就的审美的能力,涉及主体内在尺度的培养。在生态整体价值实现的同时,主体的潜能将得到进一步的充分发展优化,一方面创造自身,另一方面促进生态真善美的同步发展,达到整体生态美自觉调控与自发调控的统一。在这一充分条件下,人类主体作为生态真善美之最高目的的一部分才能真正达到人的境界,显示其作为"宇宙精华,万物灵长"的伟大与崇高。

(三)生态审美感受

与特有的生态审美能力共同形成的是特有的生态审美感受。美感的产生与人类对美的认识以及自由意志的需要密切相关,以往实践美学多强调"感性的社会性"②,而生态审美是社会性与自然性的交织,是融合生态社会理性的情感基础之上,人与自然直接交流,并构成不同的个性、创造与收获。在生态整体的兼容之中,生态美感具有了不同以往的新内容,成为生态精神的愉悦,生态情感的亲和,构成一种平等、自由沟通万物,真正扩张人的自由本质的审美感受。"真是思想的最终目的;善是行为的最终目的;美则是感受的最终目的。"③生态审美感受是所有审美感官最综合的感受,立体的无限时空的感受。较之艺术美的难以普遍传达,社会美的有限的生活范围,自然美如诗歌中的"兴"具有最普

---

① 宗白华:《美学散步》,上海:上海人民出版社2000年版,第270页。
② 李泽厚:《美学四讲》,天津:天津社会科学院出版社2001年版,第148页。
③ 蒋孔阳:《美学新论》,见《蒋孔阳全集》第3卷,合肥:安徽教育出版社1999年版,第283页。

遍最单纯的审美共通性。

　　首先,是谦卑与亲和的整体美感。谦卑与亲和是人类生态理性与情感能够达到的美感新境界。谦卑立足于自然生态系统高于人类之上的法则,而亲和则立足于人类当代生产实践基础之上,与自然所能达到的弹性共通的审美交流,是"人的自然化"历史辩证统一的成就。"知解力高攀不上自然"(歌德),"知解力不能掌握美"(黑格尔),整体自然是"一切存在的,曾经存在的,将要存在的总体"(伊惜斯自然之母庙铭文),自然客体是无由无根的存在,是不能被束缚于经验规律之下的具有内在目的的客观自在体,并源源不绝给予人类物质与精神的力量。正因为客体这一无目的而又合目的的超越性,成为有限的主体倾心向往,由衷惊赞的对象。正如苏轼泛舟夜江时的咏叹:"惟江上之清风,与山间之明月,耳得之而为声,目遇之而成色;取之无禁,用之不绝。是造物者之无尽藏也。"因为与一个自由无限,深沉旷远的自然客体本身同在而由衷欢欣,孤独地体验天地的大美,在其异于人类主体的神秘力量的引导下超越以人类为中心所制定的经验世界的尺度,达到自然整体整生共存的自由,如同庄子在《秋水》一文中所叙述的"天地一指也,万物一马也"、"人与天地一物"。人类真正成熟的心理发展应该是以谦卑的感激之情和所有生命合作,和谐共处,在"大我"中实现所有生物最大的潜在生命价值,实现自然在造物时设计安排所存目的这一先验原理最深的探索。

　　对于自然之神秘与造化的共同体验,构成了生态审美较艺术普遍与广大的共通。构成了物与物、人与物之间自然的亲和。生态美感的亲和性首先表现为对审美对象亲和性的体认、感知。以亲和性的内在认识图式,培养一种深广的博爱意识。不仅爱自己的同类,也爱所有的生命乃至整个大自然,以一种慈善的眼光看待世间的一切,既敏感于人与自然的和谐态,也敏感于人与自然的不和谐态,以亲和之心去拥抱亲和之物,沉浸于"浑然与物同体"(《二程遗书》卷二上)的生态美感状态。同时,亲和的美感也体现为美感最大的共通性,能为最多数的人甚至生态中心说中的动植物共同感知。天地自然启迪着人与生物的共同的原始的心灵,对于人类每个个体而言,自然构成心灵最本质的共通。即使在艺术的表达中,只要借助"兴"的跳板就能让欣赏者最多最快地在对自然物的吟咏、思慕中进入审美的境界,而自然物"跳板"的作用之所以发挥正在其生态的根源:自然万物中蕴藏着先于人类的、为有限的人生无法全知的生命奥秘,一种本源与本能的崇敬与忧思由此贯通人心。此外,生态美感的亲和还体现为审美感觉的无处不在,从呼吸的空气到杯中的水,贴近人与自然的生命本体,并蔓延至世态人情、社会生活,生成广袤而深邃的生态背景,构成的时代生态整体美的诗意氛围。

其次,是万物平等的整体美感。主体与客体的各自优势,不同价值奠定了二者在整体自然生态圈,以及自然总体法则之中的平等地位。在整个生态系统中,每一个有机体无机体都自有存在的目的,都对其他生命的进化和自然整体功能的完善作出了自己的贡献,都从自己的角度与世界发生联系,以其不可代替的独特性在整体复杂的生态网中具有与人类均等的价值,正如庄子在《马蹄篇》中认为的马不是为伯乐而存在,而是为自身天赋的目的而存在。正是这种内在价值确证了生物与非生物固有的追求自身幸福的权利,与人类平等构成生态系统赖以存在的物种多样性。同时人与物的价值相互包容,每一物存在的特征、性质亦为他方和整体所渗透和规定。"盖将自其变者而观之,则天地曾不能以一瞬;自其不变者而观之,则物与我皆无尽也。"(苏轼:《前赤壁赋》)这一物我共消长的生态美感将有助于消除孤芳自赏的主体分裂状态,将美的关怀实施于整体生态的每一个角落,淡化生命实践活动与审美的距离,不再将美仅仅作为高于现实世界的理想来崇拜,而以此鄙视、漠视现实世界的缺陷与丑恶;不再以对理想美的精神追求,而客观上放弃主体作为"宇宙良知"对于整体生态大系统优化前进的责任。

由此而来,生态美感的又一大特征是与价值平等不可分割的主体生态思想行为的自觉。对于自身行为的生态美感将生态万物及主体自身功利与世俗行为纳入生存之美的内容,一方面维护优化良性的美丽生态的存在;另一方面将主客体世俗与功利的现实向美的境界提升,不仅要从粗陋、庸俗、碎琐的事物中发现美,更要发挥主体潜能优势,以合于生态目的的生产实践与生存活动使主客体丑陋的真向美与善的良性发展的方面转化。对主体而言,这一合于生态目的生产与生存实践活动本身即为生态行为美感的重要组成部分。在生态价值平等的美感标准下,人与人、人与物以及人类本身利己与利他,生存与审美的矛盾得以消解、协调。在人类以及其他自然物的共同努力下,最终达到整体美生的境界。

生态审美感受是主客体对应沟通的基础,是主体对客体静观其势而融身大化的宏观感受,将自身生命与情感安顿于宇宙人生的整体"天理"之中,以谦卑、亲和、平等、自觉的体认,让个体有限的生命在神超理得中入于无限永恒,真正体验到生态审美忘我的自由。

(四)生态审美的主体自由

生态审美的主体自由是"人的生态化"追求的人的境界。这一自由将不仅是"由于见到人发挥自己创造的智慧、才能和力量,战胜了种种困难,从客观世界取得了自由而产生出来的愉快。"①而必然扩充生态对象自由的内容,扩大到因他者的自由而产生的自由的愉悦,既属己又属他的自由的愉悦。在生态背景下,这一自由必然表现为战胜自己、控制自己无限的自然与社会欲念,以对生态的捍卫而得到的更高层次的审美的自由,并由此获得一种由生态实践而来的精神上的愉快,一种沟通万物,真正扩张人类自由本质的愉快。

对于生态审美主体,生态审美自由首先建立于整体生态系统和谐发展的基础之上,贯穿于主体对生产、生活每一方面每一时间的生态生存的艺术实践当中,以审美的空灵心境淡化一己得失,以谦卑、亲和、平等的人生心境态度顺应宇宙生态的规律,成为主体人性之美的内涵与源头。在生态审美中,主体综合科技与艺术、融合世俗观念、社会意图与目的,开启审美综合的感官,为生态审美的特定内容扫净人心与自然交流的空场,从中领略、洞析生态主体与客体的规律,达到生态美中二者合规律合目的的对应。在个体生存艺术化的同时以旷达的美生境界融入生态大目的的实现,以天地"大我"的审美去观照自然之心,以情感博大的包容,去发掘生态系统中大小点滴事物固有的价值与最初的意义,呈现自然超出个体范围的整体大美,成为天地之鉴,万物之镜。可以说这一冥合自然的审美心境是主体深入根底的自然道德、善良灵魂、深厚修养、情感的表现,是主体生态修养达到较高境界的心灵标志。

在与生态客体的对应中,生态审美的心灵将成为"无为而无不为"的生态整体中最活跃的永恒创化的空间。空明待发,虚而待物,"四时自尔行,百物自尔生,粲为日星,翁为云雾,沛为雨露,轰为雷霆,皆自虚空生。"(苏辙:《论语解》)以明澈如镜的内心返求主体心灵深处的节奏,去体会宇宙自然内部的生命规律以及主客体之间亘古以来由于时间的飞逝而来不及捕捉的深藏于无数世纪的相互对应的纷纭妙思。活泼的宇宙生机所含至深的思想成为推进整体生态进步的原创性智慧流溢的心灵源泉,以最深邃的思想,最小程度的干预,让生态的规律成为类似艺术的暗合规律与目的的呈现,主体类似艺术人格的心襟气象也将从中产生。司空图形容艺术的心灵当如"空潭泻春,古镜照神",一种无特别内容的纯意识的明净感,一种"落花无言,人淡如菊"的自然之心。这种看似无心的忘私之心、忘仁之心才能超越一己,以容纳万境的博大心怀中去涵咏主体与客体

---

① 刘纲纪:《艺术哲学》,武汉:湖北人民出版社1986年版,第406页。

无法穷尽的自然之理,实现二者规律的自由对应。

"人的自然化"造就"属自然的人"。审美主体的生态自由本质是宇宙万物运行发展的自由精神,让主体重返自然,法天贵真,在无目的的本真追求中与客体的无目的实现动态统一,结晶而为宇宙生态灵的新质,即生态整体大自由的精神。"天地有大美而不言"(《庄子》),大美在于主客体对应无目的而暗合的实现,即新的生态灵魂的诞生。在主客体潜能的对应性自由实现中,生态审美主体以其神圣的同情心,接近事物本质的审美心境,对应于生命之流这一生态大目的的前进、涌流,让宇宙万物呈现出充实而活泼的内在生命;同时,更让自身成为完整圆融,灵韵生动,充满人性魅力的生态化审美主体。生态审美的愉快正来自主体兼容万物的自由体验,"相看两不厌"(李白),正是人心与自然之间灵的来往,"美的东西是一个自由无规定的合目的性的娱乐"①。这一不违背客观物性规律的内在的目的性,其本身即宇宙大自由的展现,主体在对这一生态整体自由的参悟中,重返生态理想中的自然,再塑净化的本真自我,导向美好自由的生命状态。

二、"自然化"与生态审美客体

"人的自然化"中辩证内涵着的"自然的人化"。在自然物的指引中,人类主体"自然化",同时构成与物的客体相交融的物的"自然化"。在"人的自然化"过程中,对于客体方面而言,自然具有了属人的性质,成为表现主体生态内涵的自然物。内涵这一性质的生态审美客体,与主体的"自然化"的同步发展,是主体实践能力与过程的体现。作为外在于人类的独立生命客体,生态审美客体具有了自身运行的规律与目的,并具有将这一规律与目的反馈于人类的对象化功能,自由发挥其客观生态主动性。这一审美客体的实现,是人类从生存实践出发,在这一矛盾对象面前最大限度实现,将客体尺度,尤其是其作为生态整体的自由内化为主体尺度,在主客体尺度与目的的共同融合中,主动牺牲部分有违生态尺度的利益,与客体共同发展,建构"自然化"的生态审美客体,实现以客体审美自由同步发展为标志的"人的自然化"。

(一)"人的自然化"与自然生态

"人的自然化"以自然生态为参照的范围,"自然化"客体对象为自然生态美。这一范围是传统自然审美客体向生态审美客体的范围的扩展,是一种包含

---

① [德]康德:《判断力批判》,宗白华译,北京:商务印书馆2002年版,第81页。

人的生理性生命欲望存在的有关联的审美。

自然生态美是宇宙大生态系统中客体潜能实现之美。自然生态最初形成之后就在其固有的潜能推进下动态前进,并在前进中进一步优化潜能,实现新的进程,形成特有的动态生命线系覆盖着地球表面,组成它的大气圈下层、土壤、岩石圈以及微生物、植物、动物,人类整个生命界,在不断进化过程中被生产和转化,并连续地运转,构成一个自组织的美的网络结构。在这一网络之内,生命系统和非生命系统复杂地交织,并被不同尺度的巨大反馈回路所调节,在自然界的共生与竞生之中构成一个反馈或控制的整体,并内含大大小小系统的有机组成,诸如天体运动,季节更替,表现出自然有序运动的生命节奏,由此构成纷繁活跃而又合于目的的自然之美。"春风又绿江南岸"、"红杏枝头春意闹","绿"与"闹"的精妙正在于阐释了自然生态之中新一轮的生命循环生机勃勃地展开。正是不同层次的形形色色的生命系统网络共同维持着地球上各种功能的运转保证了生命的持续繁荣,维持了自然界的和谐稳定与秩序。

较之人类社会,自然生态以其永恒、无限深邃的存在而具备了独特的内容美,是"人的自然化"之能够实现的生态之源。自然生态联系真之美,自然是生命的源泉,也是美的真泉,它按自身规律自由运行,产生生命,进化生命,按自身规律促进生命潜能的自由实现和发展,为"人的自然化"留下了无限和有限并存的融合自然的空间,让生命主体以自身的智慧与自然相同构,优化生命,实现内在的潜能,按生命天赋的规则真实地存在。自然生态联系善之美,自然的目的总是趋向天地生长的大善,以整体的自由进步优化个体的生存质量。个体生命在竞生中的消亡,对所涉及的个体是"恶",但对它所从属的物种或生态系统的繁荣却是必要的"善",整个生态圈由此积极地完善自身,"人的自然化"将顺应生态生长的方向,在对"善"的追求中达到整体潜能的自由实现,体验生命的欢乐,尽可能自由地存在。

(二)生态审美客体潜能

"人的生态化"是对生态客体潜能的发掘与彰显。只有最大地认识、发挥、辅助客体潜能,才能实现主体与客体实践审美的沟通;客体潜能发挥的程度和品级将是"人的自然化"发展程度的标志,客体成为融合主体"生态化"内涵的对象。生态审美客体潜能,是生态客体合于与暗合人类本质力量整体的潜在能力,具有不合人类规律与目的性与合于人类规律与目的性,以及二者与人类的自由对应。首先是不合目的性。自然生态具有不以人类意识为转移的客观独立性,而这一客观独立性一方面表现人类对于自然全部的永久的未知,最强烈地表现为自然灾害对人类局部与长远的威胁,即不合人类目的的规律与目的性。面对这一特性,人类认知自然生态,应对生态的发展将不可穷尽,是人类本质力量对应伸展的空间与辩证发展的动力。未知的状态最诱惑,而未知与审美历来相连,审美即是在整体之中进入某种程度上的未知,人类审美的本质力量是一个开放系统,不合人类目的性的生态客体能力能够保持本质力量不断进取,不断扬弃旧质,创造新质,与不断变化、充满未知的环境保持一致,不合目的性的客体潜能构成对人类潜在本质力量的开掘与启迪。如果本质力量缺乏再生性与开放性,就会成为一个封闭、沉寂的稳态系统,由于不能对应未知与不合目的性而停滞落后、最终解体,所以不合目的性的生态客体潜能够成了人类敬畏与前进的辩证基础,成为对未知的本质力量的开发的动力,是"人的自然化"长远的目标和前景,与本质力量的开拓与更新同步而行。

此外是合目的性。合目的性是"人的自然化"得以实现,人与自然得以关联沟通的基础,生态审美即建立于生态合于人类生存与发展目的的基础之上。生态审美客体之所以能对主体产生吸引力,关键在其具有与主体的对应性、适应性,在养育与滋生万物的生态系统之中,生态审美客体具有由内容到形式的合于人类规律与目的潜能,能够构成主客双方的生态关联,形成自然生态对于主体的巨大价值。随着生态实践的展开,人类将生态与人的血脉关联对应于作为生活环境的自然,和自然生态的属性与神韵形成某种相似性,并随着自由度的提高,生态客体潜能逐渐发挥合于人类自由目的的审美合目的性。这一合目的潜能内容(包括不合人类局部审美习惯却符合生态总体目的的"丑"的内容)由于生态同类的亲密关系,在人类实践中易于与人类油然而生亲切之感,很容易靠拢、接近、融合,体现出一种相吸相引的潜在力量,成为让人类趋向"自然化"、"生态化"的客体引力的潜在基础。这一生态亲和力强化着客体吸引的潜能,在对整体生命系统的促进中,其吸引的潜能将更为普遍与深化,审美客体高级的属人内容就和人类群体与个体构成了稳定的良性发展的爱悦、情感的联系,跟审美者自身本质力量的高级层次构成真切对应,保证"人的自然生态化"向可能的审美的层次提升。

在主体的生态思想认识中,生态审美潜能将具有更为巨大的拓展力。在"人的生态化"过程中,生态审美客体在保持自身物性的同时,将进一步确证、肯定升华主体本质力量,以其属人或非属人的审美吸引力,唤起主体慰藉、亲和、爱悦、自豪、敬畏等审美快感,生成主体生态审美情感,并将导致主客体关系更加的亲和,提升"人的自然化"的实现的深度和整一性。

（三）"自然化"生态审美客体

"人的自然化"创造"自然化"的生态审美客体。"自然化"生态审美客体即融入主客体尺度、生态整体对象化的客体，是"自然化"的人对于生态客体的审美实现。

首先，这一"生态化"的审美客体具有审美的合规律性与暗合规律性。马克思在《巴黎手稿》中认为"人也按照美的规律来建造"，并认为美的规律具有两种尺度，即任何物种的尺度和内在的尺度。"自然化"生态审美客体是客体的规律对象化为主体内在尺度，并在二者实践的融合统一中得到外化的表现，即把这种蕴涵着外在尺度的内在尺度运用于对象，构成一种更为深远的人与自然的合规律的创造，"实践中客体的合规律对象化为主体所把握的规律，不仅使人的社会实践成为了具有审美本质的自由创造活动，而且也使较纯粹的审美活动具有了合规律性，它体现在客体之上就是美的合规律性，体现在主体身上就是美感的合规律性。"①合于生态规律与暗合生态更为长远的规律共同构成了审美的现实基础与自由伸展的可能性，这一融合自然与社会共同规律生态审美的对象才能满足人的审美需要，在这一基础之上的"人的自然化"才能创造真正能落实于现实的生态审美客体。

其次，"自然化"生态审美客体具有审美的合目的性与暗合目的性。在人与自然生态的对象化交流实践中，自然目的与人类目的相互关联，矛盾统一，生态自然客观上具有了能适应人类目的，和暗合人类本质力量之无限性的目的性质，这一目的性包含实用、认知、伦理目的又超越这之上。在生态视阈中，生态客体作为范围最大的审美的对象，一方面合于人类目的，对人有利，不妨碍生存的功利目的；另一方面暗合目的，对人类局部有害而整体有利，则人类应以理性的认知主动地摒除短期目的、一己目的，主动放弃局部利欲，维护这一暗合人类长远目的的生态客体目的。这种实践中客体的合目的性，不仅使审美活动内在地具有合目的性——一种更加辽阔的外在目的，而且使得较纯粹的审美活动也具有了审美的暗合目的性（让艺术进入无可言说之境），实现自然化生态审美客体融人类与自然目的于一体的审美统一。

最后，生态审美客体是合规律与合目的性的统一。"在实践中，人们运用客体规律来达到自己的某种目的，就形成了一定的自由。……审美活动中的自由，

① 张玉能：《实践的双向对象化与审美》，《马克思主义美学研究》第4辑，广西师范大学出版社2001年版。

是人们运用自然和社会规律来达到人感性外观形象,愉悦自身而使人性完整的目的,客体的合规律性和合目的性在实践中相统一,就形成了客体显示出来的自由。"①生态审美客体的自由是生态规律与目的合于人类目的的自由的统一,而自然美的生态新意义,具有公开的生活功利性基础,是生态之真与生态之善经由人类主体自由观念与行为的内化融合外化于生态系统的表现,是生态美感基础之上生态艺术的美的表达,以及艺术落实与人类生存与日常生活的审美现实化,是生态审美客体体现为生态艺术与环境美的自由性显现,是审美对象的客观形象显现出的人与自然共生的"自然化"审美实践。

(四)生态审美客体的自由

在"人的自然化"所实现的自由的生态是对自然生命的另一种创造。艺术的生态环境是人类与自然共同创造的最优美的理想,在这一生境之中,河流将自由地流淌,草木将不含杂质地纯真地生长,自然将最了解自己,并引导人们超越平庸的生活,走向崇高优美的心灵美境。真正的生态艺术,"是健全的,单靠本身就能存活",就如古希腊的建筑"整个躯体并不加重它的负担而只是使它更坚固"。② 以一种持久和谐的平衡,显示着潇洒与典雅的风度,融入社会与自然当中,将自然本身挪入世界敞开的领域,并使之保持于其中,使大地成为大地,大地上的万物,亦即大地整体本身,会聚于一种交响齐奏之中。③ 成为宇宙中精神与自然的存在,成为一个有机的,开放的与时代共进与生命共存的系统。

生态审美的客体表面上是自然(包括社会)达到和谐与完美的显现,而深层上是"人的自然化"过程中对于自然之所以"自然"的模仿,艺术模仿自然,不是模仿自然合于规律的真,而是模仿自然暗合规律与目的的美,完美的艺术成为现实与神秘、经验与忘我共同的印证。首先,生态审美的客体正如自然本身通顺而流畅。生态系统中的有机体、无机体脉络贯通、此起彼伏、流动婉转,形成一个活泼流荡、灵气往来的生命空间。在这一空间中,环境中的个体、部分与整体以其辩证的张力含括太空、吐纳烟云,以有限的空间表现天地生生之韵,在向前发展的流动中展露自然、人生的无限生机。其次,生态审美的客体体现为对生态艺术

---

① 张玉能:《实践的双向对象化与审美》,《马克思主义美学》第4辑,桂林:广西师范大学出版社2001年版。
② [法]丹纳:《艺术哲学》,傅雷译,合肥:安徽文艺出版社1998年版,第305页。
③ 参见[德]海德格尔:《人,诗意地安居——海德格尔语要》,郜元宝译,上海:上海远东出版社1995年版,第103页。

实践的度的认知,体现连接万物、通向无限可能的美。在人为环境的构造中,艺术的环境必能体现人类作为自然智慧之精华的创意,将无限的江山、万般的风致收聚其中,"画栋朝飞南浦云,珠帘暮卷西山雨"(王勃),生烟万象、吞吐大荒,成为自然心灵呼吸的窗牖通向自然无限的中心。同时,生态审美的客体还体现于其中辩证的和谐,即多元相生、不和之和、多极相协、美丑相通,以不合目的与规律又暗合目的与规律的奇妙自然法则,将事物的对立面化为沟通万物的自然之美,在适当的中和与变形中使美更为鲜明,构成人与环境合一的美的艺术最高的神秘。再次,生态审美意境是生态生命整体塑造的理想。生态客体的意境是独特而浑融的暗合生态至深规律的自在自由的生命境界,遵循生命大化生机、盎然生意的原则,让"主观生命情调与客观自然景象交融互渗,成就一个鸢飞鱼跃,活泼玲珑、渊然而深的灵境"①。不论清远、繁华、荒寒、浓艳,均湛然天真,一境万物,从中可见大千奥秘,成为沟通天人的中介,成为生命的寄托、愉悦与超越,成为融会物我、臻于完美、具有力度与深度的生命图式,以相应的生态整体性"外生死而无始终"(《庄子》)具有了傲视时间的质的永久魅力。

在"人的自然化"过程中,人类以生命系统的整体性的生态调适,在其分化与互动的作用下贯穿物质、精神、制度、行为的文化,逐步趋向全面的整体人生境界的表现,达到整体生态环境水平的优化,成为系统中必要的构成和具有全面对应的普泛性、整体性的调节因素。理性智慧将在诗性智慧的引导下化作品的意境为现实环境的意境,将自由充沛的深心的自我化为以环境为外在身体的美的大我,最大限度地实现生态美的创造。生态审美对象包罗万象,作为整体生命网的生命系统是一个多层结构,多重组合,与自然生态既真还美的天然状态相符相宜,社会生态美,自然生态美,社会——自然生态美,宇宙生态美和谐发展,相互促进,形成整体统一的大生态客体。

三、"自然化"与生态美——主客体的自由共生

主客体的自由共生是"自然化"的审美主体与客体共同的现实地表达。"人的自然化"关联自然生态的实现与建构,既是一个自然对象化为人的内在尺度的过程,同时也是一个将这一包含主客理性功利的内化尺度即"自然化的人"对象化于新层次的生态美的"再自然化"建构,是时代现实意义中的"人的自然生

---

① 宗白华:《美学与意境》,北京:人民出版社 1987 年版,第 210 页。

态化"审美实践。"实践是一个生生不息、充满活力的动态过程,它不是一个永恒不变的实体,而是包含着人与自然、人与社会、人与意识等一切关系的,亦即包含着主客体间性、主体间性的动态开放过程。……也是一种人类超越现实并且自我超越的开放过程。"①主客体共同创造的生态美,是现时代人的自由发展表现为物所具有的能够显示人的自由发展或使之得到肯定的属性、形式与规律,是得到历史肯定的与人类社会发展的客观要求相一致的美。

在生态美学的探讨中,我国学者较多地提出了"生态美"的概念,佘正荣教授认为,生态美包括自然生态美和人工生态美两种形态,第一个特征是"它充满着蓬勃旺盛、永恒不息的生命力,……是活性物质的光辉和韵律";第二个特征是它的和谐性;第三个特征是生命与环境共同进化过程中的创造性;第四个特征是审美感受对于生态系统的直接参与。② 陈望衡教授认为,生态美虽然不是全部的美,但它必然是美的不可或缺的要素,各种独立存在的美的形态,都存在生态美这一要素。可以说,生态美是美的基本性质,包括自然、人类在内作为生态系统其生态平衡功能所显示的审美意义。③ 徐恒醇教授认为,人对生态美的体验,是在主体的参与和主体对生成环境的依存中取得的,它体现了主体的内在和谐与外在和谐的统一。④ 刘成纪教授认为,当生态美的价值被看做多元价值的统一,当自然界的各种生命体现出休戚与共的共生关系,这也就意味着和谐之美是生态美的最高表现形式。⑤ 以上研究均肯定生态美以人与自然的和谐为基础的共生性美质,并能成为贯穿生态系统每一部分的基本要素。并且,生态美不同于以自然为对象的自然美,而是在"人与自然的生命关系中,体现了生命的相互参与性和互存关系"⑥;是功利基础上"充溢的生命与其生存环境的协调所展示出来的美的形式"⑦;对于属生态的本质而言,"生态美是整个生态系中主客体生

① 张玉能:《实践创造的自由与美和审美》,《汕头大学学报》2003年第5期。
② 参见佘正荣:《生态智慧论》,北京:中国社会科学出版社1996年版,第258—263页。
③ 参见陈望衡:《生态美学及其哲学基础》,《陕西师范大学学报(哲学社会科学版)》2001年第2期。
④ 参见徐恒醇:《关于生态美学的几点思考——〈生态美学〉作者徐恒醇访谈录》,《理论与现代化》2003年第1期。
⑤ 参见刘成纪:《生态学视野中的当代美学》,《郑州大学学报(哲学社会科学版)》2001年第4期。
⑥ 曾繁仁:《生态存在论美学论稿》,长春:吉林人民出版社2003年版,第281页。
⑦ 佘正荣:《关于生态美的哲学思考》,《自然辩证法研究》1994年第8期。

命潜能的对应性自由实现。"①是包含人在内的整体系统的美,是人与自然(包括广义的自然)共同的自由。而从实践本体的视角来看,生态的美呈现着肯定着人的自由发展的对象的属性规律,建立于对生命的深层理解之上,以生态观念为价值取向,构成人与自然生命的共通与关联,是"生态化"主客体的经由物质、意识与审美层面的对应性自由共生,其臻于完善的境界构成真善美相统一的特质。

(一)在"人的自然生态化"过程中,主客体生命潜能的共同实现的对应度与自由度两相对应、水涨船高

第一阶段为主客体双方自主对应的阶段。自主的对应为一种分离倾斜的对应,主体与客体按照自身生命的潜力自由追求、自由发展,一方面,主体从自身需要出发,利用与创造物质产品、精神产品满足这两方面的需要,其本质力量逐步发展与扩张,自我潜能不断外现,主体从中体验到生命的快乐与自由,积极为自身创造条件,实现进一步的全面发展。另一方面,客体的要求同样如此,由物质组成的整个自然生态圈也按自身的规律与节奏运行发展,以善为目的不断优化自身,自在、自为地实现自己的潜能。在主客体均为自身目的的对应之中,矛盾冲突敌对行为不断产生:人类为自身发展的自由完善巧取豪夺,任意任性地破坏自然,为我所用,以征服确证自身的伟大;自然生态为其自身的完整与进步,以客观上为人类带来灾害的形成调节自身,重建平衡,主客体发自本性自主发展的良好愿望在二者的两败俱伤的对抗中遥不可及,最终降低甚至抵消了潜能实现的质量,远离了自由实现的目的。第二阶段为主客体潜能达到同构性整体实现。主客体双方不再为一己目的而发展,在主体的反思智慧的推进下,将对客体的关爱视为人的生存需要与意义的一部分,突破自身局限,把自己放到生态圈生生不息的大环境中去理解,自觉维护其物种的多样与完整,在相互认同的基础上彼此约束,交互共生"即达到了各自潜能的结构性实现,又同步地实现了整体潜能的结构性外化"②。在整体共存的基础上追求更为深刻,内在完整的自由。第三阶段为主客体合规律合目的的对应性实现。同构的整体性时时还流于一种机械的、局部的对应,事物的潜能只有达到合规律合目的的对应性实现,才可望是整体结构性的实现,主客体对应不仅要考虑自身潜能实现的规律与目的,还要合于主客体对应大系统以及组成大系统的局部小系统的规律与目的。主体与客体首先要

① 袁鼎生:《生态审美学》,北京:中国文史出版社 2002 年版,第 56 页。
② 袁鼎生:《美是主客体潜能的对应自由实现》,《广西师范大学学报(哲学社会科学版)》2000 年第 4 期。

合于对方的规律而行,才可为对方所接纳和认可,实现契合无间,融为一体的同构,才能在同构之中既顺应主客体大系统潜能可持续性的终极发展,又满足自身潜能的最大实现,以合于宇宙生态之大目的的合理性确证自身发展的大合理,在多重目的的协调对应中,实现整体的自由品质。第四阶段为主客体潜能无规律无目的但又暗合规律与目的的对应性实现,为主客体潜能对应性实现的最高境界——自由的境界,主体价值与客体价值不再成为价值而是形成融合的新质,获得整一的价值,生态道德不再是道德,而是化入自然生命整个生态圈的每一种呼吸与血液中,形成不自觉的自觉性,不合目的与规律又暗合目的与规律,主客体潜能综合地、系统地、完备地自由实现,终于达到"物我两忘"的生态美的境界。

(二)生态美的特征

"自然美、丑在根本上取决于人类改造自然的状况和程度,亦即自然'向人生成'的状况和态度。"①随着科技与生产力的发展,自然和社会生活的关系发生了改变,生态问题进入人们的视野。在人类主动合于自然的"自然化"审美创造中,自然逐步具有了生态的美的新质,人们的美感也随之发生变化。生态审美是主体和客体的涵盖范围的空前扩大,以生态为准则重新调整审美标准,建立生态平等交流观,在各层次上成为生态整体的一部分,重新建立与自然的血脉关联,尊重自然创化的生机,协助自然创造无人涉入的艺术——生态的美。生态美构成"人的自然化"审美表现的形态。

实践美学的视阈中,"只有符合客观规律的主体实践,符合'真'(客观必然性)的'善'(社会普遍性),才能够得到肯定。在实践基础上,对客观必然的能动反映,产生符合必然性的主观目的,这就是'理想'。理想既符合客观必然性,通过客观性的实践活动,便能得到实现。这样,一方面,'善'得到了实现,实践得到了肯定,成为实现了的'善'。另一方面,'真'为人所掌握,与人发生关系,成为主体化(人化)的'真'。这个'实现了的善'(对象化的善)与人化了的真(主体化的真),便是'美'。……'美'就是'真'与'善'的统一。"②生态维度之中,真善美同形共象,这一特性一方面表现于生态美纵向实现的动态平衡与动态统一;另一方面表现于与动态发展相关联的生态横向整体存在与其相互依存与制约的内部关系。首先,自然形象所显现的真与善在宇宙整体中的融通是生态美的最大特征。真善美共同对应着主客体潜能对应性自由实现这一生态美的内

---

① 李泽厚:《美学论集》,上海:上海文艺出版社 1980 年版,第 148 页。
② 同上书,第 161 页。

涵,是主客体两者的规律为整体存在发展的目的相互协调、适构、融合从而结晶形成的新的生态规律,并耦合共生的新本质,趋向、暗含最终生态善与美的目的与自由。主客体的目的在于二者自身价值与整体价值的共同实现、持续发展,个体自由与总体自由在自律与它律中最充分实现,而这一实现又以生态真的实现为前提,为过程,为内容,同时又必须合于或暗合于生态真与善的规律和目的,是随心所欲却又不逾矩的表现,所以生态的真善美三者实不可离,真中有善美,善中有真美,构成自然所显现的真与善整体融通的生态美本质。

生态美这一本质的纵向表现是其动态平衡性与动态统一性,即非静止性,可持续发展性。生态美作为一个相对稳定的系统正是其发展活力的表现,主客体二者之间的同构并非契合无间,完全牺牲自身规律与规律实现的空间,而是一种有聚力也有张力的同构。在张力的作用下,主客体二者按规律发展自身,吐故纳新,优胜劣汰,保持着自身生命的活力,促进生命潜能的优化更新;在生态聚力的要求下,主体客体均及时将最优秀的、最能与对方同构的因素聚到主客体整一的大系统中,在大系统的再次择优挑选中实现生态新质的结晶,这种自控制自调节保证了大系统的持续动态发展的生机与活力,"问渠哪得清如许,为有源头活水来"(朱熹:《观书有感》),正是源头的活水,保证了生命主流的奔流与洁净。生态真善美的横向表现为整体的关联性,与黑格尔所说的片面性冲突造成悲剧相反,生态美各部分之间非孤立地存在与发展,包括主体在内的物种与大小系统的丰富构成了生态大系统的繁荣与动态的稳定,在这一大系统中不管是有机物,无机物均有其自身存在的权利价值,是系统链条中地位平等的环节,物种越多样,链条越连贯越稳定,"异质性就越强,生态系统网络的结构水平就越高,同化异化的代谢功能就越健全,即使受到损坏,自我修复也较快,从而系统的稳定性和有序性便可保持在较高的水平。"①所有存在物均在维护生态系统健康中起作用,呈现一种多元之美,不可比较之美。"生态美"的提出对于当代人类意义深远,构成"人的自然生态化"提升的方向。在这一提升过程中,作为生态美主体一方的人类,则应从整体关联性的大局出发,以生态人道主义的态度,参赞化育,维护生态的稳定,发掘生态的美学价值,并成为生态美的建设者,将真善美的理念、素养返回到大系统的整一与发展中。

宇宙诞生、天体演变、生物进化,人从动物中提升,在这个漫长的生成过程

---

① 曾永成:《文艺的绿色之思——文艺生态学引论》,北京:人民文学出版社 2000 年版,第123—124 页。

中,整体生态不断创生着天然纯真的美好规律与本质,构成具有特殊本质的生态审美的对象,并呈现网络化关联、多样性开放、互补共生等主要特征。美的规律在这类生态对象中存在与表现,并有力推动着生态美的演化,并让主体在美的感应中领悟到生命的智慧和意义,以促成整体生态向新的美质渐变攀升。

第二节　"人的自然化"与生态美理想

审美理想是审美意识中居于最高层次的范畴,在"人的自然化"生态审美追求中,生态美成为与社会美关联基础之上的时代最高人与自然的理想。以往人与自然的审美关系主要作为构想而片面存在,不是人依附于物,就是物依于人,或主客未分之前相互拘泥的物我为一。生态审美是对自然他者全面深入的认同,是新层面上相对平等的物我为一,是在清醒的生态理性与认知基础上,生态审美能力的基础上自然与人类新时代合于规律与目的互动的开始。生态审美观在此基础上作为审美理想的图式逐步形成,成为在生态实践和技术尚不完善的条件下人类的理想构思与审美预测,提炼为代表当代人所向往和追求的美的最高境界——生态美理想,并作为精神源泉、目标和动力渗透到时代文艺的创造中。

生态美理想蕴涵主体超越因功利、科学认知而来的功利情感意志,趋于无目的而合目的的情感意志。在生态美理想之中,主体作为具有理性自觉和情感升华的存在,能够将以往的功利科学认知的情感意志作为生态组成的一个部分,纳入整体生态和谐的系统,向生态审美的高度提升,趋向生态美的目的。在这一意义上,当代社会对整体生态之美的追求不仅是一场对自然生命改善与维护的革命,更是一场"人的革命",让主体潜能的充分发挥成为生态之美的一部分,按照生态美的规律生存与实践,在宇宙天地之中真正彻底地实现自身,成为"自然化"的人。

一、追求合于规律的实现

生态美理想的实现首先是合于规律的实现,即主体转化科学与功利的认知,积极进取,以自身潜能的正确发挥,完成大自然赋予我们的分工,追求合于主客体规律的无极限的创造,实现最高的生态之真。

人类合于生态规律地生存与实践,追求生态之真,需要以科学、理性的认知为前提,以哲学、社会学、人类学、心理学的精确研究揭示人与人之间,生物与生物之间不同层次与复杂性,在生存与实践中遵循建立在充分科学认知基础上的生态规律。在理性智慧的推动下,人类将对客体的关怀视为人的生存需要与意义的一部分,达到相对的审美价值与绝对的审美价值两相统一的整体形成。在这一前提下,主体本质力量的充分实现才不会是盲目的,无意义的,甚至是贻害无穷的实现。虽然"人类的存在不可能不思考和把握自身的存在,但它又必须深刻地思考与把握人类存在的合理性、人类处在生态系统的位置,以及生物世界的多样性。人类存在的合理性主要是生态合理性,它所促进的应该是人类自身与生态世界的共生与和谐发展"①。对于自身与客体规律的探索,才能让主体真正发现自身与对象的真性情,找到合于自身与整体规律的最有效最快乐的发展道路,在探索与追求理想的过程中减少牺牲与代价、激扬进取、积极入世,超越以自我为中心的世俗的满足,投身于对美有益的创造,在这一意义上,主体天赋的能力与提升将成为整体大系统发展提升的基础,成为生命主流动态发展、奔流不息的动力。

二、追求合于目的的实现

生态美理想的实现又是合于目的的实现,以主体深刻的生态道德与修养,达到最高的生态之善。对生态审美的追求,一方面,与人对自身完善的追求、人的潜能的全面实现密不可分,"是生命的必然要求与自然趋向,是情之所至、性之所发、意之所成、趣之所适。"②另一方面,生态整体境界为主体道德追求的最高境界。在生态总体的"大生之德"的道德要求中,人类将以其优越的道德美感将自己拟定为一个"天民",关心其他生命的生存,成为大自然的"良知",担负起对其他存在物负有的道德义务,以主体调整自身以适应客体以及自然生态系统的需要,将主体生存的目的合于整体系统的大目的,让自身价值在保护地球家园的行动中体现出来。在保卫整体生态和谐发展的同时,主体充分发掘其道德潜能,以合于生态整体的境界。在这一合目的的道德境界中,即使局部的自然对于人有所损害,抽象的自然更少显示对于人类直接的利益,都能够仅仅因自然的存在而愉快,以对生态客体之美直接的兴趣,塑造善良而睿智的灵魂,培养良好的道德性格,发扬潜在的道德意志的禀赋。这样,生态道德不仅仅是人类实现生态目

---

① 盖光:《生态审美合理性论要》,见范跃进主编:《生态文化研究》第一辑,北京:文化艺术出版社 2004 年版,第 144 页。
② 袁鼎生:《美是主客体潜能的对应自由实现》,《广西师范大学学报(哲学社会科学版)》2000 年第 4 期。

的的手段,它也部分地是这种目的本身。"它不仅仅是人的行为的一种规范,也部分地是人的完善的一个内在要素。"①只有将心情与一种类似道德的情调相调和,才能接纳客体积极于人或消极于人的整体生态规律,将自然赋予人类的生态审美潜能自由地推向人类最后的美德目的。

三、追求主客体暗合规律与目的的对应性自由实现,实现最高的生态之美

在对"自然化"的生态审美理想的追求中,主体深入体察发掘自身潜藏的能力,充分展现生命体格的形态美,生命活力的性态美,以及反映生命底蕴的神态美。这种主体作为个体的价值正是生命潜能自由发展的产物,正是生命本身,是生命体优异而独特的生命力的显示。"根本的价值既不属于人,也不属于自然,而属于生态,生态平衡与和谐发展既是自然的最高价值所在,也是人类的最高价值所在。"②生态审美理想以其突出的创新性与创造力,逐步或局部地取代已成为定势失去前进活力的常态与普态的生命本质与形貌规范,为生命物种合规律合目的的进化这一根本价值注入新的血液,让其精力充沛地向前进化,同时,更为重要的是这种主体特有的异质潜力必须以生态文明的教化为规范才不致向极端利己的方向泛滥。这种文明教化表现为全面的生态美育,在生态养育的教化之中,主体对生态美的规律与目的的遵守终于融入其血液与机体。生态道德不再成为道德,主体一言一行,所思所想,均暗合指向生态规律与目的,一方面个性化生命力充分发展,另一方面将质朴天赋与文明风化相结合,以正驭奇,最终达到"无为而无不为"的审美至境。实践美学视阈中,客体并非完全被动、消极的因素,而是以其特有的物性规律将自身的运行(包括合于人类目的与不合人类目的的部分)客观地对象化到人的实践活动中,实现对主体意识行为的对象化重构,而"自然化"的主体,即是将客体规律与目的最大限度地主体化,尤其在现时代表现为对生态生命目的的主体化,实现主体与客体在实践中的现实统一。而"自然化"的生态美理想,正是这一客体主体化的"自然化"提升自由境界的表达,即真正实现主体的随心所欲而不逾越生态前提,以及自然客体充分发挥自己的社会作用而又能按照自身规律良性发展的真正的自由,即物质至道德至审美的主客统一、物我为一。

① 徐崇龄主编:《环境伦理学进展:评论与阐释》,北京:社会科学文献出版社1999年版,第98页。
② 陈望衡:《生态中心主义视角下的自然审美观》,人大复印资料《美学》2004年第8期。

生态美理想是人类通过实践凭借包含自身在内的生态他者理解、内省与升华自身与生态的结晶，是"人的自然化"希望达到的生态整体自由目标。仅仅凭自身无法了解自身，正是在人与自然生态的双向交流中，审美才能最有力地发挥指引人、解放人的开放性作用，得到一种能够展望可实现未来的艺术性生存目标。在生态美理想中，生态圈经人同于天、天同于人的生态运动，达到合规律合目的的存在的境界，具备了养生、宜生、更具备了宜乐宜美的特性，生态美已潜存其中，具体体现为不以破坏生态能源消耗的实践和艺术为美，等等，将美的标准界定于生态整体界限的审美视阈中。"基于为己的天人同构之美，人与天在生态运动中生命潜能对应性自由实现，形成生态圈的生命形态、生存状态、生态关系的美，这是天人同一之美、同生之美，也是属己之美，也就是生态美。"①相对于传统审美理想的个体性、艺术性、精神性，生态美理想又具有全体性、生态性、现实性等特征，这一理想即生态圈全域，全程的人与自然的审美共生，也是人类审美地生存与发展的前提。在生态基础之上的新一轮的物我为一中，人依附于天，时代对生存审美的艺术表达将真实地落实于现实审美的生存，达到历代艺术家所追求的暗合生态之至深规律的自由生命境界。

在"自然化"的生态美理想中，整体潜能自由的实现与最大限度的个体自我实现，离不开最大限度的其他个体多样性的实现和最大限度的自动平衡，即生命大我的实现。"人以忘情的状态投入到对象世界，对象世界以鲜活的生命投入到人的怀抱，这才是美学应该追求的理想化的人、物关系"②。当个体把自己认同于宇宙，我们所体验到的自我将以维护个人、社会和其他物种和其他生命形态，实现它们自己方式的提高，让每一个个体价值均等，在竞生中优化自身，在依生中相依共存，由此构成一个动态稳定、丰富有序的生命网络格局，最终造就日月之行出于其中，星汉灿烂出于其里，互补共生，综合超越的宇宙生态整体生存之美。

第三节　生态维度的"自然化"与生态文艺

作为社会理想和人生理想的一部分，审美理想来自社会历史实践，是审美主体的生存现状、哲学思想、人生态度在审美领域中的反映，并将作为衡量事物美

① 袁鼎生：《审美生态学》，北京：中国大百科全书出版社 2002 年版，第 175 页。
② 刘成纪：《生态学视野中的当代美学》，《郑州大学学报(哲学社会科学版)》2001 年第 4 期。

丑的最高标准,成为改造世界的动力。在审美创造活动中,审美理想构成审美活动的前提、中介和目标,规范着主体的审美创造。文艺是理想先在的审美的表达。"审美关系是自由的,第一,不受限制,从他物的束缚中解放出来。第二,能够自己做主,从对他物的依赖中解放出来。审美关系之所以为审美关系,它的特点则在于它虽然也要受到主体与客体各自条件的限制,但它却常常能够从这些限制中解放出来,取得自由。"①艺术是搭在现实生活与理想之间的桥梁。生态文艺是当代生态实践基础之上,生态整体观念深入人心并形成时代氛围的同时,对生态实践状态的审美构思。物性影响心灵的构成,相对于生态环境现实的建设,文艺是时代观念更易付诸感性显现的形象表达,是生态审美理想的集中体现,能够跨越现实实践发展的物质和阶段的局限,直接达到精神审美的意蕴层次,将生态维度的"自然化"直接与审美的预测、诗性的激情、自由的想象相关联。

从原始艺术到现代艺术,从人类精神活动的最初与最近的呈现,艺术永远是人类精神结构中至关重要的基因。在人与自然生态的自由对应中,艺术深入生命节奏的核心,在审美能力的优化作用下成为生态环境与人提升发展关联前进并落实于现实目的的参照,以更高的理想性、升华性、呈现生态审美的"自然化"境界。

一、文艺的"自然化"历程

生态文艺从狭义上讲指在生态危机和生态意识的基础上创造的文艺。此处且将生态问题产生之前的关于自然美的文艺称为"前生态文艺"(或广义的生态文艺)。在实践美学视阈中,在人类以劳动和自然进行物质交流的过程中,物质积淀为形式,自然进入文艺表现的视野,从与人类生存最为密切的动物到植物再到有机与无机物共有的自然,艺术以其独有的方式展现着自身"自然化"的历程。在人依附于天的时代,艺术家们"外师造化,中得心源,"游心自然,放荡江湖,沉醉山水,然后情随物迁、心与物化,以对自然规律与目的的逐步认识,以直达彼岸的审美直觉深入生命节奏美的核心,成为早期"自然化"探索的前生态美艺术实践。随着近代工业化浪潮的高涨与漫延,生态的危机与艺术的危机同时产生,科技的进步、工业的发展,物质生活的富裕与生态环境的破坏、精神文化的

---

① 蒋孔阳:《美学新论》,合肥:安徽教育出版社 1999 年版,第 12 页。

衰落同步进行。技术解构艺术,理性战胜情感,规则控制自由,人造物的精致隔绝着自然生命野性的美,现代社会中亦步亦趋的文艺对时代的奉迎,使文艺成为工业化脸上涂抹的脂粉。然而尽管被排挤被扭曲,真正的艺术与身俱来的叛逆与否定,使其永远不会完全放弃高远的理想,屈服于混乱颠倒的时代,只要整体生态还留有隐态的不可控制的未知,艺术不可言说的神秘魅力与梦境就永远不会消亡,科学的未知将与艺术的未知殊途同归,诗人的追求,艺术家的创造,哲人的批判与构想,时时对抗着工业社会僵化、自满的傲慢,向往自然与人性的"回归"。尽管工业文明的发展并未因他们的反抗而放慢了自己的步伐,但"他们创作的优美诗篇与警醒时代的论著仍在代代流传,以其深刻的人类直觉与理性洞察了人性的内在需求与工业机械之间的冲突"①,并构成了意识领域中后来贯穿工业社会时代弱小、依附、感伤而又恢弘顽强的生态"弱"效应,不可泯灭地启迪了人与自然之间所存在的血脉关联。

前生态文艺是人类个体解放的理想。尽管其思想文化的出发点是尚未完全割断与自然、群体天然联系的脐带的人,而且这种意识中的自然交流,并未面对当今意义上的生态问题,也不能创造现实中的自然美,然而它们却创造了人与自然交流融合的理想,以自然为对象与参照解放自身,超越个体,共同构成生态文明积淀的历史。当自然环境的危机与人性的危机逼得人们走投无路时,前生态文艺中美好的自然、超然物外的指引、泯然相契的共鸣,将重新启迪人类审视自身与环境的关系,重新返回艺术与人们一起成长发育的人类生活本身的原点,与古代的希腊人,中国人交流对话,在具有生态意义的艺术中发现另一种文明。在此基础上,重新调整人与自然关系,纠正人在天地间错置的位置,在当今现有的发展水平上再进一步,让受到伤害的艺术重新回到人类生命中,与自然相互抚慰,共同完美,重新化为融会天地神人的灵性的和风。其中理想性的"人的自然化"内涵将在当代社会历史条件下拓展新的内容,引导人们在现代化大生产的基础上重建人与自然的统一。

在生态整体实践与危机的新现实中,人与自然整体关系再次成为人们审美反思的主流。在前人"自然化"艺术探索的基础之上,文艺将从新的生态高度与自然再度携手,生态维度的"人的自然化"将成为文艺表现的重要内容。在天人共生的生态审美理念中,对自然生态独立体系的确认、尊重与表现,人与自然立

---

① 鲁枢元:《生态文艺学》,西安:陕西人民教育出版社2002年版,第17页。

足实践的生态平等关联与矛盾,趋向于现实物质实践的落实并熨帖生存本身的生态美理想,将成为新的"人的自然生态化"艺术审美表达的内容,给人类生活实践新的鼓舞和力量。

当代生态文艺是生态维度的"人的自然化"的审美表达、理想建构。在时代"人的自然化"过程中,生态美理想已迅速而广泛地向当代文学艺术渗透,以最初僵硬的磨合,内外的修历,趋向于真正的生态文艺的建立。生态整体观的建立,将从前处于无意识、潜意识的自然审美直觉转化为有意识普遍性的审美感受,促成并实现古代文化资源时代的继承与更新,开启从前无法解释的普遍性自然审美感受的真正根源;同时让生态世界观进入文艺创造,将重建生态平衡的观念内化为情感,达到对生态整体美的预设的展现,为不可言说的生态意境立象以尽意。

二、文艺对"人的生态化"的审美促进

在"人的自然化"过程中,关于自然的艺术贯穿整个历史。在现代意义上的生态危机、生态理性产生之前,人与自然的亲密相连即通过艺术家对于自然的描绘而成为艺术审美、跨越千年的存在,即一种积淀的历史性的存在,并构成心理主体最深层的感性的实在。他们以其深入人心的历代影响,为生态审美观的形成、生态理性对于自然美感性的介入,以及理性与感性相融的生态审美心理的构成奠定了深远的历史基础。作为前生态文艺,在当今生态审美的过程中所要发扬的正是其跨越千年、不可磨灭的表现人与自然生态渊源的不朽生机,以其经过历史淘洗的美的启迪促成人的生态审美化。

尽管艺术是时代的晴雨表,具有丰富的社会历史内涵,但是艺术作为人与现实之间审美关系的表达更有其超越现实之上的独立性。正如蒋孔阳先生所言,"审美关系之所以为审美关系,它的特点则在于它虽然也要受到主体与客体各自条件的限制,但它却常常能够从这些限制中解放出来,取得自由。"①自然比人类更永久,较之社会生活的更替更稳定,而关于自然的艺术也总比局部时代的艺术更永久。作为一种精神熏陶的存在,自然及其艺术表现较之社会伦理是更为超越而普遍的审美教科书。尽管诸多学者认为关于自然的古代艺术资源,未经过社会、时代生态实践的检验,只是一种原始直觉的表达,需要谨慎对待与小心

---

① 蒋孔阳:《美学新论》,见《蒋孔阳全集》第3卷,合肥:安徽教育出版社1999年版,第12页。

论证。但是作为审美的理想而言,和古代一样,自然永远是和人的生活不能分离的具有神秘的精神意义的存在,其宏大的涵盖对于当代生态审美理想、生态审美教育将成为有力的直接构成的材料,并在生态现实的推动下,由从前的"弱效应"成为化育人心的精神"强效应"。并且,较之一些狭义的尚不成熟的流于道德宣传的当代生态文艺作品,经过历史精选的自然文艺更具一种激荡人心、引发心灵最深处永恒思慕的美的力量,其所达到的自然艺术美境界将成为当代生态文艺作品永恒的范本。王维的诗中寂静清幽如原始森林一般虚空的自然;肖洛霍夫笔下生机浩荡、绮丽璀璨、自成体系的顿河美景,从浩瀚星空到一片树叶最细的脉络,如果有人告诉我们在现实中将永远不可能见到这一切,许多人一定会痛苦得心儿紧缩的。前生态文艺的优秀作品是凭自身就可以存活的生命精华,融会映照着人类生命系统内在的生态整体,其内在的生命动力性不断激发、感应、调节人类的内在生命节律。与精美的艺术品交流,作品成为自然整体生态本质进入人的灵魂的审美通道,优化、提升着人的心灵世界,其审美潜能步步开掘,心灵之门层层开启,"个体生命存在空间网络和时间的绵延中通过感应和象征达到整体上的沟通和照应。"①而在当代生态实践的整体构成中,前生态文艺多姿多彩的美的魅惑在当今生态教育和生态审美教育中将成为艺术点化的富有矿藏,并构成一种总体的贯通天人的超越以往精神乌托邦构想与期望的生态现实力量,并将填补当代狭义生态文艺侧重实际认知与道德的教育而留下的广大的美的空场。

与前生态文艺相比,当代生态文艺的优势在于从新的起点和视角直接面对生态问题,促进"人的生态化"转型。"动机不是从琐碎的个人欲望中,而正是从他们所处的历史潮流中得来的。"②生态文艺的表现正是从历史潮流的深处吸取来的,构成对事物外在表现与内在本质的摹写。关怀自然生态是文艺的神圣使命,作为自然天然的同盟者,当代文艺已在为生态和谐的重建大声疾呼,并从浅层到深层,从宣传到艺术地表现,将自然生态的理解贯彻于艺术实践中,从主题的转换,视角的丰富,内容的深化,理想的建立等方面作出了可贵尝试。文艺从来具有塑造人心的积极力量,而生态文艺更是着重于此。生态文艺,即使只是提

---

① 曾永成:《文艺的绿色之思——文艺生态学引论》,北京:人民文学出版社 2001 年版,第 99 页。

② [苏]米·里夫希茨编:《马克思恩格斯论艺术》(四卷本),北京:中国社会科学出版社 1983 年版,第 178 页。

出问题,只要能通过文艺成为社会普遍关注和重视的问题,只要能使人们惊醒和感奋起来,实行改造自己的环境,这于自然生态问题的解决,也是伟大的贡献。

在市场经济之下,人与自然的关系常常被急功近利的竞争所掩盖和恶化,人性的分歧与冲突将更加尖锐,其所负载的历史内容也更加沉重。而当代生态文艺在直接表现人类对于环境的破坏及后果予以谴责呼吁的同时,更是将宣传性的批判和想象的诗意进一步深入到人类需要的更深层次的领域。在生态文艺中,人的需要与自然保护的矛盾被揭示得淋漓尽致,严峻而残酷。现实的生态矛盾的背后是更严峻而复杂的人性冲突,是面对和处理生态问题的实践。当代生态文艺时时注重从人性深处切入自然生态主题,将生态保护与政治思想,生态意识之深入人心与贯彻行为的异常艰难相结合,沉痛震撼,发人深省,将人们对生态表层问题的关注引向对自身生活状况的反思,不合理的传统伦理观的改变,欲望的生态理性控制,说明生态危机是人自身的危机、作为个体与作为类的危机。

生态审美理想作为对于时代审美认知与体验的概括,不仅能够帮助人们提高感受美、追慕美的自觉性,而且能够启迪人们更确定、更敏锐地将所掌握的生态美的规律运用于美的创造,形成生态文艺属于生态审美尺度的规范,让生态美理想真正熔铸为生态文艺的基本精神。(某些学者认为生态文艺可以扩大到表现人与社会、人与自身,等等。笔者认为联系是必然存在的,但是生态文艺必须首先以表现人与自然为中心,再以其特有规则为根基,有限度地延伸于社会与自身,对社会生活和心灵世界作出真正具有生态研究意义的评判。)

在这一理想的烛照下,生态文艺将以生态审美规律与目的为内在依据,以对生命活动生态美集中而先在的表现,对生态实践的过程及完善状态的审美构思,跨越现实发展水平,直接达到精神审美的层次。在审美理想的规范中,当代生态文艺必然呈现与"前生态文艺"明显不同的特征,表现出独有的艺术规范和要求。首先,二者产生的历史根源和时代背景不同;生态文艺指在生态危机和生态意识的基础上创造的文艺,是经历过主客不分的原始阶段,以及主客相竞、征服自然阶段的负面性反思之后,在新的理性认知基础上所创造的文艺,其与尚未经过工业化欲望考验,以及人屈服于自然的神性崇拜所产生美化自然的前生态文艺根本不同。因处于不同的历史逻辑层次,那么当代生态文艺不应该是归附性的,而是初始性的,即在更高的精神性层面上审美地激活自然,面向未来,走向人与自然生态意义的汇合。其次,就基本内涵而言,生态文艺的产生以人类第一次同时具有了破坏生态整体系统和改进生态状况的能力为起点,内涵生态科学理性的认知与生态实践的功利,合于生态美理想所蕴涵的生态整体目的,追求在生态整体自由意义上人与自然的深度契合;而前生态文艺作为一种对于自然对象的审美直觉,不具备这一科学理性提升与更新的意义,也不具备辩证调节的内容,尤其是前生态文艺没有直接面临过工业化时代人类在具有了与自然竞争的较高能力后,那种欲望膨胀、占有扩张的真实,在表现人与自然的关系上、在揭示人性的负面性上往往会笼罩上一层幻想的温情脉脉的面纱,摆脱不了历史的局限,所以从生态美理想的视角来看,前生态文艺的自然表达相对浅薄,无法直接触及人性时代的深度,甚至常常会掩盖生态现实问题的复杂与人性欲求的矛盾,误导人们离开对于现实的关怀与对于自身劣根性的正视,沉溺于自然美虚空轻浮的幻觉。在这一点上,当代生态文艺对人与自然矛盾的挖掘、对于人性危机的批判与揭露将更有针对性、更能进入到时代矛盾的深处。最后,目标不同。前生态文艺常常希望借助自然审美的跳板,实现艺术家心灵世界的神超形越,企慕与追求精神性的慰藉与自由。当代生态文学则追求艺术与现实的同一,希望能以诗性意境的指引实现生命与自然最终现实意义的和谐,塑造生态审美人格,提升人类生态整体生存的品质,达到心灵与物质共同的自由。

以上是从二者的界限而言,界定狭义生态文艺独有的特征。但是正如前面所言,审美关系相对于现实关系是具有相对独立性的,有其自身发展的规律与线索,能够跨越现实发展的物质水平,直接达到精神理想的层次。作为艺术,前生态文艺与生态文艺具有诸多的共通点,均能以直达彼岸的审美直觉,超出主客体各自条件的限制,解放出来,获得超前的自由。对于生态文艺的美学界定,以及与前生态文艺的区分并非要将内容丰富、高妙绝伦的前生态文艺排除在生态文艺的范围之外,而是追求从新的层次上重新理解前生态文艺,让其更有效地参与到生态文化整体的建构中,重新发挥破坏自身、更新自身的经典意义。在对于前生态文艺的参照与借鉴中,生态文艺也将更到位地发挥自身优势,并努力向前生态文艺所达到的审美品质提升,共同在生态文艺、生态人格、生态美世界的建设中发挥特有的功能,体现独到的价值。

总体来讲,当代生态文艺尚具有进一步深化与美化的必要空间,目前的生态文艺尚处于初级磨合的阶段,或侧重生态保护的宣传性批判性,理念大于形象,个性消融于原则;或脱离严酷现实生存的矛盾诗意地表达,常常形成一种人与自然专注于自然本身的脱节。而在实践美学的视阈中,"人的自然化"艺术理想的表达在于真正的生态文艺的建立,即实践意义上人与自然整体自由的表现,是生态整体他者的自由与双方对象化的自由,不仅仅是生态保护的直接呼吁,更是一种"人的自然化"之生态哲理内涵的生动表达,诗意地表现自然生态自身体系的同时深刻反映人与自然的现实关系。"当艺术描写人类生活中所追求的某个目标时,它必须把这种目标的追求和人类生活的自由创造内在地联系起来,揭示出在这一目的追求中所包含的深刻的社会历史内容,使人们充分地感受和体验到这一目的的实现同社会的进步、人的个性的自由发展、合理幸福的生活的实现之间所存在的那种不可分离的、必然的、活生生的联系。"①作为艺术,生态文艺任重而道远。

三、文艺与"人的生态化"审美目标

艺术内涵人与自然生态的渊源。从起点到归宿,贯穿"人的自然化"整个的过程。"桑塔亚那认为:艺术是自然现象,审美是人的天性。"②原始的图腾崇拜中对于自然物的看法,已经包含了对于自然的审美的和艺术的直观的萌芽。从自然到人类的思想意识、审美活动、艺术创造是一个前后相连的进化过程。美感与艺术正是人类对环境适应的产物,西方先哲讲"艺术模仿自然",中国先哲讲天地有大美而言,艺术与自然、社会生态环境渊源深广。"大乐与天地同和,大礼与天地同节"、"圣人作乐以应天"。(《礼记·乐记》)天地自然启迪着知识初开的原始心灵,艺术的创造中艺术家尤其倾向借助植物、动物等自然物表现美的形象、营造诗的氛围,借助"兴"的跳板让欣赏者在对自然物的吟咏、思慕中进入审美的境界,高妙的艺术以其生命气象、神性内涵,联系生态、沟通万象,成为世界万物灵性光辉的焦点。在人类尚不具备与自然相对较高的平等交流能力的时代,作为理想的构思与预测启迪局部的实践,前生态文艺推进着人类生态审美生存的现实方向,以其纵深的生态渊源与映照历史的高妙境界深入生命自然化的美的脉流,从审美直觉的方向指引人们走向"生态化"目标。

当代生态文艺侧重人类所面临的生态危机的客观现实的思考,从价值、伦理的方面警醒世人重新反思自身思想观念与行为方式,促进人们生态理想的建立。对于人类的需要与生活方式的思考,早在19世纪就已开始,梭罗的《瓦尔登湖》即是这方面的代表作品。而在物质满足的状况下,如何维护并趋向于生态优化的生存方式也逐渐成为文艺思考的内容,在生态文艺中,日常生活与生存状态的审美是在适当满足、生态平衡的物质基础上,精神生活的充实与提升,并从一个更为理性的层面呼吁生态文明的社会共建。

---

① 刘纲纪:《艺术哲学》,武汉:湖北人民出版社1986年版,第542页。
② 鲁枢元:《生态文艺学》,陕西人民教育出版社2002年版,第56页。

就当前状况而言,生态文艺大有借鉴前生态文艺,进行新层次上审美空间的拓展,并以此启示"人的生态化"的审美目标。首先,审美的生态文艺中,自然将摆脱于人的传统依附地位,自成体系,自由挥洒,在这一基础之上与人类发生关系(包括以人衬景),成为生态整体的对象化的表现。是一种以"人的自然化"内化自然规律的描绘,由内而外的自然将成为独立自足的灵性整体。只有将生态整体作为有机生命整体独立表现,才能实现人与生态的双向对象化。在这一意义上,自然将不再是人类借景抒情的附庸,不是一味发泄感伤癖、哀怜癖和"比德"式装饰癖的对象,而是自由地开放地,能够吐故纳新,与人类交流的生命客体,有着使万物苏醒的生命的大美、生命的野性。生态文艺将找出自然中能与万物沟通的特性,不仅仅将其作为环绕人类中心的环境,而是发掘其不同于人类之处,真正描写它,真正阐明其与人类的关系,再现自然本身作为独立体系、自身活力的整体动态的美,表现出对这一整体真实的内化。让自然在真正独立于人类、自由运行的基础上与人类发生丰富、奇妙、偶然的最真实的关系,实现文艺更高层次表达。以自然诗化人生,亦以人生诗化自然,是由"人的自然化"回归"自然人化"的更高层次表达。其次,生态文艺视阈中的自然应紧密关联现实环境矛盾以内在的严峻而复杂的人性冲突,直面问题的实践,成为社会美与自然美的高度统一。从自然视角出发、自然作为目的于人之上的真实呈现出发,历史地形象地反映一定时代的生活本质、规律和理想。再次,建立生态审美观、塑造生态理想人格。生态文艺将从生态道德、情感方面警醒世人反思自身观念与行为,促进生态美理想的建立。在当代艺术表现中,生态理想逐渐提升到丰富思想、升华境界、建立人生目标的重要地位,重构人们对于生存方式、伦理观念、审美表达的心理图式。生态整体观逐渐向人与社会、人与自身的文艺领域渗透,从生态理性的层面促进价值观、审美观的共建。生态文艺作品中,从前的征服者、功成名就、占有物质世俗意义的所谓"英雄"将被逐步解构,渐为具有高尚自然道德,关怀生态他者的英雄所替代。这类英雄可以并不具有世俗的权势,不拥有万千财富,而以其生态观念与行为成为新理想的代表。如《与狼共舞》中深刻反思人与自然,先进与落后的士兵,《可可西里》中在雪原苦寒之地专注忘我地追踪偷猎分子的反偷猎队长,等等。总之,生态文艺将是人的自然化之生态哲理内涵的生动表达,生态文艺的发展将在生态思想直接传达的同时向艺术水准的高妙境界提升,往往没有道德的目的却可以发生最高的道德影响,安慰情感、启发性灵、涤荡胸襟,让人以更高更深广的眼界观照社会人生,协助实现人类精神深处的"自然审美化",让生态精神于艺术审美的创造中真正融入整个世界文明的继续发展与建构。

　　生态艺术是生态环境与人提升发展关联前进的中介机制，对于"人的生态化"目的的实现更具指引性、升华性。生态文艺不仅仅是欣赏的艺术，更是引导实践升华的范本。生态艺术深入生命节奏的核心，自然环境作为审美形态与人类生命存在和活动的整体相通对应，人心与天地自然以艺术相沟通，生态美正是人心的艺术与社会、自然艺术的对应。"采采流水，蓬蓬远村，窈窕深谷，时见美人"、"白云初睛，幽鸟相逐，眠琴绿荫，上有飞溪，落花无言，人淡如菊。"（司空图：《二十四诗品》）文艺是个体沟通万物的渴望，在艺术的浸染、琢磨之中，艺术的生态环境成为人类生态实践指向的目标，以精神的导向为特征，整体生态的本质为根本，以共同生态本质美的实现为追求，将人的自由意志与生态生命目的高度统一，以博大的心胸容纳宇宙自然、人性生存、整体生态命运的终极关怀，成为生态向美的理想升华的可能性的揭示与生动的预演。

　　海德格尔宣称只有一个上帝可以救度我们，那就是诗。"人类在其根基处就是诗意的"①，"诗并不飞翔凌越大地之上以逃避大地的羁绊，盘旋其上。正是诗，首次将人带回大地，使人属于这大地，并因此使他安居"②。生态文艺是人类面对生态的危机与奇迹时所焕发的主体特有的精神创造，不仅仅是精神领域虚幻的拯救，而是作为人性与人类生境理想的摹本。在"生态化"的审美领域，艺术沟通现实与理想的境界，是现实向理想提升的桥梁。"艺术本质上是一种生存方式、生活态度、生命赖以支撑的精神"③，重振衰败的审美精神其实是重整残破的生态环境，重建通向理想生存境界的桥梁，通过发挥艺术生命本源的作用，借助于人类童年时代完美的"原点"，让审美真正成为"使生命成为可能的伟大手段，求生的伟大诱因"④。

---

① 《海德格尔选集》上册，上海：上海三联书店 1996 年版，第 319 页。
② ［德］海德格尔：《人，诗意地安居——海德格尔语要》，郜元宝译，上海，上海远东出版社 1995 年版，第 93 页。
③ 鲁枢元：《生态文艺学》，西安：陕西人民教育出版社 2002 年版，第 368 页。
④ ［德］尼采：《悲剧的诞生》，周国平译，北京：生活·读书·新知三联书店 1996 年版，第 386—387 页。

第五章 "人的自然化"与
生态环境美建构

　　生态思想与行动所追求的不仅仅是精神领域的艺术创造,而是尝试将生态环境整体美的建构与艺术理想落实于现实的建设,是将非功利的审美统一于功利的审美实践,将只能仰视的审美高妙境界落实于平常人间,是在生态改良物质条件所具备的基础之上,审美生存的创造,即侧重实践层面的"自然化"主客体美的建设。作为人与生态共同的美化,生态审美创造必然包括主体生态的创造即生态美育,和客体生态美的创造即生态环境美的建设两个方面。本章将从艺术审美到生态建构的实践的层面探讨物质与精神共同的"自然化",生态审美活动优化了审美对象,同时主体按生态美的规律生存实践,推进自然生态美的创造。

第一节 "人的自然化"作为生态美调节的中心

　　在生态环境美的建设中,"人的自然生态化"成为自然整体生态美调节的中心,促进物质与精神共同的自然化。将生态观和生态美规律用到组织整个社会生产和生活中去,用到美的教育、环境建设,以及科学技术、生产中去,更好地符合人的身心健康的节奏;使社会生活、工作效能更符合内在与外在自然的生态规律,使人和人类的生命潜能得到全面发挥。在人类出现以前,地球上的有机物、无机物按自身生命的规律与目的自发自由地存在,暗合自然生态的总体最高法则,以潜在的生存理性服从自然的选择。自人类产生之后,自然生态美的调控才可由自发转向自觉,让自然由自发地走向有序的代价相对减少。

　　人类主体对社会与自然生态的调控,从实践意义上看,在于能否与社会经济发展水平、生态环境发展状况、科学知识发展水平、思想文化传统以及外部因素相协调。自然科学与社会科学是环境之间生态关联的重要的能动中介,是人类与环境与自身对应交流产生的智慧精华,人类由科学走向进步,并终将借助科学缓和与环境的关系,恢复失衡的生态。随着当代科学日益趋向有机、趋向综合、趋向审美的发展,人类将逐步从自然选择后形成的合规律合目的的调控转型为主体选择后的合规律合目的的审美调适,并极大地拓宽、加深了审美调适的范围及社会与自然关系的范围。人类以社会生态、自然生态以及自然——社会生态的稳定、繁荣、协调、美丽,可持续发展作为预定目标与生态美的蓝图,深入探究人类发展、社会发展、自然进化的规律,塑造新的行为模式,找到主客体灵魂沟通的绿色通道,并遵循这些规律的自组织、自控制、自调节,以高度的科学性、真理性调适人际关系、天人关系,超越了动物审美调适的自然选择与盲目,真正达到主客体潜能对应性实现的自主与自由。在对生态利益与自由的捍卫中,人类以先进的技术手段为自身和自然整体造福,拯救失衡的自然生态,维护正常的自然生态,让生态美的观念真正深入人心,心甘情愿将自身的本质力量融入生态目的的实现,真正担负起人类作为理性与智慧的物种对非人类自然物应负有的道德责任与义务,将对物的爱护,对其内在价值的尊重视为人类生活意义的一部分。

尽管苏轼曾经感叹"哀吾生之须臾,羡长江之无穷",但与其他物种相比,人类的独特性在于相对优越的认知与道德感,能从道德的角度设身处地为他物着想,以理性的智慧一定程度上测到生态系统的规律与目的,这一独特优势如加以科学、合理的运用将促进生态系统的繁荣与稳定与主体潜能的进一步丰富。在生态整体价值实现的同时,主体的潜能将得到进一步的发展与提升,以暗合生态规律与目的的思想行为,一方面发展创造自身,另一方面促进生态真善美的同步发展,达到整体生态美自觉调控与自发调控的统一,只有在这一充分条件下,人类主体才能作为生态真善美之最高目的的一部分真正达到"人化"的境界。

同时生态艺术实践的现实提升又是审美的生态文化的提升。生态美的文明创造构成与自然合作的重要部分,是人和自然之间的信息中介,是生态美建设的理想境界,也是人类的生命启示录和心灵教科书。而这一艺术标准并非死的标本,而是新的"自然化"艺术乌托邦式构想。希望是生存的理由,"诗意的栖居"、"阐明了人在世间存在的真理","设定了诗以及文学艺术精神价值判断的出发点"①,是面对时代生存危机产生的新的可能性生存状态的预设。从心理发生学的意义上讲,这一审美生境的"自然化"提升是源于生命体对于超越自身、超越

---

① 鲁枢元:《生态文艺学》,西安:陕西人民教育出版社 2002 年版,第 165 页。

现状的渴望,源于人类童年的梦幻,源于人类早期神话的想象。生态审美建设的构想不仅限于艺术家与艺术品,更是一种理想的人生境界与生存态度,而艺术生态环境的建构又不仅仅限于个人享用的"心远地自偏"(陶渊明)的心灵境界与生存态度,而是在遵循自然的最高原则下,将心境与态度付诸实现的审美实践,在增长人类幸福潜能的原则下,重建人类社会与自然界。艺术环境的建设将构成一个总体的生态美场,有赖于并有利于人类整体艺术素养与水平的提高,成为把人类联系起来达到群体统一的异中之和,对人性生成和人的生命存在方式形成重要的生态审美提升。"审美场是对共生场的同化,是质态、形态、效能统一的拓展,它美化了社会文化,使生存社会生态圈中的人们有了一个审美的大环境,不知不觉地受其熏染、塑造,美质日长,美态日增。"①在艺术环境审美场的磁力同化当中审美生态圈内的成员都具备了整体的风范,人生成为环境艺术的一部分,以生存的优雅、行为的优美、感官的精细、心灵的豪迈与活跃创造和欣赏一切的美。人的日常生活、一般实践活动由于艺术、自然、社会文化审美场的共同影响,审美潜质日增月长,主体相应的审美潜能也同步提升。艺术的生态环境作为人类内在与外在自然的自然合成,成为"自由无规定而合目的性的娱乐。"②在这一肯定性的无处不在的神话般的娱乐中,人心与天地之心萦回激荡,在审美的愉悦中神超形越,襟怀湛然。人类的生存点缀为最为灿烂诗意的景观。生态艺术美的探索与预测以其理想性、升华性成为生态环境与人提升发展关联前进的中介机制,艺术落实于实践,生态审美能力作为优化生态的自然功能,以艺术的生态的实现形成对人的塑造,共同促进生态现实美化长远重任的实现。

对于生态环境的重新重视和将审美的实践纳入生态美化的要求,正是整体自然自我调节能力的再次显现,是人类作为自然生成最高成就的再次显现。借助人类的智慧,自然再次张扬其自由奔放的生命性格。并将其张力约束到有利于人类的最优范围,在对生态环境美的建构中,人类与环境关联前进,以其他物种不可能具有的超越观察力和卓越的创造性,摆脱自发的环境,建立生态的人道的环境,摆脱奢侈或贫穷造成的负担,以艺术和科学直接和间接的探索,在合于生态目的的均衡当中实现有价值的生存与幸福水平的真正提升,以对自然提出的更高要求的满足,实现精神与物质共同的"生态化"。

---

① 袁鼎生:《审美生态学》,北京:中国大百科全书出版社 2000 年版,第 124 页。
② [德]康德:《判断力批判》,北京:商务印书馆 2002 年版,第 81 页。

第二节　主客体生态审美实践

主客体生态审美实践是"人的自然化"落实于现实的主客体建设。

一、创造"自然化"的主体——生态美育

审美教育源远流长,历来受到教育家、思想家和理论家的重视。我国历代的"诗教"、"礼教"、"乐教"、西方亚里士多德的"净化说"、贺拉斯的"寓教于乐"都希望通过文学意识和生活行为规范进行审美教育。审美教育在席勒的美学思想中成为中心内容,在《审美教育书简》中他认为,要实现政治的自由,必然通过审美教育的道路,审美教育是实现政治解放和人类自由的重要途径。审美教育的根本目的就是培养人。在实践美学的视阈中,审美教育是"人的自然化"的一个重要途径。"建设精神文明就涉及文化心理结构问题,即心灵塑造和人性培养问题。"①"全面发展的人,既有物质生活又有精神生活,既有理智又有感情,既有工作能力而又善于生活和娱乐。人不是机器,最忌僵化和片面。他应该有血有肉,有独立自主的价值,有对于欢乐和幸福的追求,一句话他应该热爱美。审美教育,就是要培养人们对于美的热爱,从而感到生活的乐趣,提高生活的情趣,培养对生活的崇高的目的。"②因此,美感教育的目的,在于培养人,发展人,使之成为身心健康的完美的人。在生态维度中审美教育则是"人的自然生态化"的重要途径,生态美育创造具备生态素质的主体,是人类趋向"自然化"的自我培养。生态美育将面对自然生态问题,从重建人与自然实践的和谐这个生命本原的高度,引导人类调整生活方式、价值观念,自觉进行人性生成目标的"生态化"自律。

(一)文化美育

人类学家泰勒认为"文化"的内涵是指个人作为社会一分子所获得的包括知识、信仰、艺术、生产、道德、法律、风俗及其他才能习惯等复杂的整体。以往的历史过程中文化多为反抗自然而创造,以其与自然冲突的一面形成人类区别于其他自然物并与环境不可融合的标志。"在人类历史的童年,人类需要逸出自

---

① 李泽厚:《美学四讲》,天津:天津社会科学院出版社 2001 年版,第 43 页。
② 蒋孔阳:《美学新论》,见《蒋孔阳全集》第 3 卷,合肥:安徽教育出版社 1999 年版,第 706 页。

然以便进入文化,但现在,他们需要从利己主义,人本主义中解放出来,以便获得一种超越性的视境。"①新的生态文化内容,将使文化特别是有关人与自然部分焕发新的活力,具有新的意义,以其真正的人文色彩让人类更为深刻地投入自然的怀抱。一方面让前生态文化拓展时代延伸的力量,另一方面形成生态意义上的新文化,让包含艺术、哲学、伦理的前生态文化与生态文化,构成生态美育的基础与资源。在生态审美眼光的重新审视中,文化的意义将由自然的反题走向互补,以自然与人道新兴的整合,建设回归自然的生态的人文。

首先,生态科学美育。在康德所划分的主体心理构成的"知、情、意"中,科学主知,是认知的实证基础,同时又是生态美育中理性认知的基础,当代科学正逐步趋向整体有机的发展,科学正成为臻于美的另一种通道。

科学是一种美德,具有善的本质,环境的危机,生态的失败,不是科学本身的过错。笛卡尔——牛顿以来的机械主义科学世界观以人的利益的获取为唯一的标准,造成了人性与环境不可循环的危机,科学在人类物欲的奴役下,成为对付环境与同类的武器,人类价值观世界观的局限和将科技囿于急功近利的樊笼,导致"科学纯洁的光辉仿佛也只能在愚昧无知的黑暗背景下闪耀"②。而近二百年来取得的暂时与局部的辉煌成就,更是加深了人类自恋的迷信。在人造物的层层包围中,人类淡漠、疏远了与其自然本源的联系,形成了人与自身,人与自然根本的溃裂。"物质力量具有了理智的生命,而人的生命则化为愚钝的物质力量。"③所以作为征服自然的工具,科学一度以真的探索一定程度上成就了人类善的目的,却始终不能达到美的境界,反而常常在人类占有欲望的操纵下,偏离了真,失去了善,远离了美。生态世界观、价值观的建立,将是新的时代要求与条件下科学突破机械主义有限的善,向美的高峰攀登的开始。

类似于艺术,科学以建立于未知之上的自由生命为研究的对象。著名神学家狄特里希·邦赫弗尔曾经劝告教徒们不要无妄毁谤科学技术,因为那也是人类成长过程中的一种表现。科技生态价值观的建立,正是要超越科技至上的工具理性过程,"用生态学整体性观点看待科学技术发展,把从世界整体分离出去的科学技术重新放回'人——社会——自然'有机整体中。"④成为调节人与环

---

① [美]罗尔斯顿:《环境伦理学》,北京:中国社会科学出版社 2000 年版,第 463 页。
② 《马克思恩格斯选集》第 1 卷,人民出版社 1995 年版,第 775 页。
③ 同上书,第 775 页。
④ 余谋昌:《生态哲学》西安:陕西人民教育出版社 2002 年版,第 131 页。

境二者整体关系的手段,在顺应自然的基础上利用自然,将环境中的有机物、无机物、人类中的多数人纳入科学发展的目标,为生态平衡可持续发展提供指导思想和具体途径。生态美育将滤掉科学片面的实用价值,发现大自然的生态科学价值,尊重科学超越于人类利益的新发现,从对有序规律的探索深入到生态自然的联系与自由、目的与美境。同时,科学自身的发展也突破着自身的局限,将人类物质与精神的活动纳入最大生态环境即地球生态系统及至宇宙整体系统中加以解释,沟通着生态的领域,共同导向当代整体论世界观的建立。随着生态学、环境科学的崛起,科学正以理性分析的精深指向艺术凭直觉捕获的境界,在殊途同归中实现最终美的交汇。孤立的体系必须能够纳入整体生态才具有最后的意义,科学将克服心—物二元对立的过程,以自然科学、社会科学的统一,将感性与理性、实证与预测、规律与无序结合,超越事实与价值,真理与德行之间的距离,形成科学美育融合生态美的新的内容。"艺术模仿自然"、"泛神论"与生态学的"盖亚假说"、"自然目的性",老庄的"道"、达摩的"禅"与新物理学的"宇宙智慧"、"隐秩序","全息隐能量场"与"集体无意识","生物射线(灵子)"与"灵感","混沌动力学"与"气韵生动",同根相连,息息相通,共同匡正人类与社会与自然的价值取向,将已完成历史使命的学科的分裂转向新时期生态的和解。实践的唯物与审美在科学与艺术两种臻美途径中渐次融会,共同构成生态美育现实的基础。生态科学的美育将在科技生态价值观、臻美观建立的基础上让人们心甘情愿树立生态科学审美意识,按照生态规律与自然交流,在对自然的生物受动性中,发挥生态科学能动性,恢复与促进自然生态美、生态环境美的建设,并从物质实践的起点消弭人与自然绝对二分的裂痕,最终征服偏执的自我,逐步消隐科技黑暗的背景,弥补人类根本的溃裂。

其次,生态哲学美育。生态哲学美育关系到人类精神领域生态世界观的建立。"好的理论也可以进入许多人的心中,慢慢积淀成他们内心的固有观念和精神信念。"[①]人与自然和谐统一的思想源远流长,中国古老的天人合一,西方自然本体论思想都是生态文明前极有启发意义、可为当代更新的哲学与伦理源头,即追为自然是什么;到认识论时代,人与自然的关系成为人何以认识自然,并由此过渡到人对自然的工具论即人怎样改造自然,最后发展到人与自然密不可分

---

① 何怀宏主编:《生态伦理——精神资源与哲学基础》,保定:河北大学出版社 2002 年版,第11 页。

的整体生态哲学。作为后现代世界观的生态哲学,建立于生态科学的基础之上,认为世界是一个具有自主活动调整组织能力的生命系统,个别部分受有机整体的制约,而在整个生态系统中人和其他生命个体占有各自不同的生态位,具有不同的功能与同等的生态平衡价值。生态哲学与伦理的美育,首先应从思想观念上将人们从征服自然、无尽索取的主客对立中唤醒,在与自然的交融同一中,复活自身沟通自然他者的审美感官,辅助万物而不争,让生态和谐之美重现大地,同时在更高层面重构并发挥"天人合一"的美学观,摒弃拘泥于人类一类的审美观,开拓眼界,包容万物,构成生命系统的宏观审美意识,落实生态思想实践性的基本品格。

再次,生态伦理美育。在生态哲学与科学的启迪与指引下,传统伦理实现着生态伦理学的转换。生态伦理首先涉及人类责任范围的拓宽,主张将人类之外的生命融入人类的生命,克服狭隘的人类中心主义,将道德关心拓展至人类之外所有其他生物的命运与生命,关注生态系统的整体性、生物的多样性以及生物的天赋权力,将人与自然的协同进化作为生态伦理学的宗旨与目的。生态伦理美育即是关于生物权利的道德审美教育。在生态道德之中,人作为生物圈普通而特殊的成员与其他生命物种结成相互依存、协同共进的伙伴关系,在互利互惠中促进生态系统的和谐进化;以对自然规律与目的的尊重,培养生态审美良知,陶冶生态审美情操,将自然之美,生态之美作为人格之美的评价与参照,成为人性道德不可分割的重要组成部分,从自然道德责任意识,激发人们自觉维护人与自然和谐的热情,让生态之"善"的追求融化于人类的血液,成为人类与自然臻美契合的动力。

最后,生态文艺美育。文艺在人与自然的沟通中历来发挥着不可限量的作用,早期描绘自然之美的文艺作品为生态美的建构提供了永不可磨灭的理想典范,在工业社会与自然的疏离中时时启迪、感化着人类精神与自然的沟通,不可灭绝地穿越工业文明,并时时引发着人们内心深处对这一文明中自然被损害状态的质疑与深刻反思。

在这一宏大文艺遗产的基础上,生态文艺美育对于人们生态情感的培养、生态力量的调动、生态审美的升华意义重大,让人们不仅从认为正确的理智上,而且在最为自由的感性领域,心灵热情的制高点树立生态审美观念,将生态审美作为生存理想趋向可实现的目标。艺术生态的美育紧密地交融着审美的预测、诗性的激情、艺术的想象,以艺术始终追求圆满、充盈境界、流动不息的生命精神,"拒绝一切形式的人与自然的割裂,物质与精神的偏执,思维与本能的对立,本体与现象的拆解,理智与情感的剥离。"①艺术的形式、内容与类型暗合着自然生态整一的节律,与人类整体存在状况密切相关;同时,艺术又是人类自身内在深层需求的满足,触动精神的深处,紧贴自然的生命,幻化高蹈、有声有色。生态艺术美育以艺术的内涵应和人心的自然,人类与身俱来的心灵的美感形成了生态环境美化的最有力的动机——臻美的意志,并以此沟通自然与人心、人心与人心,从精神领域的最深处激发自由交流的愉悦,将人的本质力量快乐而又充分地表现出来,最终促进人类在整体环境实践中美的建构。

生态环境美的建构与提升中,文化美育将共同慰贴现实环境与人生,消除功利与审美活动的分裂状态,淡化生命实践活动与审美的距离,不再将美仅仅作为高于现实世界的理想来膜拜,而客观上放弃人类主体作为"宇宙良知"对于整体环境系统优化前进的责任,而是将精神领域的艺术与审美向人的生命活动延伸,对于人类主体而言,这一美的实践本身将成为一种有意义、有人性、有创造性的理性实践,以人类真正的幸福与人性的更新生成为目标,合格履行人类以文化代自然立法的终极义务。

(二)生存美育

生态美育是起于生态并落实于生存"生态化"的美育,生态审美行动于现实中培养生态美感,不仅仅在精神文化的层面进行,同时也在人的现实活动这个层面进行,与文化美育共同构成完整的审美教育。生存美育沟通人类生态生存与自由的全面发展。

首先,是实践中的原生态美育,原生态美育包括原始自然生态之美的展示以及自然美遭受人为破坏的教育。"自然美蕴藏于大自然中,只要我们面对大自然,陶冶于大自然,就可以受到自然美的教育。"②后者是我们当今生态美育中最为常见的,同时也是必不可少的初级方式,多见于传媒公益广告,专题报道以及大气污染指数报道等,是人类生态意识觉醒、生态美育开始的第一步,并初见成效。在生态实践美育中,在人类的探索已遍及地球多个极点的今天,原生态美育又是一种荒野的美育,告诫人们在物质生产实践活动中驯化文明,有选择地包容自然,以对大自然创造性的回应在整体中实现最大的发展。"君子有所为有所不为",在工业文明的触角四处延伸的今天,人类管住自己攫取的双手,给予环

---

① 鲁枢元:《生态文艺学》,西安:陕西人民教育出版社2002年版,第48页。
② 蒋孔阳:《美学新论》,见《蒋孔阳全集》第3卷,合肥:安徽教育出版社1999年版,第375页。

境独处的自由,保留自然神奇的荒野具有深远的意义。自然环境系统是最为典型、完美的环境系统,看似无序又消除无序,对荒野的需要是生命共同的需要,荒野的美育将以其高于人类的神秘意义非人类所创造的内在价值引发人类超越自己的悠远的想象、永恒的敬畏与崇拜,更以其无目的而暗合目的的自由拓展着人类无为的空间,成为审美的真泉、艺术的摹本,促进人类精神境界的提升与臻美性格的生成。"耶稣要我们关注田野中百合花的美,远胜过所罗门所作的辉煌。"①因为对于我们,前者较后者是对生命之善更为深远的链接。

其次,实用与生态审美结合的第二自然创造将是生态生存美育的重要内容,生态美第二自然的创造将是生态物质生产实践中人与自然共赢的理想标准,也是生态实践美育所追求的,并力求贯彻于工农业物质生产的重点目标。生态生存美育绝不宣扬为恢复生态而导致物质生产质的停滞与倒退,而是帮助人们深入理解和走向科技与生产力发展的生态高层次。人类生存水准质量的提高,审美的生存状态最终落实于人间的真实的物的基础。生产与科技的进步并非让人类摆脱自然自发的过程,而是使我们更加深刻地投入自然的怀抱,"微型计算机与其说是对大自然的利用,不如是对物质能量所具有的神奇计算属性的一种深刻的认识……是更为高明的符合自然本性的利用。"②科技与生产合于生态的发展将延伸着我们感知的触须,把握自然信息的变换,以快速反应的信息交换和神经系统,形成对环境变化高度的敏感,由此形成人性化、自然化的新技术,运用生态圈发展的规律推动物质生产和生活方式的变革,以整体最优的方式让所有物质象在自然中一样成为他者联系的资源。在对于生态环境生气灌注,有灵有神的改良之中,人、自然、艺术、科技有机整合,人类生命的目的暗合生态的目的,在彼此的融合之中身有所归,心有所属,如回老家一般为自然与文化生命的温情包容渗透,以潜能的进一步充实、美化、实现整个生态审美系统中人类心灵与生态环境美的相互提升、良性循环。

从文化到生存,从个体到整体维护生态的行动,生态美育将以新的生态观培养人类生态主体意识,建构生态文明人格,实现主体人格精神以及实践行为的全面培养与塑造,以审美的态度对待自然、社会、他人与自身。同时,生态美育更是全面的大众的实践的美育,不仅仅将生态实践停留于精神境界的领悟与提升,或长期理想的悬置,而是必须将生态审美观贯彻于个体到整体的生产实践中,特别

---

① [美]罗尔斯顿:《环境伦理学》,杨通进译,北京:中国社会科学出版社2000年版,第56页。
② 同上书,第7—8页。

是日常行为规范当中。每一个体不管是否具备高超的审美悟性、生态审美能力，都共同遵守生态法则，爱护环境，维护生态，共同监督相互影响，让破坏者无机可乘，实现整体生态环境审美化、生存活动审美化，即全体的社会行为美，让每个人的行为自身成为生态美的丰富资源，共同完成生态审美教育的实践良性化发展。

（三）生态美育的综合性特点

审美教育在席勒的自由理想中是人类必然王国走向自由王国的必由之路，在于以自由的充满情感的审美形象给人潜移默化的熏陶。生态美育既具有这一基本特点，同时又具有自身独特的属性，是生存与审美的统一，是规范与自由的统一、个体与大众的统一。

首先是生存与审美的统一，生态美育是以生态生存为基础和起点的审美教育，相对于传统提升及个人精神质量的美育而言，生态美育集中于对人的生存境况的关注，灌输生态认知，了解生物圈生态属性，培养生态理性，树立公正客观的自然观、生态观，强调人与自然之间的血肉关联，以及二者的互利互惠，和谐发展，着重于人的肉体生命的第一存在是生态美育基本的特征。在这一基础上生态美育引导人文关怀的终极意识，提升为一种合于规律与目的的道德伦理观念，将生态伦理价值观推广于整体生态圈，同时由以理说服到情的感动，以生动感性的方式达到美育暗合规律与目的的自由境界，无明确教谕又深含教谕，开启心灵最深的境地，在心旷神怡的美的感动中热爱自然，热爱生命，心甘情愿将自身力量贡献于生态环境美的建设，将审美由从前只能仰望的高空落实于现实改造的土地，实现生存与审美的再次辩证的促进与升华，实现人类生态层次物质与精神共同的"自然化"。

其次是规范与自由的统一。传统的美育本着自愿的原则，常常为生存的局限与束缚所中断，并不带有人生的强制性，而生态审美教育则是规范与自由的统一，立足于人类整体生存的生态美育成为每一个体所必须不同层次完成的美感教育。所谓规范，指人们的行为必须遵循一定的规律与范式，生态美育内涵对于生态整体的确认与尊重，是每一个体必须遵守的教育法则，生态美育即是要在人类本身力量对象化的过程中，运用感性审美手段，使人类正确认识和运用自然规律，从而实现人与自然的和谐统一。在生态规律规范的同时，人类活动另有合自身目的性，生态美育将人类目的与生态目的融合，动物只能被动地不自由地依赖自然，而人在受动于自然的同时，还能够发挥自己的能动性，运用内在尺度自由地利用、容纳自然的尺度，将生态的规范与自身的自由追求相结合，一方面，解放自在的自然，使自然向人生成，成为"人化的自然"；另一方面，解放人自身，使人成为自由的人,"人化"的人,实现生态规范与自由的统一。

最后是个体与大众的统一。生态美育不同于传统美育是少数人可以得到和达到的专利,生态美育的进行与完成是个体与大众的统一。在这一意义上,美育实现生态的平等与扩大。生态美育让每一个个体认识到其生态审美的价值,个人行为在整体生态中的重要地位,让每一个审美能力、精神境界有差异的人身体力行,在实践活动中时时注意生态问题,从我做起,从小事做起,随时随地一举一动都贯彻于生态美化的实行,并以此贯穿终身。个体的力量最终实现大众整体的统一,让全社会共同关注、共同实践,小到乱扔果皮纸屑,不浪费资源,大到国家重点项目的建设,环境与生态利害的评估,科技与生产合于生态的发展,对于国际环保条约的遵守,对破坏生态环境协约和转嫁生态灾害的可耻行为的抗议与斗争。在大众整体的行动中,总体生态必将得到相应改良,而这一改善又将迅速而真实地反馈于个体的生存条件当中,每个人都将从中获益。生态审美教育从一个新的最大的系统领域实现着"一人为大家,大家为一人"的审美生存准则,是个体与大众的良性互动的统一。

生态美育从多个角度塑造着"自然化"审美主体,成为现实层面主体美建设的重要内容,而生态化审美主体的培养正是生态环境美现实建构的动因。相对于以往漫长的文化"积淀"历史过程,生态美感的形成、生态审美心理结构的形成具有时代的紧迫性,而这一过程的尽快完成,更在于生态审美教育于国家政策、经济、传媒、文艺多方面、多途径的强化、传播与深入。

二、创造"自然化"的客体——自然生态环境美的恢复与提升

主体的"自然生态化"促成的客体方面的"自然化",构成对破坏的生态环境现实的恢复与提升。蕴涵主体生态美的"自然化"客体,是生态美落实于物质与现实审美层面的形象表达。是人在"自然化"的辩证提升过程中,在物质生产条件所达到的生态思想与建设的基础上,对于以前不可能触犯只可依附和一味征服自然的生态意义的调整与建构。"人的生态化"实践是"人的自然化"再一层次的发展过程中,历史与现实的统一与超越,由此而来,生态环境美建设所追求和应达到的将是一种"超自然"的自然美。

(一)自然生态环境美的恢复基于人类综合的进步

近代以来,科学技术的大发展使人类具备了"征服"与"支配"自然的能力,在获得较富足生活的同时,又将人类推到生态极限的边缘。特别是西方发达国家的早期工业化模式,令全人类付出了惨痛的环境的代价,让人类意识到自身并

非自然的主宰,必须与自然和谐相处,建立生态经济、政治、文化新秩序,恢复已破坏的生态,建立新型的可持续发展观,将行为限定在生态所允许的界限之内,并在全球范围内取得实践的共识。党的十六届三中全会在以邓小平提出的科学发展观的理论基础之上,提出"科学发展观","坚持以人为本,树立全面、协调、可持续的发展观,促进经济社会和人的全面发展"(《中共中央关于完善社会主义市场经济体制若干问题的决定》)。社会发展的目标,不是单纯追求国民生产总值的增长,而是以此为基础促进社会的全面进步,将科学的发展观贯彻于社会的各个方面,并以此规范、完善科技、社会、文化合于全球环境与生态的共同发展,以公平持续的人性与理性共建自然生态环境美。这一生态意义的自然美是经济、政治、科学、伦理、文艺、教育协同工作的结晶,也是共同趋向的审美客体境界,是人类精神的小宇宙与生态物质的大宇宙共同创造的心物一致的作品。在与非科学发展的阶段矛盾进展中,物质精神化、精神物质化同时产生,一方面超以象外,使自然物原有的价值"超自然"的综合放大;另一方面得其环中,与自然生态的内在规律最终目的暗合,人类与环境主客体潜能对应性自由实现,自然无限的理念经由人类智慧感性显现。

生态整体的建设中,生态科技以其寻幽探微的理性深入探究自然进化的规律,超越审美调适只知其然不知其所以然的盲目,一方面以工具理性确证生态规律的客观,另一方面以先进的技术手段为人类和环境整体造福、拯救失衡的生态,让整体生态系统重现美好,永葆青春。真正的高科技,将超越现代工业技术危害环境的落后,与生态非线性、循环性的生态整体原则相符合,为节省资源,优化环境发挥作用,真正达到主客体潜能对应实现的自主与自由,以促进具有新型人文色彩的生态美建构。生态哲学通过对自然、社会纷纭现象的深入研究,探索人类与环境存在与发展的至深规律与目的作出各个层次的归纳与总结,正确指导实践。在社会政治领域,环境将作为公共的善,以强制或半强制的方式纳入政策的制定,同时推进生态保护与协同发展的全球发展战略,启动宣传机制推广生态环境保护观念,促进生态伦理的建立,将人类的集体选择与自然生态系统的正常运行相结合。在经济商业领域,以自然主义的商业理论,结合利润与生态,把生态系统当做可靠有效长远的经济系统来运用,真正发挥其构营幸福生活方式的基础作用,满足私人利益与公共的善,打破经济量的永恒增长模式,为公共的善作贡献。在艺术文化审美领域,调动各种表现手段,以其深广的魅力对人心灵的吸引、精神的愉悦开启人们生态的良知,让人们在不知不觉、潜移默化中趋向生态美的目的,将自身的本质力量融入生态目的的实现,在最为深入的层面促进天人关系的亲和。在对总体生态规律的客观遵循中,人类将突破自然科学与社会科学的分裂状态,实现二者的殊途同归,"靠消耗最小的力量,在最无愧于和最适合于他们的人类本性的条件下来进行这种物质变换"①。在这一意义上,人类将逐步脱离对于生态的蒙昧,第一次成为自然界自觉的调控参与者,并以此为能动的起点,重新调整人——社会——自然行将断裂的平衡,将人、自然、社会共同整合到良性贯通的循环当中。

在可持续发展的生态环境建设中,生态环境美是技术的实用与质朴自然的更高层次的结合,是人类与自然和睦相处的智慧生存方式的综合体现。人类在科技与社会领域的实践将进一步深入自然的本性,实现生态效益、经济效益、社会效益的统一,并以科技与自然的内在联系让生态美在科技美的领域内拓展,以自然科学的审美化、生态化,将文化价值、精神价值注入其中,同时满足实用、认知、审美三方面的需要,一方面保留技术为人类带来的物质便利,另一方面形成日常生活形式的诗情画意,千姿百态,让城市、郊区、荒野生动起来,形成生态环境动态的之美,让人们在生活环境中获得更多的创造性与自由,并以其个体生活风格的独特性,构成整体生态环境的丰富与多彩。

(二)"自然化"与"超自然"的生态美

就人类智慧潜能而言,通过其特有的优异能力,能够创造生态环境艺术超越自然的美丽。"艺术家孜孜以求的是生物力求争取,但在自然条件下很难达到的生物理想。"②即因环境的限制而未能在自然中充分显现的完美设计。人类在生态有限的同时,又具有精神智慧的无限性。人类生命实践活动与审美的追求共生超生物的本质,在生态美的想象与设计当中以"数量的比例,色彩的和谐,音律的节律使平凡的现实超入美境"③。特别是在现代科技与环境艺术的结合当中,心灵韵致的重新整合,构成作品奇妙的个性,显现现象后面深奥的原理,让一切具有或不具有生命之魂和生命之形的因素,在其中建立自己对应的形式,构成原生态中不存在的理想境界,达到本质力量意想不到的令人惊叹的显现;以美丽自然的启示、人际社会形成的法则、文艺所创造的美的境界为借鉴,因地制宜,将建筑、雕刻、绘画、园林等文化内容与当地自然外貌交融一体,将美化自然的行为最大限度地限制在自然再生能力允许的范围内,以小环境对整体大环境的沟

---

① 《马克思恩格斯全集》第 46 卷上,北京:人民出版社 1979 年版,第 393 页。
② [美]罗尔斯顿:《环境伦理学》,杨通进译,北京:中国社会科学出版社 2000 年版,第 14 页。
③ 宗白华:《美学与意境》,北京:人民出版社 1987 年版,第 108 页。

通与协调形成"家园"与"山林"的有机整合,既不甘于自我封闭,又不能隔断天性中对自然的思念。人类以美的规律丰富世界,以"有意味的形式",让物质闪烁精神之光,共同构成物我为一的超自然的美丽。

超自然的自然美又体现于原生态荒野的保留与捍卫。不受人类干扰的荒野,人类难以企及的荒野,几十亿年来保持着蓬勃的生命活力,将是原生态规律最完整的保存,成为尚且脆弱、低能的人工生态系统模仿的样本,并从科学与文化两个方面提供历史价值。对于"生态化"的人,不完美的荒野是联系万物与宇宙相通的接口。人造物完美的自足往往是僵化的开始,生动的丧失,外在于人类的荒野使事物进步成为可能,整合进具有正面价值的复杂之美,而其中的缺陷与丑恶,又为生命体的生存竞争潜能的发挥提供了有利的条件,尤其对于人类这一经自然选择形成了需要冒险、挑战与危险并具有某种程度利己之恶的存在物,恶劣的环境更为这些原型情感的倾泻提供了实现的通道。一个平和满足的环境则往往是平庸、迟钝、软弱的开始,所以荒野将构成了生存辩证的力量。伟大的艺术家不会创造精致而封闭的作品,他们总是恰当地保留未涉的自然的空白作为构成美的要素,而这一不可涉入的神圣荒野正是人类贯通宇宙、吞吐万物的通道,其意味无穷、性质复杂的美由此促成。所以,对于人类这种不合目的性与人类审美的自由指向仍存在共进的暗合,控制自身的增长,为自然留出合理空间是人类的使命。

生态环境美的恢复与提升正是人心创造之美与自然之美的融合,是艺术与科技、精神与物质共同的奋斗。"生命通过艺术而自救,只有作为一种审美现象,人生和世界才显得有充足的理由。"①"凡人以拯救大地的方式安居……拯救的真正含义,是把某个自由之物置入它的本质中……安居本身必须始终是和万物同在的逗留。"②在生态环境美的建构中"生态化"的努力使整个大圈进入它的本质,审美能力作为优化生态的一种天赋功能,以艺术和科学创造为中介实现环境与人共同的美的提升,以对天人本源的探索,达到新时代物我为一的新境界。

(三)"人的自然化"与生态环境建设中的真善美一体结构

生态环境的"自然审美化",既为己又属己,是人类与环境高度融合的理想

① [德]尼采:《悲剧的诞生》,周国平译,北京:生活·读书·新知三联书店1996年版,第105页。
② [德]海德格尔:《人,诗意地安居——海德格尔语要》,郜元宝译,上海:上海远东出版社1995年版,第116—117页。

程度的审美化,是建构生态环境美所趋向的目标,是"人的生态化"所最终达到的对于自然客体的建构,呈现出最高层次的整体生境之美。这一阶段,人类与自然暗合目的与规律对应实现,共同达到自由的境界,构成真善美一体的结构,遵循真、实现善、形成美。

首先,让美善合于真,让事物回归于其本己的本质。生态环境中的本质的拥有者,可以是个体也可以是整个系统,本己的本质千差万别,人类以其特有的理性与审美能力对自然的规律及美感属性作出创造性的回应,适应无所不在的整体,让环境中的万物按自身天赋的规律与目的发展,将自身遗忘在大自然的创造力中,让自然科学与社会科学的工具价值、个体价值上升到生态环境的整体价值,以对自然至深规律的探索弥合自身内在价值与工具价值,协调适构天人关系,合于生态之真的释放万物,使之以自己的方式表现自己的美,按其本质自由地发展,共同构成审美化的生态环境的新本质,这一新本质正是自然界的生成规律与为人的价值目的的统一,也是美与善合于理性的统一。在充盈圆融的自然美与善的规范下,源自自然的理念法则与逻辑法则得以纯真、混同的启蒙与开凿,理念和逻辑不再是高于存在的"形而上"的存在,而是回到存在本身,以进步的计算、解析条理清晰、井然有序显出浑朴和谐的诗意,在生命进化的高层面上,实现更为本源,更为初始的统一。

其次,让美与真合于善,真正的道德不是僵死的教条,而是调和矛盾冲动,使之并行不悖。"天地之大德曰生"(《易传》),生态环境审美化既为己又属己的目的正是让主体与客体自身价值与整体价值共同实现协调持续的发展,也是生态美与真共同趋向的目的各内容之所在。"小德川流,大德敦化"(《中庸》)大德是包容万物的万殊之体,自然、社会、文化环境的生态优化的根本目的在于整合生态(并由此造福于人),让各种相异的相互冲突的价值得到最大限度的实现。生态环境审美化的程度越高所容纳的调和的冲突就愈繁复。整一与多样,有序与无序,规律与自由,有限与无限等等的结合既是善的目的得以实现的过程和规律,也是这一目的本身。审美化的生态环境将自然自发的生命冲动调和到一个自由与自律共存的系统中,不以过分压抑一部分的自由与能力来培植另一部分自由与能力,以多样化的自由活动合于本性的创造,让道德的善的目的呈现美的意义。合于美与真的善,如自然山水、林泉,常常没有刻意的教谕目的,而产生最高的道德影响,与他者同在的审美环境安慰情感、扩充想象、启发性灵,以美的自然与艺术的财富引发人类对处在于自身的事物由衷赞美,从此完善品格,深化人性,拓展身心,内在生命欲求化为外在道德规范,人的自我生命与他人乃至天地精神构成一个和谐的整体。

最后,让真善合于美,自然界事物的一切大小的评价最后都归结于美。美的表现合于或暗合于生态真与善,与生命内涵一致的真与善,奠定了美的基础,"真善趋向美,是其自由本质的提升,美与真善结合,是其基础的加强与拓展,是其存在领域的扩大,正是凭借这种同一性关系,美与真善的共生成了生命存在与发展的必然,是生态美质与量的提升与发展的需要。"①随着社会与自然的进步与进化,真的规律与善的目的的探索境界逐步提高,生态环境由此获得更高级更完备的美的存在,审美化的生态环境成为环境外在生命表现与人类内在生命体验的自由的结合,成为物性与人性协调整生的极品追求,人、社会、自然所有的文明成果与自然成果均参与其中,在高度的整一中形成一个大道涵括的善的世界,理的世界,诗的世界。

遵循真、实现善、形成美、形成审美化生态中客体存在形态的相合共生,形成了自然与人关系的有机性,人类以自身的存在与行为,以及真善美的修养实现了对生态环境良性的正面影响,在自然环境与社会环境的艺术性结合中,美与真善在生命活动中历史性统一,形成更高的生存自由境界。

三、生态美场的统合形成

"人的自然化"对于生态客体而言构成生态的审美化,形成审美与生态相统合的天人美生的新质,共同形成主客统一的整体生命——生态美场。周来祥先生认为,"审美关系这个关系'场'即规定着主体的特殊性,又规定着客体的特殊性"②,并决定了他们之间相互肯定、相互依存的辩证关系。以周来祥先生所奠定的审美关系的整体范塑思想为基础,生态环境的审美化是主客体生命精神相互交流、同构同化形成的真善美同一的环境审美现象,是"人的自然化"审美生态的运动整体推进形成的更高形态,更大范围的整体。在自然、社会、人的生命活动具体的、类型的、综合的大小环境构成形态中,主体与环境审美潜能自由对应生成审美与生态整体生发的统合,由这一整体生发构成的生态美场成为融合人与自然生命力共同的新质,蕴涵着生态目的与规律的人调整和范塑着场内各局部的协调发展,系统推进,构成人与自然自发与自觉共存的完善,实现天人美生境界。

---

① 袁鼎生:《审美生态学》,北京:中国大百科全书出版社 2000 年版,第 385 页。
② 周来祥:《再论美是和谐》,《社会科学辑刊》1985 年第 1 期。

（一）审美与生态的整体生发

在主客体的自由对应中，审美落实于生态，生态提升到审美，自然物质规律与人类精神反馈汇合、集中。生存活动、实践功利与美的规律生态融合，人与现实的生态关系与生态审美关系联系起来，将自然事物、伦理实践、认知科学、日常生活、情感审美以及时间流程纳入到环境与人类的相互构成中，达到真、善、美的协调并进。

首先，审美化的生态环境是审美与生态结构共生的整体。人类同构的审美潜能与生态审美潜质与审美创造、评价的对象整一共生、互相联系，造就整体性的生态审美文化境界，形成综合性的自由贯通、整体周流的环境审美场。这一审美场中，自然事物、社会伦理、认知科学、日常生活、审美情感、时间流程等环境因素各安其位，各得其所，构成天然的系统，协调运作、统一发展。一方面发扬自身多样性的物质与自由；另一方面受到整体的规范与制约，实现活态的有序与稳定，形成审美生态圈的良性循环，共同创生各部分特殊的以及整体共同的新的美质，这一新的美质中审美与生态以中大于正的规则相互限制、相互优化、若即若离、虚实相生，构成一个大化生机、流衍不绝的审美世界。这一审美与生态的整体生发，将最大限度上缓解自然调整的过于混乱、缓慢与无序，在合于自然与社会新的感性与理性的引导下，将自然、社会、文艺、科学沟通结盟，在综合优化中生成更奇丽也更现实的审美境界。所以生态与审美统合的过程与目的，也是人类生命活动与环境系统发生的最为深广的生态关系。在对这一境界的营造、维护与改善中，审美活动将不只是内心体验中的精神补偿与心灵逍遥，而是通过对环境与自身最大潜能地发挥，捕获生命最大的可能性，实现生命境地的整体性跃迁。

其次，审美的生态意境。这一涵映广大精微的世界是景与情与理的合于生态之道的交融，是无尽的生命、丰富的动力在严整秩序的综合意志中，取法乎上，实现个性中的潜质而得圆满的和谐，达到整体联系的生态环境中最优的生存选择，并在所处的生态位上拓展最深的情、最真的理、最美的景，"因而涌现一个独特的宇宙、崭新的意象，为人类增加丰富的想象，替世界开辟了新境。"[①]窥目造化，传神造境，这种山苍树秀，水活石润，物华天宝，人杰地灵的天地奇境，正是绝对遵循自然与相对遵循自然的结合，是人类对现在与未来、已知与未知之间合于

___

① 宗白华：《美学与意境》，北京：人民出版社 1987 年版，第 212 页。

"生态化"境界的自由调节,是时代与现实的根基与光明而高超的奥境的合一。物人之间、物物之间、人人之间灵气往来,充实活泼,让宇宙万物在无目的的本真追求中暗合目的地运行衍生,达到海德格尔预想的将本质带入万物之中的天、地、神、人四方游戏的境界。

审美与生态的整体生发是人类生命活动中更高的综合的生存欲求与自由,是"人的自然化"生命高度发展的表征。人类酌取宇宙雄奇的创意,钩深致远、寻幽探奇,创造出合于真善美的自然——文化合一的生态审美环境,这一美的创造正是人同自然社会的统一的表现。"是自然界的真正复活,是人的实现了的自然主义,与自然实现了的人道主义。"①是人与自然的原初和谐在更高水平上的再现。

(二)生态环境美场的生命范塑

"人的自然化"最终造就美的"人化的自然",并让这一包含人与生态的整体最终具有了自我调节和自我创造的生命造化意义。这一自然化、审美化的生态环境是整体生态圈衡生共荣的存在,作为一个具有独特生命的开放而竞生的整体,审美化的生态环境自我完善的同时又形成了对内在于它的主体(人或自然物)的生命范塑,在发挥其价值支撑作用的基础上表现出化平庸为新颖,化缺憾为崇高的恒常生态转化力量。在"人化"的前提下,相对平衡与稳定的系统质的审美范塑是生态美场作为生命整体独立存在的标志。(1)系统质的形成是各部分与个体通过动态的对应关系共同造就,环境美场作为动态平衡的"活性"结构、"弹性"结构,在其张力的作用下,不断打破旧的生态平衡,接纳新质、再生新质;同时又在聚力的作用下兴利除弊,化丑为美,在整体的相对提升中,实现新的平衡,共同汇入同一性、统一性、稳定性的生态主流。(2)这一生态主流所代表的整体质在环境美场中结晶而成审美场特殊的合于时代与环境的进步优异的审美风范,成为弥漫于生态美场的氛围、气象、情调、态度与趣味,以其审美范塑的灵魂、精髓与气象,构成一个生态化、审美化的网络系统,并以其特有的健康进步的吸引力,潜移默化,让环境内外的个体甘愿纳入其中,塑造自己,为环境美场的审美潜质与显质进一步共生,以及与主体审美潜能的整生形成稳定的基础,构成系统质所包含的生态谱系的良好依据。(3)具有稳定与独立系统质的生态美场构成对自身和对主体的范塑机制。审美场有一种磁力,弥漫笼罩着全场,对场内

---

① ［德］马克思:《1844 年经济学哲学手稿》,刘丕坤译,北京:人民出版社 1985 年版,第 135页。

一切进行同化,使其同质、同性、同态,这种磁力源是审美场的系统新质。① 生态美场的质态风范,即磁化标准,使场内以及场外受影响的主体都分有了整体的风范,纳入整体组织化,有序性的范塑当中,再一次融入"那种伟大的无形的、共同的,存在于生活中的人性的一致性,存在于永恒精神领域中的一切精神的同契性,以及这个第一推动力和世界进程的同契性"②。这种一致性与同契性的作用下,生态各部分相吸相引,相聚相合,按美的规律和理想形成统一的结构,在新的生态美场内容部分以及场内主体的协同运动、和谐发展中,最终构成局部或个体单方达不到的超越性的物我同一。

(三)自身效能的增长与拓展是"审美化"的生态走向自由自觉的标志

"人化的自然"是人与自然共同达到的生态整体自由的生命。自由自觉生发拓展的生态是主客体生命精神交融互渗的体现,在自然、社会和人的生命活动的各种具体形态、基本秩序的暗合与遵循中,达到对具体生命存在的有限性的突破,跃升到宇宙生命意识和人性本质这一无限的境界,切入并升华了生命原态的整体性,丰富性、隐秘性,在生态美的境界中,主客体得以回到至真至纯、无挂无碍的自由状态,在新的社会与历史条件下,实现生命整体的生存平衡与协调。

首先,"审美化"生态中环境潜质的运行与召唤。"审美化"的生态整体在自在与他在中求发展。其高妙而新奇的审美品位以及与审美主体自由合一的同构可能性是产生强大的审美吸引力形成召唤结构的重要因素,其潜质首先以自在的自由为存在的根底,以超越人类自身目的之上的现实与浪漫成为众美之源。这一为己又属己的自由形态,以其优异的质量,高尚的趣味与人类的创造天然合一,形成合于自然又超越自然的审美形式与审美蕴涵,它综合自然与人类的智慧,打破底层次的单调阻滞,以中间层次的均衡渐变,过渡到高层次的动态平衡,多样统一,"结构的统一性,稳定性,共同性,同一性与多样性,变化性,个别性,差异性充分发展,平衡统一,正而奇,雅而灵,稳而活,趣味横生,魅力四溢"③,错彩镂金,光华满目,又如行云流水,风致天然。审美的生态不仅是高层次的攀登与达到,更是在这一高水平上的盘旋、推进,从其创造性、新颖性、独特性、原生性,在为己又属己的创造中将人类主体的智慧、才情、价值取向吸纳到其生命的吞吐中,以主体高超独特的审美创造力和客体取之不尽的审美创造质的统一,既

① 参见袁鼎生:《审美场论》,南宁:广西教育出版社1995年版,第228页。
② [德]马克思·舍勒:《资本主义未来》,刘小枫编,罗悌伦等译,香港:香港牛津大学1999年版,第231页。
③ 袁鼎生:《审美生态学》,北京:中国大百科全书出版社2000年版,第110页。

吸引生命的内聚凝练，又推动生命的开放拓展，实现审美化环境高品质的变化万千，日新月异。

这一高品质、新创造的环境客体，以其生命存在与拓展的自由成为他在需要的最大根据和资本，对人类主体形成强大的吸引与召唤。在与主体的对应中，生态最初最直接地表现为蕴涵审美潜质的环境与心灵的美境产生直觉的一见钟情的共鸣，在"相看两不厌"的交流过程中人与自然的张力进一步发扬，参与到审美认知、审美感悟、审美研究、审美创造的过程中，既成为认知、感悟、研究、创造的潜质对象，又形成潜在的引力，并与主体共生创造的活动与成果构成具有审美欣赏、认知、感悟、研究、创造等张力潜质的引力美场，在与主体的进一步吐纳收摄之中形成反馈性积淀，从附属性的审美潜质，发展为相对独立的环境潜质，形成以审美欣赏潜质为基础，集审美批评潜质、审美研究潜质、审美创造潜质为一体的审美潜质系统，为综合型美场的生成创造了既自由流衍，又隐含期待的魅力客体。

审美化生态环境潜质不仅具备高级新颖的审美品位，并为未来依次展开的审美活动提供了评价、研究和进一步创新推进的客体条件，为整体生态的审美化形成优异的显隐关联的契合。

其次，"审美化"生态环境的质的整一生发。"人的自然化"构成"审美化"生态环境的质的整一生发。在"人的自然审美化"完善状态中，生态的良好质态在其生态质圈中形成、存在、运行，构成某种持续的相对的稳定，并以此为基础生发质态、完善自身、运转不息、蕴涵无尽，构成稳定与发展的统一，达到质与质态的完备整一。生态美场形成之初，其个体与部分的构成处于概略与初步的形态，其质态表现为众多松散的质点。在审美场自发展、自提升的生发力的作用下，其形态结构逐步调和整一，其丰富的数量、多样的类型、多侧面的质由分化到综合，由具体到抽象，构成统领千万的综合美场，形成普遍的抽象的结晶的新质。这一新质同时回环往复，四下衍生，实现个体与整体、新质与特质的周遍蝉联、圆融无碍，构成新质整体丰富、变化、新奇的生命活力。在这一整一生发的运动当中，生态美场相生相长，蕴几蓄微，形成高度整一的生态化。在整体质强劲与持续的生发中，仅为一己利益而运行的功利行为不再有存在的条件，而是纳入到客体的、整体的功利目的当中，共同化入整体之善才能得以良性的长远的实现。在整体的限度与化育中，环境中的个体与部分有机关联、结构均衡，其质格自由自觉地充分完善与实现，显能与潜能相互促进、逐层升华，以其深层的规律与运作的力量生发出最高位格更为理想的潜能，形成最优最全的自然社会生态显态质。

"审美化"生态环境的整一生发构成生态完满的大圆之境,这一类似宇宙鸿蒙创化的浑化境界,一面合于人类智慧的探测,一面浑涵氤氲,包含生命的奥秘,以其微妙完整、自然圆足的浑化之力构成一个生意流转,美景良辰,与时俱进的生命之环,形成建立在生态基础之上的人类生活内涵与天地节奏礼乐的和谐圆满。生态环境的"审美化"是主客体潜能自由对应形成的偏于客体的美的形与质,是审美与生态相互统合落实的整体生发,以其审美范塑的生命力系统推进,最终达到自身自由自主、周流拓展,美的景观、美的内涵与美的人心彪辉互进,共同实现天人审美共生的自由。

第三节 生态整体美化:共同的"自然化"

生态维度之中"人的自然化"的最终目的即涵纳人与自然在内的生态整体美化,并达到人与自然、人与社会、人与自身共同的"自然化",即以实践为本体的科学主义与人本主义的统一。生态主客体的共同创造产生相应的生态审美效应,这一效应在人类所涉及的实践的广泛渗透与关联中逐渐构成时代审美与现实生存活动的转换,构成生态整体共同的美化,即"共同的自然化"。"实践美学并不是一种纯主体性美学,也不是一种唯主体间性的美学,而是一种全方位的关系性的美学。"①在对实践美学多层次的构成中,"人与现实的审美关系"全方位相互关联,共同构成实践美学有机的整体。这一整体确证"人的人化"真善美追求相统一的实现,即在人与自然的交流中全面带动与实现主客体整体现实存在的共同自由。"生态的问题具有社会的、人文的性质,不仅有自然生态,还有人文生态。两种生态虽然以自然生态为基础,但是它们相互渗透、影响,自然生态渗透进人文内涵,人文生态必须建构在自然生态的基础上。"②在马克思和恩格斯对生态问题的有关论述中,生态范围涉及自然生态、社会生态、和精神生态多个方面,就生态维度的研究而言,自然生态是一切问题的原发点,并以此延伸到社会生态和人的精神生态。从整体视角而言,在人类面临的生态危机的解决方案中,每个方面都负有同等重要的责任,都是不可或缺的重要一环,而多元视点正是生态精神的体现。

---

① 张玉能:《实践创造的自由与美和审美》,《汕头大学学报》2003 年第 5 期。
② 陈望衡:《生态美学及其哲学基础》,《陕西师范大学学报(哲学社会科学版)》2001 年第 2 期。

一、"人的自然化"与生态整体自由

"人的自然化"所达到的审美最高境界是与"自然人化"最终的统一,是人的本质力量对象化所达到的生态整体自由的最高体现。生态整体自由构成生态整体美场,在双向对象化的自由交流中,"人的自然化"进入时代生态整体的自由,并由生态美场的整一与范塑延伸至人与社会、人与自身共同的自由。

在这一生态整体自由中,"人的自然化"行为将审美落实于生态、生态提升到审美。"审美的世界不再是一个同现实实践对应的世界,而是从精神的天国降到大地上,这个'大地'也不只是审美观照的对象,而是以人为主体的现实实践活动,审美和艺术从'象牙塔'走进了人的生命活动的全体领域。"①审美广泛渗透到物质与精神生活的每一个层面,并深刻影响到人们对生活方式的选择与追求,物质生产、科学技术、伦理道德、政治管理、宗教活动、人际交往、语言文字以及衣食住行均在整个生态规则的运营中按照美的规律加以美化。艺术作品、美的环境、简单而高效的工具,为促进自然一体的感受与他人交流起良好作用的产品,以及生活方式所表达和经历的纯洁共同构成生态环境中提高了的合于美的质。柏拉图的《大希庇阿斯篇》中曾把瓦罐、汤勺、骏马、少女、学问、制度统统纳入到美的探讨中来,认为它们均分有了美的本质,成为审美普遍地生活化、世俗化、日常化的早期表现。在生产发展、文明进步的生态审美时代,随着人类对生态规律与目的认识的深入,道德行为、经济效益、商品与自然、科技与艺术将在人类精神生态的审美调节下相结融合,并从诸合理的片面的"合"中寻求人性和世界进步的实现,以自然生态与社会生态,环境美与人性美、审美精神与实践活动的自由合一,实现席勒在《美育书简》中设想的"审美文化的高度和极大的普及性与政治的自由和公民的道德、美的习俗与善的道德、行为的光辉与行为的真理携手并肩而行"②。

首先,由审美与生态整体生发构成现实中别具一格的审美生态意境,是艺术世界的生态美场在整体世界中的贯彻,有如庄子寓言中的庖丁,在自然的"道"与智慧的"技"的结合中,将美的空灵运行于解牛的实践。生态的美化也正是以自然精神的模仿到主体生命的传达、到整体意境的创造,让"影子的影子"走向经验的世界,让山川大地与人生成为宇宙诗心的映现。这种高度把握生命、深度

---

① 曾永成:《文艺的绿色之思——文艺生态学引论》,北京:人民文学出版社 2001 年版,第 224 页。

② [德]席勒:《美育书简》,徐恒醇译,北京:中国文联出版公司 1984 年版,第 102 页。

体验自然的境界具体贯注到实际生活与环境中,使生活与环境本身成为诗书礼乐、端庄流丽的文化。从自然万象到人文万象都负载着某种形而上的光辉,人类对于工具等实用品的制造,不止是用以控制自然以图生存,而是在每件工具中表现出对自然的敬爱,把大自然里启示着的和谐、秩序,它内部的音乐、诗,体现在具体而微的工具中,从物质工具、穿过政治经济、道德伦理、从个人人格、社会组织、生产活动、日常用品直至天地境界,形成浑然无间的大和谐、大节奏,在美的形式中作为美的秩序,成为宇宙生命情调的表微。

其次,"审美化"的生态对主客个体性灵的开发与提高。主客体的潜能在相互对应中充分而自由地发掘,审美化的生态并非消融各环境中的个体以及环境外主体独有的特质,将其完全淹没于整体新质的范塑,而是在范塑新质的同进,充分启迪了主客体双方性灵潜质的发扬,在形成化合的整体优势的同时,提高其构成个体或局部的整体质,在整体的规范下共同趋向生态美的高品质。在兼容美化的过程中,主体与客体的个体潜能不再是一个自足的封闭的所在,而是在万物的牵引与召唤下,充分扩张,热力四溢,天赋的性灵得以最大限度的发扬与解放,"本性适则无往不适,乾坤融和,天人相映,所在皆适也。"①在天性的发扬中,个体返归本真,体露真常,臻于永恒,把握天地之大美,在"天行健"的大环境中"自强不息"(《易》),生态美场的范塑,既是整体的范塑,又是个体的范塑;既是自然内的范塑,也是自然外的范塑,以多方位的拓展,同化非审美领域,强化审美领域,以其无限的开放性,力求将自身的美质渗透到生态场的各个方面。

最后,生态美场的变化与拓展。生态美场自在与他在的潜质与吸引,在自律与他律中推移变化,在高水平的组织、控制、调节中"周行无穷而不殆"(《道德经》)。生态美场中自然与社会诸因素,如自然物、经济、政治、科技、伦理的协调发展与时代社会意识形态制约共生,在其综合的支撑作用下,以及审美认知、欣赏、评价、研究等审美自律机制的作用下,审美化的生态形成优越典范的自然社会文化生态圈,在环境美场内各成分暗合目的与规律的相互分化、交叉、渗透、影响中形成一种生机旺盛的创造新质而不灭原质的拓展,这种属于审美场自身效能的增长与拓展,是生态美场走向自由自觉的标志,效能的解放与自由、自主实现与发展,使生态整体达到自足的境界,实现了审美的无为而无不为,独立的品格凭此而成。

在这种自为拓展,自由自觉的完善中,广义的容纳世界整体的生态审美潜质

---

① 朱良志:《中国艺术的生命精神》,合肥:安徽教育出版社1995年版,第413页。

日增月长,"盛极而衰,这是表面的,消极的,小视角的,盛极而变才是内在的,积极的,大视角的,才是积极的,辩证法的精神。"①在审美化生态优异品质的影响塑造下,人类相应的审美潜能同步提升,相循无穷,共同汇入宇宙生命奔涌不息的美的激流中,达到天人美生、人与现实审美关联的整体自由。

二、生态整体审美化与共同的"自然化"

在商品经济与生态危机共存的社会条件下,在物质满足基本生存的情况下,如何进一步完善、关怀人类的生存状况,是实践美学当代面对的新问题。生态平等观、自然敬畏观从生态的角度探讨生物链中的生存、与他者的联系中的生存。从人与自然的角度反思人类现代面临的困惑,主张重新建立人与万物的关联,在一个新的意义上更新人们的生活,从物质生产的"生态化"到精神生活的"生态化",构成新的历史条件下实践的延续。

审美化的生态整体是审美实践生态圈中人与自然维度向其他维度的延伸,赋予人与社会、人与自身共同的"自然化"意义,并对另外两个维度形成自然化的新启示,构成人类思维与存在方式共同"自然化"的再阐释。

(一)贯穿人与社会生态

"因为人类的社会实践活动越来越广阔、深入使社会实践的活动过程和产品成果不断发展扩大,在不同的时代形成不同的社会美标准、尺度和面貌"②,生态观作为社会实践的成果,必然在现时代渗透于社会美的面貌之中。

生态美首先存在于多极发展,整体共存的有机系统,在人与社会、人与人的关系之中,"生态自然化"的启示在于:如何在发挥自身天赋能力的个体满足与发展的基础之上与他人和谐共处,形成社会个体与整体共存的多极繁荣,这就是马克思所说的人的真正的社会本质的实现,每一个人的发展成为所有人发展的条件。社会生态之中,只有个体实现的充分与提升才能构成整体的提升,个人的实现即社会整体的共同实现。为整体而牺牲个体发展,以最大多数人的压抑形成的稳定与和睦将是崩溃在即的道德与自由的假象。正如作为封建社会挽歌的《红楼梦》所描绘的,为少数统治者的理想而牺牲多数人的最大发展,在烈火烹油、鲜花着锦的表面荣华之下是千红一哭,万艳同悲的凄凉与辛酸。物种多样化的存在与发展构成生态整体丰富与更新的活力,而对于人与社会而言,社会生态

---

① 袁鼎生:《审美生态学》,北京:中国大百科全书出版社2000年版,第124页。
② 李泽厚:《美学四讲》,天津:天津社会科学院出版社2001年版,第93—96页。

美的最高形式应是人与人,人与社会环境及环境各因素的共赢与和谐。社会的规模越大,内容越丰富,整一性就越高,而整一社会更需要多极共生的发展。霸权主义、全盘西化、东西方矛盾、南北差距,都不利于社会整体的繁荣,在中国也有相似的情况,在一部分人和地方先富起来之后,就要考虑社会的整一平衡发展,多极共存的生态平衡构成社会健康发展的基础条件。一个个人与社会、局部与整体共同的发展的社会必然是一个开放的具有更新能力的社会。

在纯粹生态物质的世界,有一个最大熵原理(熵是用以表示物质系统混乱程度的量度,混乱程度越大则熵越大,混乱程度小则熵越小)即一个封闭的物质体系的自然发展方向只能从有序到无序,而一个开放的生态系统却与之恰恰相反,是由无序到有序。开放与兼容的社会与观念,将是促进社会良性发展的有利条件,多元生态、多极共存的观念正逐步渗入我们社会的各个方面。对他人的理解与宽容,合于天赋与欲望的生存理想的选择正促进中华民族走向一个思想解放、全面生长的新时代。"一切皆有可能"、"双向选择"、"生存方式"、"享受生活"、"单身贵族"、"再就业"、"终身学习"、"生命是过程,而不是目的"成为时代的话语。许多以前个体向往而为世俗所不容的生存方式得到最大限度的许可与肯定,需要、能力与个性爱好成为生产力解放的活力的动因,"螺丝钉"、"砖头"的观念已逐步消隐,像电视剧《血色浪漫》之中主人公永不定位,决心永远在路上的体验式生活方式为时代青年所理解与感动,由从前传统观念认为的不专心工作、背叛爱情成为当代生存探索顽强无畏的哲理偶像。这一开放式生存理想是《红楼梦》中的贾宝玉、《生命中不能承受之轻》中的托马斯艰难求索在其生存条件下而无法达到的,而这一理想在我们的时代得到了最为鲜明与生动的表达。在这一生态社会理想中,人生之美全面,丰富而诗意地展开,生活充满了更多的机遇与无限的可能性,这一开放的未知与和谐构成人类社会生活之魅力的最丰厚的源泉。

这一由生态整体和他者目的衍化出的生态位多极价值社会生态美,构成了我们时代对生活与人性更为深刻的理解,成为实践以物质生产为起点的重要完善与延伸。物质生产与财富的占有在生态审美观中并不成为衡量人的最终方式与最高标准,按照自身条件与需要自由发展的不同生态位价值平等观逐渐进入人们的视野。"人生的每个片段成为每个片段本身,不以彼物来解释此物,不以彼时来解释此时,……充分呈现事物本身的意义,充分呈现人生本身的意义。"①

---

① 彭锋:《完美的自然》,北京:北京大学出版社 2005 年版,第 5 页。

"一个人所达到的自我实现的程度越高,与其他人的认同就越宽越广,……就越依赖于他人的自我实现。"①物质生产标准中的落后者,弱势人群,失败者,在这一生态平等观中共有尊严,共有生态与人道存在的价值根据,以致公共汽车上的流浪歌手自信地宣布:"请大家尊重我选择的生活方式。"这一多极平等生态审美观同样首先表现于艺术的探索,从美国20世纪90年代以来奥斯卡获奖电影中可以集中看到这一社会生态观的表现和对资本主义拜金传统的质疑与反思,如《与狼共舞》深刻探讨了物质生产中的落后者——印第安人于社会生态中的存在价值与存在正义,以及古老生存方式的优越面与对于当代与未来的启迪,表现一种对文明多极存在,特别是亲和大自然的文明形态的肯定与眷念,其自然诗意的力量与哲理激荡人心;再如《阿甘正传》中弱势人群的代表所谓智障者,以其人道关怀与生态发现从另一个视野表现了一个世俗之中又游离于世俗之外的独特人物,以另一视角开拓了人们认识的视野,获得了属于人类的多层次的感动;再如《美国丽人》中的物质生产中的失败者,该片以震撼人心的力量表现了世俗观念的功成名就对人类生存状况与生存心态的打击与破坏造成的人与人关系的疏离与隔膜,从一个反面肯定了社会生态本应具有的共存的合理,对个体生存状况本应有的自足、欢愉多极价值、社会生态平衡给予肯定。这一系列的艺术表现,充实着实践美学以物质生产为起点的生态维度的审美表达,成为补充实践美学三个层面的生态蕴涵。

(二)贯穿人与自身生态

生态审美观启迪着个人在生态整体中认识自身,实现自己热爱的可达到的价值,即实现个人欲望理想与社会理想的合一。传统的个人理想一般笼罩于社会理想之下,常为社会理想规定和左右,这一现象成为西方近代以来人性异化的根源,而生态审美观倡导的是个体与整体的融合,即个人理想与社会理想的平等与统一。这一统一正是人作为自然生命根基的自然化,即认识自己,反对异化,沟通自然。"认识自己"的观念自古希腊来是历代哲人思考的主题,在实践"生态化"时代将以社会与自然大背景再次启示个体认识的实现与现实的完成。人与人自身的生态美的建构将帮助个体与现实矛盾的消解,实现身体与心灵共同的完整,达到可能达到最大限度的统一。创造具有丰富的全面而深刻的感觉的人是共产主义社会的一个重要的本质特征。生态审美以多元化价值为前提的整

① Naess A. "The Deep Ecological Movement: Some Philosophical Aspects". In: Sessions G. *Deep Ecology For The* 21st *Century*. Boston: Shambhala Publications Inc. ,1995. pp. 64 – 70.

体交流观念,启示个体在取得对群体的独立性基础上如何返回整体,在社会主义现代化大生产基础上重建人与自然、个体与群体的统一。

首先,人类作为自然的存在以及"自然化"的存在,体力与智力共有尊严,是身心共同的"自然化"。"通过社会生产,不仅可能保证一切社会成员有富足的和一天比一天充裕的物质生活,而且还可能保证他们的体力和智力获得充分的自由的发展和运用。"①在人类古代的原初和谐时代,肉体与精神和谐一致,共有尊严,中国古代的君子,必须掌握"礼、乐、射、御、书、数"六种技艺,古希腊美的理想当中,生动健美的形体更是精神天然的语言,"锻炼四肢,聪明趣味,集一二十种才能于一身,而不使一种才能妨碍另一种才能。"②"一个壮健的身体,能做一切练身场上威武的动作,一个血统优秀,发育完美的男人或者女人,一张暴露在阳光中的清明恬静的脸,由配合巧妙的线条构成的一片朴素自然的和谐。"③在自然生态审美环境的建构中,灵与肉的和谐具有更为深刻强烈的根本性。身体、精神与自然本是息息相通的,健全的身体与心灵是自然永远活跃的神力。

当今时代,逐于智力,头脑成为全身的重点,身体的权利被智力的发展、高科技产品的先进与便利快乐地舒适地剥夺,体力在书斋中、交通通讯的便利中、电脑前面的运筹帷幄、决胜千里的智力优胜中日渐委靡,然而精神原本是天生没有自己的能量的,它必须与身体的内驱与原创结合,才能在升华的过程中赢得力。客观生命是主观生命必不可少的的支撑,主观生命是客观生命的延续,在审美化的生态环境中人类一方面提升智力,另一方面更要大书体力,"肉体自有肉体的庄严",④快乐和痛苦最后总归是身体的,结实、轻灵、健美的身体与保持生命力旺盛的原初本能意义非常,人类不可为文明雕琢得过于精致,机器没有野性,人造物不需要自身,生命的野性是我们天赋的珍宝,是体现于人的自然力量之神奇的根源。生机勃勃的人体,天然直率、贴近自然的生命激情,以其内在与外在的善与美,反映着人与环境有机的、协调的真实的生态联系,达到真善美益的造化一体。

其次,个体生态与社会生态的统一。现代文明重大的缺憾在于社会价值战胜、同化人类自然价值,丰富个体成为社会机器中整齐划一的零件、工具,人与

① 《马克思恩格斯选集》第3卷,北京:人民出版社1995年版,第633页。
② [法]丹纳:《艺术哲学》,傅雷译,合肥:安徽文艺出版社1998年版,第294页。
③ 同上书,第328页。
④ 同上书,第84页。

人,人与物越合作越疏离,越依赖越陌生,经济价值、工具价值、实用价值、社会价值无孔不入,淹没了人与万物独特内在的自然价值,身外之物的"进步"剥夺身内本质的幸福。然而人的本质生成为自然的本质,自然本质再成为社会本质的基础,正是人的本质真正得以生成的标志。"审美化"生态环境中自然物内在价值与系统价值的统一,人自身自然价值与社会价值的统一。这一内外潜能统一的系统化、科学化、生态化,既是其自身发展、审美活动内向积淀的结果,又是本于基础结构的促成人与环境整体生态融合、生发、升华的条件。生态系统中存在着两种交融的善,系统的善与个体的善。没有共同的系统的生发共存,自然价值、社会价值都不可能单独存在。个人独立的思考、生动个性的发挥、知识结构的多样化、生活方式选择的多样性在审美化的生态中与社会角色的承担在有容乃大的社会结构广阔的保护中立体构成。

　　"人的生命活动与这个系统发生的生态联系的广度、深度和有效、有序的程度,决定着人的生命质量和水平。"[1]生命的质量正在于个人全面自由的发展与其他生命形式的密切合作共同获得深层次的愉悦和满足,所以自由作为人的个体生命本质的追求,作为多样统一的整体追求,不只是对生态环境的诉求,更是生态和谐的要求。在追求平等的前提下追求卓越,个体的生成品质超越局限融入整体生命之流,非理性人性之天才的觉醒与发自生存欲望与自由意志的渴求在社会目标与规范的兼容与需求之下与外在价值理性呼应、融合,在时空的变迁、生存的智慧与诗意的空灵中得到稳定而持久的认可。人类个性生命真实地恢复,人的可能性充分发展,全面开拓,正如马克思所提出的,绝对地发展创造性潜力……以人类的全部力量的发展作为它自己的目的。[2]"上午打猎、下午捕鱼,傍晚从事畜牧,晚饭后从事批判,但并不因此就使我成为一个猎人、渔夫、牧人或批判者"[3],驾驭生命本身充满活力的流变,真正彻底地实现自己,万物不待他成而自成,人也不必待他成以自成。在审美实践的活动中,生命活力发展的内在要求,最终作为生命活力勃发的触角与前端,为整体生态以及环境良性的发展探索新的道路。

　　人类主体对自由和个性解放的追求,以及民主和平等的真正含义正是为了

---

①　曾永成:《文艺的绿色之思——文艺生态学引论》,北京:人民文学出版社 2001 年版,第 99 页。

②　参见马克思:《政治经济学批判大纲》(第二分册),北京:人民出版社 1978 年版,第 103 页。

③　[德]马克思:《德意志意识形态》,北京:人民出版社 1961 年版,第 27 页。

整体生态发展的多样性,使生态文明在丰富中稳定中优化。在对生命自由的体验与发扬中,人的个体与群体在自然环境与社会环境中的自由生存构成社会生态美,在自由生存的状况下,人的生命力得到最大的张扬,知、情、意各种能力得到最好的锻炼与运用,生命潜能最大地发展。历史的必然性通过无数个体的选择,通过个体的主体性的发挥得以实现。物质与自由的问题,就是生态要解决的问题,生态整体美的追求是更高层次的人对自由的追求,是人类在 21 世纪和今后漫长的时期内所面临的根本任务。这一任务的最终解决,就是世界范围内的社会主义、共产主义的实现。

三、"属自然的人"——审美化的生态整体中审美者的理想境界

"人的自然化"是最终落实现实人生的审美化。在生态审美的创造中,生态美由文艺构想中的理想向主体审美之生存拓展,深入到人生各个方面,并实现实践生态观向当代审美文化的再渗透。狭义的生态文艺辐射拓展,车尔尼雪夫斯基的天才预设"美是生活"将得到落实人间的实现。较之所有的艺术创造,最完美的艺术是生活,"日常生活审美化"的讨论进入人们的视野,在生态视阈中,日常生活审美化即探索人类合于自然生态的全面发展,即生态精神观念与物质共同的审美化。生态只有作为人的自由实现,生态目的的实现才构成完整的美的发展,不单向合于自然,也不单向合于人,而是人与自然共同的"自然化"——合于生态他者目的的整体自由发展,是审美化的生态整体中"属自然的人",即"自然化"的人所达到的理想境界。

(一)"人的自然化"与精神生态美

在实践的双向对象化过程中,"人的自然化"所构成的生态美境界,最终对人类自身构成精神生态美的融合与塑造,生态审美的精神是人类与自然和谐共生的生态整体成就,构成人类于生态整体过程中充沛、强壮、开放的生命状态。生态美的主体既具备各种优良的生态文化伦理素养,又具备与其实践活动相关的生态环境知识,从而以正驭奇。一方面个性化生命力得到自主的实现,另一方面以合规律合目的的开发,达到审美自律的实现,达到野与文的统一,质朴与文明风化的结合。以小我的洞察,见宇宙万物的森林,在生活、生产的每一个方面、每一时刻,以审美的纯净淡化一己得失,以君子之风顺应宇宙生态的规律,以旷达的审美生存境界,深广的博爱情怀融入生态大目的的实现,重返自然,法天贵真,在无目的的本真追求中与客体的无目的实现动态的统一,人类主体的内在可能性与大自然外在可能性协调一致,无限发展,结晶而为宇宙生态灵性、道德与

理性的新质,以其合内外、一天人、齐上下,下学而上达,生态审美情怀,将自我生命、人伦秩序、天地精神共同汇合为生态整体大自由的精神。

"人的自然生态化"所构成的精华正在于生态整体趋于真善美的目的中生成的人类主体灵魂之美,它是整个生态系统高度发展的产物,是原生态的生命精神的激发和砥砺,也是主客体潜能相互优化中创造性的实现,是丰富的人性魅力、健全的审美人格形成之源,人类主体在生态灵魂的引导下,按照生态美的真的规律,善的目的生存与实践,将环境美的规律与目的融入人类的血液与机体,一言一行、所思所想暗合规律与目的,忘记生态教条的存在,在环境美的建设与维护中实现真善美的同步发展,让人类、环境以及二者整体在三者的相关系中真实契合、共赢共生。

精神生态美在我们时代的建构意义非常,工业化时代人类依赖外力征服他人他物,征服自然、宇宙造就了外向型、功利型的现代社会,也造就了现代人善于经济、善于算计的人格。"高科技的奇迹培植起的科技万能的观念,使人的主体精神片面地极度膨胀,数字化生活的虚拟造成人与世界关系的间接性,幻真与实真之间的错位与交迭,数字中介的抽象与隔离造成自我失落,人性迷惘和本体湮没……市场经济中人对物的依赖造成人际关系的疏离和交往成为相互利用,再加上信息传递的现代化使交往方式更趋间接……助长了人们的人格面具和角色意识,由此而生的失落、孤独、猜疑和虚幻既激起反弹性的自尊与虚妄,又让生活失去许多色彩和韵味。"①精神生态的建立与调节将有助于人类自觉调整失去了的人与自然环境的联系,从社会环境的阻隔中、高科技的包围中,重新找到人——社会——自然关系的平衡,脱离社会于人的各种观念、身份、地位的束缚,颠覆文明强加于人的暴政。一方面回归于自然人本身,实现人格的纯粹与完整;另一方面作为社会的人,调节身心的节律,突破专业化、社会化造成的局限,在相互的协同与竞争中增加复杂性与创造性,使生命更多样、更精致。在"生态化"的主客体建设中,人类将重新恢复审美在人生与环境中的神圣地位,并以此觉察自己、改善自己,最终实现完全占有和认识自己。

(二)审美者的理想境界——审美生存的生命神采

"生态化"的审美人生和最大限度的自由是生态审美化追求与达到的为己又属己的目的。人类是建构调节审美环境的中枢与唯一能动的力量,人类审美

---

①　曾永成:《文艺的绿色之思——文艺生态学引论》,北京:人民文学出版社2001年版,第44页。

者的境界是审美化环境实现的融为一体的关键。"你若想观照神与美,先要你自己似神而美。"①在"生态审美化"的大环境中,主体潜移默化,美质日长,美态日增,主客体不再存在审美的距离,审美者的言行,每时每刻既暗合生态与实践的规律,实现自下而上与实践的目的,又暗合美的规律,最大限度地消除生态系统中人与自然的矛盾和各自的苦难,达到美与生命的同一,美与生命的活动同一,美与生命真善活动的同一。在这一同一的追求中,主体审美欲求力、感应力、感受力、知解力、评判力、想象力、创造力协调运动形成合力,在天人同一、审美生存理想的指导下,主动自觉地等待、寻找,和高品位、新品质的生态客体相匹配相冥合,共同生成最高的审美价值目标,实现更为高远自发的生命境界。

　　"自然化"生态的最高价值是有着自由特征的主体,这类主体是进化之箭最终指向的目标。而对于个体而言,审美人格、生命的神采又是目标中的目标。由"自然化"生态整体趋于真善美的目的中形成主体生命之美、人性之美。审美的个体是自由意志与生态规律的高度统一,是人与自然、人与人、人与自我和谐的最终实现。"生态神态美含量丰盈,文雅特异的生命风貌、生命活力、生命情调、生命意趣、生命灵性、生命风韵、生命神采,构成了生命神态美的系统,形成了全面而丰富的个性生命本质,这是最具审美魅力的系统,是生态美的精髓。"②以形显神,形神同一的审美者自主、完备而深透地开发自身,典垂范直,又活力沛然、风情万端。这种美是人的灵魂与自然的神性碰撞后迸射的火花,使已有的宇宙意识或宇宙感化为生命意识或生命感,醉入天地,其乐陶陶,以人在自然中既渺小又伟大的妙不可言的哲思情韵,达到自然逍遥的生存境界。"行到水穷处,坐看云起时"(王维)、"采菊东篱下,悠然见南山"(陶渊明),风神潇洒,与物推移,如天地无止息地欢畅运动。人心即自然,即自我性灵的彻底解放。正如孔子最为赞赏的人生志趣:"莫春者,春服既成,冠者五、六人,童子六、七人,浴乎沂,风乎舞雩,咏而归。"(《论语·子路、冉有、公西华侍坐》)柏拉图在作品中曾把青年人比作献给神明的战马,特意放到草场上听凭他们随意游荡,相信他们凭借真挚的本性就能找到智慧与道德。"鸢有鸢之性,鱼有鱼之性,其飞其跃,天机自完,便是天理流行发见之妙。"③人生无所谓创造美,其本身就是自然一景、美的化

---

① 普罗亭诺斯语,转引自宗白华:《美学与意境》,北京:人民出版社 1987 年版,第 117 页。
② 袁鼎生:《审美生态学》,北京:中国大百科全书出版社 2000 年版,第 398 页。
③ 朱熹:《朱子语类》卷六十三,转引自朱良志《中国艺术的生命精神》,安徽教育出版社 2006 年版,第 35 页。

身,是自然生命的肯定,是生命天放的自由。马克思评价古希腊艺术永久魅力时对"正常的儿童"推崇备至,康德将"文化——道德的人"作为自然系统运动的"目的",道教尊崇"真人",席勒提倡"审美的人"均为人类主体暗合生态目的的全面发展的自由生命境界,"灵魂超越自身的低层定位,到达精神界的高级层面,最终超越下界达到太一神境,趋同于神,形成更为纯粹的太一化的宇宙之美"。①在生态灵魂的引导下,主体按照生态美的真的规律、善的目的、美的自由生存与实践,使之成为生命本身的素质潜在的自控制自调节自组织的机制,人性回归至真至纯的自由状态,实现生命整体的生态平衡与协调中的审美的生存。

生态美境中具有生态人格的审美者是宇宙大生态系统与审美化环境共生的主体的结晶,是自然生态肯定性的产物,从根本上展示了生态系统中自然万物与人的本质的生态关联,这也是人类能于自然万物中实现主客体审美对应的根源。由卢梭发轫的欧洲浪漫主义文学,中国老庄美学,到后来受禅风浸染的山水田园文学,均为人性返璞归真,合于生态功能的美的创造与发挥,是生态人格美潜在的探索与客观的外现。生态主体人格以整体生态本质为根本,以共同生态本质美的实现为最高追求,以博大的心胸与行动去容纳对宇宙自然、人性生存、整体生态命运的终极关怀。

生态美的建构是在建构人可生存其中的环境之后,人类与自然二者潜能在相互对应中创造性地发挥,是生态向美的理想提升的过程。人类主体的生成源自整体生态的发展,主体与环境客体有着本质的生态关联,也是主体能从客体对象中发现审美意蕴、相互沟通的渊源,也是生态理想有可能在主体发展中借助主体的中介得以贯彻的本源基础,"刚柔交错,天文也;文明以止,人文也,观乎天文以察时变,观乎人文以化成天下"(《周易》)。人类不是万物唯一的尺度,却是万物唯一的精神衡量者。生态环境美的创造正在于主体以其与生俱来的生态感悟参透人类作为自然一员的本源内涵,以生成自我、改造现实的热情,融合理性(科学)与感性(文艺)的成就,以美的理想境界为引导,以生命的整体投入实践,以全部的感觉在对象世界中肯定自己,与生态环境共同加入到自然进步的历史当中。人法地,地法天,天地自然是最高级的美的原型,这一造化与心源相融合的"自然化"审美生态,将不是博物馆中微型的展品,而是深入到人类活动的每个角落,甚至是人类自身的行为与思维当中,以万种形象、万千变化,将自然的内

---

①　袁鼎生:《审美生态学》,北京:中国大百科全书出版社 2000 年版,第 186 页。

容转化为深沉浓郁的自然精神美,让生态成为人类身心与自然最切近的亲密交流的明朗通道。不必以诗意的眼光,自然自为委婉,大到包括宇宙,总揽人物,涵盖乾坤,铺排渲染,小到一石、一树、一花、一径壶纳天地,别有洞天,在万象跃如的生命流程中,运转不息,彼此蝉联,组成交光互网的生命世界;在这一生命境界中山山水水、科技艺术、物性人性一理贯通,共同会归于宇宙修万为一的精神。

在马克思的论证之中,共产主义社会是一种理想的社会形态,社会生产力得到了极大的发展,物质极大丰富,实行按需分配,没有国家、阶级与剥削,每个人得到自由充分的发展,整个人类实现大同社会,共产主义社会是最高级形式的社会,是社会的壮年时期,焕发着成熟魅力与勃勃生机,而生态美的探索与丰富正是接近这一理想的社会阶段的重要途径。"人的自然化"构成双向对象化,构成生态整体的审美化,是实践基础之上物性与人性的共同敞开。生态的审美化,构成最高层次的整体生长之美,让具有丰富本质的自由对象成为物性自身,并以此成就人性自身,人类在真善美同一的结构中提升美质,拓展美量、扩张美域、开放美构,审美与生态统合形成自由自觉增长拓展的天人审美生存的新质,"不仅带来了人和人的和解,而且也带来了人与万物的和解,人与精神的和解。它们是美的游戏者而参与美的游戏。这是因为美作为自由不仅让人自身去存在,而且让它物也去存在。于是不仅人自身生成,万物也自身生成。由此构成了万物的交互生成。"①主体与客体的"自然化"共同显现人与自然关系的人性化,同时也将显现人与人关系的人性化、审美化。

清代李修易在《小蓬莱阁画鉴》中说:"发端混仑,逐渐破碎,收拾破碎,复归混仑。"②从发端混仑的古代到逐渐破碎的近代,再到审美的生态学时代,生态美的建构正是收拾破碎,复归混仑的过程,由人同于天,到天同于人再到天人共生,遵循自然基本的深层的整体规律,合于自然根本的目的,以此建构为生态所认同所接纳的宜人宜物的环境;在此基础上,人类依据对环境与生态的生存审美的规律和要求,美化自然、社会与精神,在人、天生态一体,"上下与天地同流"的基础上,生发、强化、弘扬、建设天人同构的自然美与生态美,共同构成为己又属己天人同美的审美化生态。天人同美在空间上扩大,时间上拓展,与生态圈整体运动过程同一,共同达到天人审美共生的境界,主客体以根植于生态自然的本质,共

① 彭富春:《哲学美学导论》,北京:人民出版社2005年版,第123—124页。
② 转引自朱良志:《中国艺术的生命精神》,合肥:安徽教育出版社1995年版,第457页。

同汇入生命生成史亘古常新的永恒。

从实践现实的视角来看,作为族类和个体,人在任何时代都不可能摆脱各方面的有限,不可能完全脱离现实物质、实用功利的局限和心灵痛苦的体验。从生态的维度而言,生态危机的消除,审美化生态环境的逐步实现,人类与自然、理性与感性、科学与艺术、真善与美统一于人生、统一于生态将是一个曲折、漫长、艰难的历史过程。但是变化是可以制造的,这一漫长过程的新的重要开端正在于改变我们对世界的看法,正在实践的基础上生态美、生态环境美作为科学的研究和作为审美理想的构思与预测。

结　语

　　马克思主义实践美学从 19 世纪中期奠基到今天,共约经历了一个半世纪,马克思、恩格斯奠定了马克思主义实践美学的基本原理。当今覆盖全球的生态危机推动人们从人与自然新的起点上去重新了解研究马克思主义,从中寻找解决现代生存现实所提出的重大问题的理论锁钥。实践美学作为以马克思主义实践唯物论作为基础和出发点的美学体系,内涵生发生态维度的机理。实践美学的生态维度研究,以实践美学作为背景和基础,力求将实践美学内在原理与方法和生态内容相结合,尝试营构一个完整的生态整体。研究集中于"人的自然化"这一中心命题,以实践美学已有的原理结构及运行规则为构架,探讨并阐发"人的自然化"命题中"自然"作为生态生命整体(他者目的)的新内容。以此补充、完善传统的人与自然审美观,探索实践走向自由的又一种通道。

　　在马克思主义唯物实践观中,自然具有本源性(物质源头),实践具有本原性(问题原初的开始)。实践本体构成人与自然交流的开端,人类生存的基本需要构成实践的动力,实践成为从物质到精神与自然相交流的能动力量。"自然的人化"与"人的自然化"是实践本体之上人与自然历史关系辩证的展开,两个方面均从不同的侧面有机蕴涵着实践哲学及美学内在的构成。生态问题构成"人的自然化"向度的彰显。

一、实践的本原

　　"人的自然化"以实践为本体,和"自然的人化"过程同时产生。人类为生存发展而进行的物质生产劳动在区分人与自然的同时,又构成了人与自然属人的意义的沟通。当代生态危机的最根本点在于:人类对自然单向的"人化"所造成的负面影响直接威胁到人类的生存。这一问题与实践的生存本体根本关联,而生态问题的解决,正在于实践本原中"人的自然化"向度的彰显与发挥。生态问题的探讨正在"人的自然化"这一实践的方向。实践美学的生态维度研究正是以物质生产实践本体为起点,在实践美学所奠定的思想和逻辑体系内,扩充时代生态整体实践和思想的新内容,以此提炼生态美立足现实的理想境界。

二、辩证的内涵

在人与自然的关系发展史中,马克思主义实践唯物论及实践美学实现了人与自然关系辩证的沟通,成为解决主客关系科学的思想枢纽,能够科学地整合"人类中心主义"和"生态中心主义"各自的片面与优点,将"人的自然化"内涵置于人与自然双向对象化的交流基础上。在生态的当代视阈中,"人的自然化"作为侧重人类主动合于自然的一面,成为"人的生态化"。"人的自然生态化"转向源自生态困境的现实,其可能性与必然性建立于生态整体中自然生命目的和本源独立的存在。在自然客观能动性的引导中,人类将走出一己的视阈,学习、借鉴、遵循自然,将自身"化"到自然之中,在生态的限度与契机中,以科学认知、道德提升、审美激励、社会实践为途径,提升本质力量的生态质量。人由此成为具有生态性的"自然化的人"(就主体方面而言),也就是"人化"的人,成为从物质到精神具有生态内涵的主体;同时,在"人的自然化"过程中,自然也就化为真正属人的自然,也就是"自然化"的自然(就客体方面而言),成为表现主体生态内涵的客体,即"人的自然化"中辩证内涵着的"自然的人化"。从"自然化"的角度,人类一边成就着属自然的人,即"自然化"的人,一边彰显着自然的潜能,成就"自然化"的自然,包含主体和客体生态建设的"人的自然化"成为二者共同优化的体现。这样,"自然化"的人就以自然的化育从生态意义上沟通着人与自然的关系,实现新的"自然人化",以主客体共同的生态美理想,成就自然与人文相统一的生态新境界。

三、生态的创新

"人的自然化"是一个历史的过程,生态问题是一个时代的现象,即从古代的"人的自然化"到近代的"自然的人化"过渡到当代"人的自然生态化"。"人的自然化"将在自身内在的科学机理中拓展新的内容,而生态的观点与视野又将为"人的自然化"构成提供新的启示和补充。在当今生态科学和生态人文研究中,自然的内涵进一步深化,由从前质实的对象转化为具有生态目的性的囊括人类总体的生命之网,生态的生命意义、有限与无限也以此进入人类伦理和审美的范围。作为人类实践能力与思想提升的总结,生态整体观将扩大自然对象的范围,并形成"人类目的合于自然规律"、"人类手段合于生态目的"以及"属自然的人"的思维转向。物种尺度的生态合理性、生态力量的客观主动性、危机背景下的生态优先性将成为重点探讨的对象,成为"人的生态化"科学的依据和追求的目标。生态内涵以此为通道进入当代实践的起点、过程与归宿之中,完成对人的塑造。

四、审美的提升

中国实践美学的巨大贡献之一,就在于完成了实践由物质生产的根源向审美层面转化的理论论证,建立了实践美学完整系统、有机运行的逻辑框架。对于人类实践的"自然生态化"而言,生态内容作为实践功能的内在动力而融入"人的自然化"内在运行的结构和过程,在二者的对生互化中逐渐提升。实践美学的原理与方法融入生态对象,构成"人的自然化"活态整体新的内容。在生态思想对人与自然关系新的介入中,实践美学将从物质、精神、审美三个层面逐级调整自由的观念,实现精神与审美的"自然生态化",由此扩大审美视阈,超越自身局限,提升审美境界,实现人类本质力量更为超拔、高远的对象化。将生态审美理想从主体到客体,落实于现实创造的实践,建立和谐社会、和谐环境,最终使人类走上全面、自由的可持续发展之路,在人生、社会与自然的统一中实现审美生存的境界。

作为建立于马克思主义科学思想原理之上的美学,实践美学存在广阔的思想发挥的空间。关注时代生存现象,是实践美学与时俱进的必然。生态思想的总结将从新的视角补充与更新着实践美学关于人与自然传统的论述,澄清人们对于马克思主义"自然人化"命题的一般误解,从思想意识的领域改变观念,协助生态实践宜人的建设,让实践美学再次面向真实的生活,介入审美的创造,从又一途径探索自由理想的实现:不仅造就全美的个人,而且从生态共生的深刻目的出发,注重整体社会生态圈的整体生存,协同发展,使之可持续地不断美化,从而造就更利于个体审美生存的全美的群体,全美的社会,全美的生态。

参 考 文 献

一、译著

[德]马克思、恩格斯:《马克思恩格斯全集》第42、46卷,中共中央马克思、恩格斯、列宁、斯大林著作编译局译,北京:人民出版社1979年版。

[德]马克思、恩格斯:《马克思恩格斯全集》第25卷,中共中央马克思、恩格斯、列宁、斯大林著作编译局译,北京:人民出版社1972年版。

[德]马克思、恩格斯:《马克思恩格斯选集》第1—4卷,中共中央马克思、恩格斯、列宁、斯大林著作编译局编译,北京:人民出版社1995年版。

北京大学科学与社会研究中心编:《马克思主义与自然科学》,北京:北京大学出版社1988年版。

[苏]米·里夫希茨主编:《马克思恩格斯论艺术》(四卷本),北京:中国社会科学出版社1983年版。

[德]马克思:《1844年经济学哲学手稿》,中共中央马克思、恩格斯、列宁、斯大林著作编译局译,北京:人民出版社2000年版。

[德]马克思:《1844年经济学哲学手稿》,刘丕坤译,北京:人民出版社1985年版。

[德]马克思:《资本论》第1卷,中共中央马克思、恩格斯、列宁、斯大林著作编译局译,北京:人民出版社1975年版。

[德]马克思、恩格斯:《德意志意识形态》,中共中央马克思、恩格斯、列宁、斯大林著作编译局译,北京:人民出版社1961年版。

[德]马克思:《博士论文》,贺麟译,北京:人民出版社1973年版。

[德]马克思:《机器。自然力和科学的应用》,自然科学史研究所译,北京:人民出版社1978年版。

[德]马克思:《政治经济学批判》,徐坚译,北京:人民出版社1955年版。

[德]恩格斯:《自然辩证法》,于光远等译编,北京:人民出版社1984年版。

[德]恩格斯:《费尔巴哈与德国古典哲学的终结》,张仲实译,北京:人民出版社

1962 年版。

[意]葛兰西:《实践哲学》,徐崇温译,重庆:重庆出版社 1990 年版。

[苏]鲍·季·格里戈里扬:《关于人的本质》,汤侠声、李昭时等译,北京:三联书店 1984 年版。

[美]詹姆斯·奥康纳:《自然的理由——生态学马克思主义研究》,唐正东、臧佩洪译,南京:南京大学出版社 2003 年版。

[美]罗尔斯顿:《环境伦理学》,杨通进译,北京:中国社会科学出版社 2000 年版。

[美]罗尔斯顿:《哲学走向荒野》,刘尔、叶平译,长春:吉林人民出版社 2000 年版。

[美]蕾切尔·卡逊:《寂静的春天》,吕瑞兰、李长生译,长春:吉林人民出版社 1997 年版。

[美]亨利·梭罗:《瓦尔登湖》,徐迟译,长春:吉林人民出版社 2003 年版。

[德]马丁·海德格尔:《存在与时间》,陈嘉映译,北京:三联书店 1987 年版。

[德]马丁·海德格尔:《林中路》,孙周兴译,上海:上海译文出版社 2004 年版。

[德]马丁·海德格尔:《路标》,孙周兴译,北京:商务印书馆 2001 年版。

[德]马丁·海德格尔:《人,诗意地安居——海德格尔语要》,郜元宝译,上海:上海远东出版 1995 年版。

[法]卢梭:《爱弥儿》,李平沤译,北京:商务印书馆 2002 年版。

[法]卢梭:《一个孤独的散步者的遐想》,张弛译,长沙:湖南文艺出版社 1992 年版。

[德]莫里茨·石里克:《自然哲学》,陈维杭译,北京:商务印书馆 1997 年版。

[俄]普列汉诺夫:《艺术论》,鲁迅转译自日本外村史郎的译本,上海:上海光华书局 1930 年版。

[法]柏格森:《时间与自由意志》,吴士栋译,北京:商务印书馆 2002 年版。

[德]施密特:《马克思的自然概念》,欧力同、吴仲坊译,北京:商务印书馆 1988 年版。

[美]戴斯·贾丁斯:《环境伦理学》,林官明、杨爱民译,北京:北京大学出版社 2004 年版。

[法]塞尔日·莫斯科维奇:《还自然之魅——对生态运动的思考》,庄晨燕、邱寅晨译,北京:三联书店 2005 年版。

[美]比尔·麦克基本:《自然的终结》,孙晓春、马树林译,长春:吉林人民出版社

2000 年版。

[美]加勒特·哈丁:《生活在极限之内——生态学、经济学和人口禁忌》,戴星翼、张真译,上海:上海译文出版社 2001 年版。

[德]汉斯·萨克塞:《生态哲学》,文韬等译,北京:东方出版社 1991 年版。

世界环境与发展委员会:《我们共同的未来》,王之佳、柯金良等译,长春:吉林人民出版社 1997 年版。

[美]罗伯特·艾尔斯:《转折点——增长范式的终结》,戴星翼、黄文芳译,上海:上海译文出版社 2001 年版。

[日]饭岛伸子:《环境社会学》,包智明译,北京:社会科学文献出版社 1999 年版。

[英]B.K.里德雷:《时间、空间和万物》,李永译,长沙:湖南科学技术出版社 2003 年版。

[美]丹尼斯·米都斯等:《增长的极限》,李宝恒译,长春:吉林人民出版社 1997 年版。

[英]保罗·戴维斯:《上帝与新物理学》,徐培译,长沙:湖南科学技术出版社 2003 年版。

[美]查伦·斯普瑞特奈克:《真实之复兴——极度现代的世界中的身体、自然和地方》,张妮妮译,北京:中央编译出版社 2001 年版。

[英]伊格尔顿:《美学意识形态》,王杰、傅德根、麦永雄译,桂林:广西师范大学出版社 1997 年版。

[美]阿·热:《可怕的对称》,荀坤、劳玉军译,长沙:湖南科学技术出版社 1992 年版。

[德]利普斯:《事物的起源》,汪宁生译,成都:四川民族出版社 1982 年版。

[美]戈尔:《濒临失衡的地球:生态与人类精神》,陈嘉映等译,北京:中央编译出版社 1997 年版。

[美]大卫·雷·格里芬编:《后现代科学——科学魅力的再现》,马季方译,北京:中央编译出版社 1995 年版。

[德]黑格尔:《美学》第 1 卷,朱光潜译,北京:商务印书馆 1962 年版。

[加]威廉·莱斯:《自然的控制》,乐长龄等译,重庆:重庆出版社 1993 年版。

[德]霍克海默,阿多诺:《启蒙辩证法》,渠敬东译,上海:上海人民出版社 2003 年版。

[德]狄特富尔特编:《人与自然》,周美琪译,北京:三联书店 1993 年版。

[德]卡西尔:《人论》,甘阳译,北京:西苑出版社 2003 年版。

[美]马尔库塞:《审美之维》,李小兵译,北京:三联书店 1989 年版。

[美]苏珊·朗格:《艺术问题》,朱疆源译,北京:中国社会科学出版社 1983 年版。

[古希腊]柏拉图:《文艺对话集》,朱光潜译,北京:人民文学出版社 2000 年版。

[法]列维—布留尔:《原始思维》,丁由译,北京:商务印书馆 1997 年版。

[苏联]列宁:《哲学笔记》,中共中央马克思、恩格斯、列宁、斯大林著作编译局译,北京:人民出版社 1974 年版。

[法]鲍桑葵:《美学史》,张今译,北京:商务印书馆 1997 年版。

[古希腊]亚里士多德:《诗学》,陈中梅译注,北京:商务印书馆 2003 年版。

[意]维柯:《新科学》,朱光潜译,北京:商务印书馆 1997 年版。

[德]尼采:《悲剧的诞生》,周国平译,北京:三联书店 1996 年版。

[法]丹纳:《艺术哲学》,傅雷译,合肥:安徽文艺出版社 1998 年版。

[美]利奥波德:《沙乡年鉴》,侯文蕙译,长春:吉林人民出版社 1997 年版。

[英]怀特·海:《科学与近代世界》,何钦译,北京:商务印书馆 1959 年版。

[德]马克思·舍勒,《资本主义的未来》,罗悌伦等译,刘小枫编,香港:香港牛津大学 1955 年版。

[日]中野孝次:《清贫思想》,邵宇达译,上海:三联书店 1997 年版。

[巴西]何塞·卢岑贝格:《自然不可改良》,黄风祝译,北京:三联书店 1999 年版。

[美]卡洛琳·麦茜特:《自然之死》,吴国盛译,长春:吉林人民出版社 1999 年版。

[法]施韦哲:《敬畏生命》,上海:上海社会科学出版社 1992 年版。

[美]埃里克·詹奇:《自组织的宇宙观》,曾国屏等译,北京:中国社会科学出版社 1992 年版。

[美]纳什:《大自然的权利》,杨通进译,青岛:青岛文艺出版社 1999 年版。

[日]池田大作、贝恰:《二十一世纪的警钟》,薛荣久译,中国国际出版社 1988 年版。

[英]彼德·拉塞尔:《觉醒的地球》,王国政等译,北京:东方出版社 1991 年版。

[美]卡普拉:《绿色政治——全球的希望》,石音译,北京:东方出版社 1988 年版。

[英]柯林武德:《自然的观念》,吴国盛等译,北京:华夏出版社 1990 年版。

［美］E.拉兹洛:《决定命运的选择:21 世纪的生存抉择》,李吟波等译,北京:三
　　联书店 1997 年版。

［法］笛卡尔:《探求真理的指导原则》,管震湖译,北京:商务印书馆 1991 年版。

［荷兰］斯宾诺莎:《简论神、人及心灵健康》,北京:商务印书馆 1999 年版。

［荷兰］斯宾诺莎:《知性改进论》,贺麟译,北京:商务印书馆 1960 年版。

［奥地利］埃里克·詹奇:《自组织的宇宙观》,曾国屏等译,北京:中国社会科学
　　出版社 1992 年版。

［美］查尔斯·哈柏:《环境与社会:环境问题中的人文视野》,肖晨阳等译,天津:
　　天津人民出版社 1998 年版。

［德］黑格尔:《小逻辑》,贺麟译,北京:商务印书馆 2004 年版。

［美］巴里·康芒纳:《封闭的循环——自然、人、和技术》,侯文蕙译,长春:吉林
　　人民出版社 1997 年版。

［德］席勒:《席勒散文选》,张玉能译,天津:百花文艺出版社 1997 年版。

［德］席勒:《秀美与尊严》,张玉能译,北京:文化艺术出版社 1996 年版。

［德］黑格尔:《美学》第 1 卷,朱光潜译,北京:商务印书馆 1997 年版。

［德］康德:《判断力批判》,宗白华译,北京:商务印书馆 2002 年版。

［德］席勒:《美育书简》,徐恒醇译,北京:中国文联出版公司 1984 年版。

二、专著

蒋孔阳:《美学新论》,见《蒋孔阳全集》第 3 卷,合肥:安徽教育出版社 1999
　　年版。

周来祥:《论美是和谐》,贵阳:贵州人民出版社 1984 年版。

周来祥:《再论美是和谐》,桂林:广西师范大学出版社 1996 年版。

周来祥:《美学问题论稿》,西安:陕西人民出版社 1984 年版。

刘纲纪:《艺术哲学》,武汉:湖北人民出版社 1986 年版。

刘纲纪:《传统文化哲学与美学》,桂林:广西师范大学出版社 1997 年版。

刘纲纪:《美学与哲学》,武汉:湖北人民出版社 1986 年版。

李泽厚:《美学四讲》,天津:天津社会科学院出版社 2001 年版。

李泽厚:《美学论集》,上海:上海文艺出版社 1980 年版。

李泽厚:《美的历程》,桂林:广西师范大学出版社 2000 年版。

李泽厚:《华夏美学》,天津:天津社会科学院出版社 2001 年版。

张玉能:《新实践美学论》,北京:人民出版社 2007 年版。

张玉能:《美学要义》,武汉:华中师范大学出版社 1990 年版。

张玉能:《西方美学思潮》,太原:山西教育出版社 2005 年版。

邓晓芒、易中天:《黄与蓝的交响》,北京:人民文学出版社 1999 年版。

邓晓芒:《实践唯物论新解——开出现象学之维》,武汉:武汉大学出版社 2007
　年版。

王朝闻:《美学概论》,北京:人民出版社 1981 年版。

蒋孔阳、朱立元主编:《西方美学通史》,上海:上海文艺出版社 1999 年版。

李泽厚、刘纲纪:《中国美学史》,合肥:安徽文艺出版社 1999 年版。

童庆炳、程正民、李春青、王一川:《马克思与现代美学》,北京:高等教育出版社
　2001 年版。

曾繁仁:《生态存在论美学论稿》,长春:吉林人民出版社 2003 年版。

徐恒醇:《生态美学》,西安:陕西人民教育出版社 2002 年版。

余谋昌:《生态哲学》,西安:陕西人民教育出版社 2002 年版。

袁鼎生:《审美生态学》,北京:中国大百科全书出版社 2002 年版。

袁鼎生:《审美场论》,南宁:广西教育出版社 1995 年版。

袁鼎生:《生态视阈中的比较美学》,北京:人民出版社 2005 年版。

袁鼎生:《髻山带水美相依》,南宁:广西大学出版社 1989 年版。

袁鼎生、黄秉生、黄理彪主编:《生态审美学》,北京:中国文史出版社 2002 年版。

黄秉生、袁鼎生主编:《民族生态审美学》,北京:民族出版社 2004 年版。

曾永成:《文艺的绿色之思——文艺生态学引论》,北京:人民文学出版社 2000
　年版。

雷毅:《深层生态学思想研究》,北京:清华大学出版社 2001 年版。

傅华:《生态伦理学探究》,北京:华夏出版社 2002 年版。

鲁枢元:《生态文艺学》,西安:陕西人民教育出版社 2002 年版。

彭富春:《哲学美学导论》,北京:人民出版社 2005 年版。

范跃进主编:《生态文化研究》,北京:文化艺术出版社 2004 年版。

王治河主编:《全球化与后现代性》,南宁:广西大学出版社 2003 年版。

陈茂云、马骧聪:《生态法学》,西安:陕西人民教育出版社 2002 年版。

洪涛等主编:《现代政治与自然》,《思想与社会》(第三辑),上海:上海人民出版
　社 2003 年版。

尚玉儒:《普通生态学》,北京:北京大学出版社 2002 年版。

曾建平:《自然之思:西方生态伦理思想探究》,北京:中国社会科学出版社 2004

年版。

蒙培元:《人与自然——中国哲学生态观》,北京:人民出版社 2004 年版。

何怀宏主编:《生态伦理——精神资源与哲学基础》,保定:河北大学出版社 2002
　年版。

向玉乔:《生态经济伦理研究》,长沙:湖南师范大学出版社 2004 年版。

贺善侃:《实践主体论》,上海:学林出版社 2001 年版。

萧锟焘:《自然哲学》,南京:江苏人民出版社 2004 年版。

王炳书:《实践理性论》,武汉:武汉大学出版社 2002 年版。

韩庆祥主编:《实践诠释学》,昆明:云南人民出版社 2001 年版。

王正平:《环境哲学》,上海:上海人民出版社 2004 年版。

佘正荣:《生态智慧论》,北京:中国社会科学出版社 1996 年版。

肖显静:《后现代生态科技观——从建设性的角度看》,北京:科学出版社 2003
　年版。

《庄子》,孙雍长注译,广州:花城出版社 1998 年版。

邓绍秋:《道禅生态美学智慧》,延吉:延边人民出版社 2003 年版。

程遂营:《唐宋开封生态环境研究》,北京:中国社会科学出版社 2002 年版。

鲁晨光:《美感奥秘和需求进化》,合肥:中国科学技术大学出版社 2003 年版。

钟茂初:《可持续发展的理论阐释——物质需求、人文需求、生态需求相协调的
　经济学》,北京:教育科学出版社 2004 年版。

邱紫华:《东方美学史》,北京:商务印书馆 2003 年版。

魏士蘅:《中国自然美学思想探源》,北京:中国城市出版社 1994 年版。

王诺:《欧美生态文学》,北京:北京大学出版社 2003 年版。

《礼记》(上、下卷)钱玄等注译,长沙:岳麓书社 2002 年版。

朱光潜:《文艺心理学》,合肥:安徽教育出版社 1996 年版。

朱光潜:《诗论》,合肥:安徽教育出版社 1999 年版。

朱良志:《中国艺术的生命精神》,合肥:安徽教育出版社 1995 年版。

方东美:《中国艺术的理想》,台北:台湾幼狮文化事业出版公司 1985 年版。

宗白华:《美学与意境》,北京:人民出版社 1987 年版。

宗白华:《美学散步》,上海:上海人民出版社 2000 年版。

沈致远:《科学是美丽的》,上海:上海科教出版社 2002 年版。

闵家胤、钱兆华编著:《全息隐能量场与新宇宙观》,西安:陕西科学技术出版社
　1998 年版。

周鸿:《文明的生态学透视——绿色文化》,合肥:安徽科学技术出版社 1997年版。

徐崇龄主编:《环境伦理学进展:评论与阐释》,北京:社会科学文献出版社 1999年版。

卢风:《人类的家园——现代文化矛盾的哲学反思》,长沙:湖南大学出版社 1996年版。

江业国:《生态技术美学》,重庆:当代文艺出版社 2000 年版。

刘国城等:《生物圈与人类社会》,北京:人民出版社 1992 年版。

余谋昌:《生态伦理学》,北京:首都师范大学出版社 1999 年版。

叶平:《生态伦理学》,哈尔滨:东北林业大学出版社 1994 年版。

张一兵:《文本的深度耕犁——西方马克思主义经典文本解读》,北京:中国人民大学出版社 2004 年版。

《易经》,梁海明译注,太原:山西古籍出版社 1999 年版。

《四书详解》,刘琦、韩维志、程艳杰注译,长春:吉林文史出版社 2004 年版。

《老子》,孙雍长注译,广州:花城出版社 1998 年版。

《鬼谷子》,琼琼译注,太原:山西古籍出版社 1999 年版。

高光主编:《自然的人化与人的自然化:生产力理论的新探索》,北京:中共中央党校出版社 1989 年版。

肖明主编:《哲学原理》,经济社会科学出版社 1977 年版。

周义澄:《自然理论与现时代》,上海:上海人民出版社 1988 年版。

张全新:《塑造论哲学导引》,北京:人民出版社 1996 年版。

彭锋:《完美的自然》,北京:北京大学出版社 2005 年版。

北京大学哲学系编:《西方哲学原著选读》上册,北京:商务印书馆 1983 年版。

"新发展观与环境哲学学术讨论会论文集"云南昆明 2004。

肖前、李准春、杨耕主编:《实践唯物主义研究》,北京:中国人民大学出版社 1996年版。

姚君喜:《崇高美学》,文化化研究网(http://www.culstudies.com),2003 年 12 月18 日。

中国社会科学院可持续发展研究组:《1999 年中国可持续发展战略报告》,北京:科学出版社。

中国社会科学院语言研究所词典编辑室编:《现代汉语词典(修订本)》,北京:商务印书馆 1998 年版。

三、外文资料

Plumwood V. "Nature, Self, and Gender: Feminism, Environmental Philosophy, and the Critique of Rationalism". In: VanDeVeer D, Pierce C, ed. *Environmental Ethics and Policy Book*. California University Press, 1994.

Murphy Patrick. "Ground, Pivot, Motion: Ecofeminist Theory, Dialogics and Literary Practice." *Hypatia* 6. 1 (1991)

Taylor P. "Respect for Nature",《自然辩证法研究》1993 年第 1 期。

Pittendrish C. S. "Adaptation, Natural, Selection and Behavier". In: Roe A, Simpson G, ed. *Behavier and Evolution*. New Haven, Yale University Press, 1985.

Marx, Leo. "Postmodernism and the Environmental Crisis". *Philosophy and Pulic Policy*, 1999 (10):

Eugene P. Odum: *Ecology: The Link Between the Natural and Social Sciences*, Holt Rinehart & Winston, 1975.

Leopold A. *A Sand County Almanac*. London: Oxford University Press, 1949.

John Clark, "Introduction of Social Ecology," See Michael E. Zimmerman (ed.), *Environmental Philosophy*, Prentic-Hall, Inc. 1993.

Devall B, Sessions G. *Deep Ecology: Living as if Nature Mattered*. Salt Lake City: Peregrine Smith Book. 1985.

Naess A. "The Deep Ecological Movement: Some Philosophical Aspects". In: Sessions G. *Deep Ecology For The 21st Century*. Boston: Shambhala Publications Inc. , 1995.

Paul W. Taylor, *Respect for Nature: A Theory of Environmental Ethics*, Princeton University Press, 1986.

B. G. Norton, *Toward Unity among Environmentalists*, Oxford University Press, 1991.

N. J. Brown and P. Quibler, eds, *Ethics and Agenda 21: Moral Implications of a Global Consensus*, N. Y. , 1994.

R. C. Paehlke, P. F. Cramer, *Environmentalism and the Future of Grogressive Politics*, New Haven, 1989.

H. Rolston, *conserving Natural Value*, N. Y. , Columbia Unversity Press, 1994.

R. Attifield, *The Ethics of the Global Environment*, Purdue University Press, 1999.

L. Pojman, *Global Environmental Ethics*, Mayfield Publishing Company, 2000.

MC Cormick, *The Global Eevironmental Movement*, London: Belhaven Prees, 1993.

四、期刊论文

朱立元:《实践美学哲学基础新论》,《人文杂志》1996年第2期。

朱立元:《实践美学的历史地位与现实命运——与杨春时同志商榷》,《学术月刊》1995年第5期。

朱立元:《美感论:突破认识论框架的成功尝试——蒋孔阳美学思想新探》,《文史哲》2004年第6期。

朱立元:《美论:寻求对本质主义思路的突破——蒋孔阳美学思想新探之三》,《复旦学报(社会科学版)》2004年第5期。

朱立元:《寻找生态美学观的存在论根基》,《湘潭大学学报》2006年第1期。

张玉能:《实践美学:超越传统美学的开放体系》,《云梦学刊》2000年第2期。

张玉能:《审美人类学与人生论美学的统一》,《东方丛刊》2001年第2期。

张玉能:《重建实践美学的话语威信》,人大复印资料《美学》2001年第7期。

张玉能:《实践美学与生态美学》,《江汉大学学报》2004年第6期。

张玉能:《从实践美学的话语生成看其生命力》,《益阳师专学报》2002年第1期。

张玉能:《在后现代语境下拓展实践美学》,《广西师范大学学报》2002年第1期。

张玉能:《新实践美学与实践观点》,《武汉理工大学学报》2002年第2期。

张玉能:《坚持实践观点、发展中国美学》,《社会科学战线》1994年第4期。

张玉能:《实践创造的自由与美和审美》,《汕头大学学报》2003年第5期。

张玉能:《自然美与自由》,《云梦学刊》1997年第1期。

张玉能:《论人的自然化与审美》,《福建论坛》2005年第8期。

张玉能:《实践的结构与美的特征》,人大复印资料《美学》2001年第5期。

张玉能:《实践的双向对象化与审美》,《马克思主义美学研究》,广西师范大学出版社2001年第4辑。

邓晓芒:《补上"实践唯物论"的缺环——论感性对客观世界的本体论证明》,《学术月刊》1997年第3期。

邓晓芒:《什么是新实践美学——兼与杨春时先生商讨》,《学术月刊》2002年第10期。

易中天:《论审美的发生——兼答李志宏先生》,《厦门大学学报》2004年第4期。

易中天:《走向"后实践美学",还是"新实践美学"》,《学术月刊》2002年第1期。

余谋昌:《走出人类中心主义》,《自然辩证法研究》1994 年第 7 期。

周来祥:《再论美是和谐》,《社会科学辑刊》1985 年第 1 期。

周来祥:《哲学、美学中主客体二元对立与辩证思维》,《学术月刊》2005 年第
　8 期。

袁鼎生:《美是主客体潜能的对应自由实现》,《广西师范大学学报(哲学社会科
　学版)》2000 年第 4 期。

李泽厚:《略论书法》,《中国书法》1986 年第 1 期。

刘纲纪:《马克思主义美学研究与阐释的三种基础形态》,《文艺研究》2001 年第
　1 期。

曾永成:《人本生态美学的思维路向和学理框架》,《江汉大学学报》2005 年第
　5 期。

彭乔松:《马恩生态观在生态文艺批评中的学理意义》,人大复印资料《文艺理
　论》2004 年第 8 期。

陈望衡:《生态中心主义视角下的自然审美观》,人大复印资料《美学》2004 年第
　8 期。

陈望衡:《生态美学及其哲学基础》,《陕西师范大学学报(哲学社会科学版)》
　2001 年第 2 期。

徐恒醇:《关于生态美学的几点思考——〈生态美学〉作者徐恒醇访谈录》,《理论
　与现代化》2003 年第 1 期。

刘成纪:《生态学视野中的当代美学》,《郑州大学学报(哲学社会科学版)》2001
　年第 4 期。

佘正荣:《关于生态美的哲学思考》,《自然辩证法研究》1994 年第 8 期。

周玉萍:《"自然的人化"与"人的自然化"——兼评实践美学的美的本质说》,
　《理论月刊》1999 年第 4 期。

尤西林:《自然美——作为生态伦理学的善》,《陕西师范大学学报》2001 年第
　2 期。

李西建:《美学的生态学时代:问题与意义》,《陕西师范大学学报》2002 年第
　3 期。

[美]E. 拉兹洛:《即将来临的人类生态学时代》,《国外社会科学》1985 年第
　10 期。

曾耀农:《开放性:实践美学的发展策略》,《郑州轻工业学院学报》2002 年第
　4 期。

叶平:《全球环境运动及其理性考察》,《国外社会科学》1999 年第 6 期。

李东:《目的论的三个层次》,《自然辩证法通讯》1997 年第 1 期。

李东:《"目的性思想"辨析》,《哲学动态》1997 年第 1 期。

后　记

　　作为教育部人文社会科学研究 2007 年度青年基金项目的最终成果,本书从 2000 年硕士研究生阶段的准备开始,到 2003 年确定博士论文的选题,再到最后成书,历时 10 年的积累、撰写和修改终于完成,并由人民出版社出版。

　　在本书即将问世之际,我衷心感谢我的导师张玉能教授。在博士研究生三年的学习期间,张先生以其深厚的学养、严谨的风格、深彻的指点、严格的要求,让我在专业的学习、思考的深入、研究方法的掌握等方面获益匪浅。在张先生的指导下,我由对实践美学似是而非、比较肤浅的理解逐渐深入下去,阅读了与实践美学相关的诸多重要典籍,由此洞开、领略到了实践美学复杂、深刻、博大精深的新境界,并认识到如果将当代先进的生态观念融入实践美学,一定能够为实践美学开拓出新的时代内容,而实践美学本身即具有拓展新的生态内涵的内在机制和潜在的生命力。当时,博士论文的选题、开题、写作、修改,均得到张老师的重要指导与帮助,尤其是论文修改过程中,张老师批阅指正的细致与严谨,令我由衷地震撼、感动!

　　同时,衷心感谢我在读硕士期间的导师袁鼎生教授。袁先生长期致力于生态美学的研究,作为我最早美学学习的领路人,在袁先生的指导与带动下,我开始了对生态问题、生态思想、生态美学的学习、关注与思考,做到从另一个角度看世界,将人与自然这一重要关系以及当代的深刻矛盾作为了学术与现实关注的重要对象,为本书的最终完成打下了必不可少的生态理论前期基础。

　　深深感谢我的两位美丽、慈爱的师母,黄敏女士和黄小玲女士,是她们多年以来不断的关爱、鼓励和教诲,给了我不断前进的动力,她们始终是我心目中美的偶像!她们与两位导师一样具有的坚忍不拔的生活态度,笑对人生的精神气度,将是我一生不断学习,并受益的宝贵财富。

　　衷心感谢王先需教授、胡亚敏教授、孙文宪教授、邱紫华教授、王杰教授、廖国教授以及其他各位老师,衷心感谢中国社会科学院的聂振斌教授、徐碧辉教授;衷心感谢绘画艺术家王相箴先生、作家徐锦川先生、剧作家王标先生,感谢他们多年以来对我的热忱关心与教诲，以及对本书的写作所提出的极为中肯的意见，他们都将是我做人与治学永远的榜样。

衷心感谢与我共投在张先生、袁先生门下的各位师兄、师姐、师弟、师妹，包括李显杰博士、杨维富博士、王庆卫博士、郭玉生博士、岳友熙博士、梁艳萍博士、张鉴博士、李启军博士、申扶明博士、刘长荣博士、翟鹏玉博士、彭公亮博士、黄定华博士、陈全黎博士、石长平博士、刘继平博士、陆兴忍博士、黄卫星博士、李三强博士等同学和各位朋友，感谢他们无私的帮助、真挚的友谊，一如既往的支持！

衷心感谢我的父亲、母亲、丈夫、孩子，没有他们的支持，就没有这部书的产生、这一课题的结项。在整个求学、工作、写作的过程中，他们都给予了我所能给予的最大帮助。

衷心感谢我的工作单位——湖北工业大学，感谢熊健民先生、朱正亮先生、周汉明先生、钟毓宁先生、杨晓云女士各位校领导的支持；感谢艺术设计学院许开强院长、汪金兰书记、张瑞瑞院长、胡雨霞院长、王辉书记，谢谢他们对本课题完成经济和时间上的支持，对于我和课题组成员的无微不至的关心和照顾。

衷心感谢课题组成员：杜湖湘、王庆卫、张瑞瑞、姚建平、李海冰、黄定华、林欣、周娴、周琪、柳晓枫，他们在提供学术、专业指导，撰写相关课题论文、查阅提供资料方面为课题的结项做了大量工作，作出了重要贡献，是这部专著形成不可缺少的部分。衷心感谢人民出版社的领导、同志！感谢各位对本书出版的肯定和支持，衷心感谢洪琼编辑，没有洪琼的热心的帮助、严谨的指正，就没有本书顺利的出版。

在此，一并向各位致以诚挚的谢意，他们和这次课题的完成、专著写作的经历一样，将成为我心中永志难忘的部分。

季　芳

2010 年 9 月于武昌